国家安全研究丛书

主编 陈 刚

副主编 田华伟 王雪莲 毛欣娟

高层建筑应急疏散行为与风险防控

李丽华 马亚萍 等/著

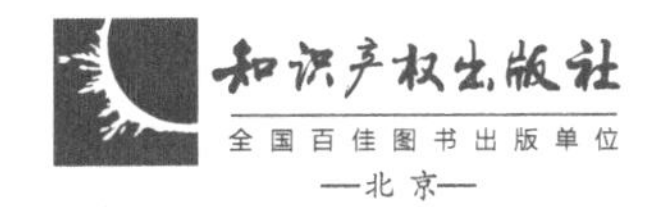

图书在版编目（CIP）数据

高层建筑应急疏散行为与风险防控/李丽华等著．—北京：知识产权出版社，2023.1
（国家安全研究丛书/陈刚主编）
ISBN 978-7-5130-7924-2

Ⅰ．①高…　Ⅱ．①李…　Ⅲ．①高层建筑—安全疏散—研究　Ⅳ．①TU998.1

中国国家版本馆 CIP 数据核字（2023）第 009000 号

策划编辑：庞从容　　**责任校对**：谷　洋
责任编辑：赵利肖　　**责任印制**：孙婷婷

高层建筑应急疏散行为与风险防控

李丽华　马亚萍　等 著

出版发行：知识产权出版社有限责任公司　　**网　　址**：http：//www.ipph.cn
社　　址：北京市海淀区气象路 50 号院　　**邮　　编**：100081
责编电话：010-82000860 转 8725　　**责编邮箱**：2395134928@qq.com
发行电话：010-82000860 转 8101/8102　　**发行传真**：010-82000893/82005070/82000270
印　　刷：北京建宏印刷有限公司　　**经　　销**：新华书店、各大网上书店及相关专业书店
开　　本：710mm×1000mm　1/16　　**印　　张**：15.25
版　　次：2023 年 1 月第 1 版　　**印　　次**：2023 年 1 月第 1 次印刷
字　　数：250 千字　　**定　　价**：88.00 元
ISBN 978-7-5130-7924-2

总 序

国家安全与国家历史相伴相生。恢宏绚烂的中华文明始终不乏精奥深邃的国家安全思想。早在先秦时期，诸子百家就已提出极具超时空价值的论述，包罗政治安全、军事安全、经济安全、社会安全等方面。现实理性色彩浓厚的兵家与法家思想及政策主张斐然成文，被誉为“兵学圣典”的《孙子兵法》与主张“王者之政莫急于盗贼”的《法经》，彰显出历史上以军事安全与政治安全为主核的传统国家安全观。历代思想家循循相因，成就意蕴丰富、别具一格的国家安全思想史，纵贯古今、流传中外。

国家安全真正作为独立研究对象并形成一门学科则是晚近几十年的事情。新世纪前后，内部与外部安全问题、传统与非传统安全挑战等多重因素驱动下，各界关注国家安全尤甚于以往，为之立学的呼声日渐高涨。总体国家安全观的提出、《中华人民共和国国家安全法》的颁布、一级学科的设立等诸多里程碑事件，使得国家安全研究从冷僻状态中解脱出来，成为广为人知的“服务国家安全与发展”、回应时代背景及实践问题的“显学”。严峻的国际国内形势、急剧膨胀的安全内涵则令学科建设历程异常艰巨。值此境况，承继传统安全思想及文化，面向现实安全需要及问题，从安全认知、理论范式、战略研究等多个维度开辟新路径、取得新成果，令国家安全学真正走向科学化、集成化、创新化，就成为我们这一代甚至数代研究者的使命。

中国人民公安大学于2019年获批设立国家安全学二级学科，于同年6月整合多方教学与科研力量成立国家安全与反恐怖学院，并于次年6月更名为国家安全学院。在国家安全学学科试点建设过程中，国家安全学院以总体国家安全观为指导，以大力发展高精尖学科为定位，坚持服务国家战略需求、顺应新时代公安工作，积极践行学科建设的学术使命与历史责任。本套丛书在“中国人民公安大学国家安全高精尖学科成果出版专项”的支持下，尝试在这一领域略作梳理及探索。

学科交叉融合的普遍趋势下，出于专业化目的而设置的学科边界不应成为研究的边界。现实安全问题交织叠加的复杂态势下，归属于“交叉学科”的国家安全学亦不应局限于法度森严的旧范式。有鉴于此，丛书秉承俱收并蓄的理念，精心收录域外的或本土的、历史的或当代的、文化的或技术的、理论的或行动的、制度化的或个案式的各类成果，基于多种线索、视角、方法，期望在器物、制度、思想等多个层次有所裨益于学科建设与学术交流。丛书各著作虽风格面貌各异，但共同关切、冀望解决的问题却始终如一。

成书过程中，国家安全学院科研团队同心勠力、同行院校研究伙伴鼎力相助、出版社编辑庞从容女士奔走先后，在此一并致以衷心谢意。国家安全学方才杨帆起步，我们这一代研究人员既是见证者，也是亲历者、偕行者，本套丛书权作为交流互鉴的平台之一，若有疏漏，敬请同行及读者批评指正。

2021年10月25日

本书获得中国人民公安大学国家安全学高精尖学科成果出版专项、北京市社会科学基金（首都安全基地重点项目，项目编号：19JDLA011）共同资助

目　录

第1章

高层建筑应急管理研究背景

1.1 高层建筑简述

发端于19世纪末的高层建筑是近代工业化和城市化的产物。工业化革命中的技术进步为高层建筑的设计、施工等创造了现实条件。而城市化的推进则急剧增加了大城市人口的密度，激化了人口与有限土地资源之间的矛盾，使得建筑物向空间发展面临现实的需求。[1] 由此，高层建筑日益被推广开来。自20世纪30年代起，世界各地的许多主要城市都开始了高层建筑的建设。[2]

1.1.1 高层建筑的界定

从世界范围来看，各国基于自然地理特征、技术能力、管理水平等具体情况，对高层建筑的定义及高度标准设定不尽相同。例如：法国提出居住建筑高50m以上、其他建筑高28m以上的建筑为高层建筑；美国规定高22~25m以上或楼层达7层以上的建筑为高层建筑；英国的高层建筑标准为高24.3m及以上；日本则把8层及以上或高度超过31m的建筑称为高层建筑，并把30层以上的旅馆、办公楼和20层以上的住宅称为超高层建筑；我国《建筑设计防火规范》（GB 50016—2014）规定，高层建筑是指建筑高度大于27m的住宅建筑和建筑高度大于24m的非单层厂房、仓库和其他民用建筑。[3]

建筑高度、层数和设定用途等可直观识别的外在特征，对于高层建筑的

---

〔1〕 徐培福．高层建筑发展综述[J]．建筑科学，1987（4）：3-10.

〔2〕 卓刚．高层建筑150年——高层建筑的起源、发展、分期、排名与发展趋势综述[J]．建筑师，2011（1）：50-58.

〔3〕 黄白．高层、超高层建筑发展综述[J]．华中建筑，1988（4）：18-23.

认定具有直接而现实的意义。而在应急管理领域内，高层建筑所具有的对公共安全存在的广泛风险称得上是其社会特征。由此，本书讨论的高层建筑兼具其外观特征与社会特征，即在建筑高度、层数、用途等方面满足特定技术条件下的政府、行业有关规范或标准的规定，且对公共安全具有广泛的风险。建筑高度、层数、用途是影响其界定的主要外在指标。通过这些外在标准将高层建筑规定为特种基础设施并作出特殊规定的深层根源系潜藏于这些外在特征之下的综合性公共安全风险，这体现了其社会意义与安全意义，是其内在的本质特征。

1.1.2 高层建筑的发展趋势及影响

目前，高层建筑仍处于发展中阶段，其建筑高度不断攀升并呈现一体化、集群化趋势，这也暴露出其相当多的问题与安全风险。

首先是建筑高度的攀升与突破。各国设定的高层建筑的建筑高度无论从规范标准上还是建筑实例上，都在朝着更高的方向发展。就我国而言，曾经《高层民用建筑设计防火规范》（GB 50045—95）规定的“10 层及 10 层以上的居住建筑或建筑高度超过 24m 的公共建筑为高层建筑”标准已经被诸多新规范刷新。比如：根据《民用建筑设计统一标准》（GB 50352—2019），建筑高度大于 27m 的住宅建筑和建筑高度大于 24m 的非单层公共建筑，且高度在 100m 以内的，为高层民用建筑；建筑高度大于 100m 为超高层建筑。此外，国内外高层建筑实例的高度纪录也在近一个多世纪的发展历程中屡屡被刷新。比如：建于 1885 年的第一幢近代高层建筑 Home Insurance 大楼高为 55m[1]；目前已建成的国内外最高建筑为位于迪拜的哈利法塔，高度为 828m；而预期马上完工的沙特王国大厦设计高度约达 1600m。

其次是高层建筑的一体化趋势。高层建筑进一步融入城市的一体化建设中，主要包括以下方面：第一，交通一体化。复杂的城市交通体系与高层建筑群的内部空间或毗邻空间连接，超高层建筑综合体的垂直交通和水平交通得以融入城市交通，建筑内部交通系统并入城市交通网络，形成立体交通系统。第二，环境一体化。高层建筑底部的街道、建筑空间与城市空间在交通、街道景观、环境特征等方面建立了紧密、有机、多层的联系，彼此更加开放

---

〔1〕 徐培福．高层建筑发展综述[J]．建筑科学，1987（4）：3-10.

共融。第三，公共系统一体化。高层建筑的水源供给、能源供应、排污设施等部分依赖于城市公共系统，与城市公共系统的连接更加集约和高效。

最后是高层建筑的集群化趋势。多中心城市结构可以缓解人口过密、交通拥堵等城市病，有利于城市的均衡发展，因而成为城市发展的潮流。人口相对集中于多个分区对建筑功能综合化提出了要求，集商业、娱乐、办公、生活等于一体的高层建筑综合体，既提高了城市空间的利用效率又为市区生活注入了活力。高层建筑集群往往承担了多种城市功能，规模可达数十万平方米并能够供数万乃至更多用户使用，成为城市生活的重要中心。[1]

处于上述三大主要发展趋势的高层建筑极大地满足了人们对空间利用、便捷性等方面的需求，但也对建筑物的规划、设计、施工、材料、结构、形态、机电设备等提出了更高的要求和挑战，更为其后期运营、管理、维护造成了巨大的压力。建筑高度增加带来的直接问题是建筑物自身的耐久性和安全性问题。一体化趋势下高层建筑与城市体系的错综关系等使其内部安全管理面临严峻的形势。集群化趋势下庞大的使用人群及功能分区、使用权限等管理事项的复杂化甚至管理者自身的多元构成，都进一步加剧了高层建筑的管理难度。由此，与高层建筑自身特性、外部环境、管理困境等伴生的一系列风险日益暴露出来。

1.1.3 高层建筑的安全风险

风险的识别与梳理对于风险管理、应急管理等具有重要意义。以往有关高层建筑风险的研究大多集中于实际损害频发的特定领域、方面或阶段，对风险的系统探讨有所不足，这在某种程度上妨碍了对风险的全面认知，容易导致对低频、偶发风险事件以及风险盲区等应对不足。具体而言，以往有关高层建筑安全风险的研究可以在如下视角及框架中得到评价：

1.1.3.1 类型视角

以往关于高层建筑风险的研究类型化特征明显，研究内容大多限定于某一类风险。其逻辑前提是风险的分类，各项研究正是基于分类思维对高层建筑安全风险的内容进行分割式探讨。其主要优点是研究重点明确、不同种类

---

〔1〕 卓刚．高层建筑 150 年——高层建筑的起源、发展、分期、排名与发展趋势综述[J]．建筑师，2011（1）：50-58.

风险之间的关系得以彰显。而其主要弊端在于，分类的依据及方式通常具有相对性，各类研究彼此的界限实际上不甚清楚，且分类本身的合理性也值得探讨。具体而言，主要存在以下分类方式与依据：

1. 基于风险作用方式的分类

最早的关于高层建筑安全风险的研究，通常就风险的某一作用方式展开论述，重视对其原因、特点、规律、对策的总结。早期的风险作用方式往往以高频自然灾害的面目呈现，如地震、火灾、洪涝等。随着人为作用方式破坏力的凸显以及有关极端案件的出现，与之相关的研究日益增长并受到重视，如有关飞机撞击、化学事故等灾难的研究。针对某一风险作用方式的研究无法单独体现出分类思维，但各项研究所指向的风险之间却可以通过风险作用方式进行区分。零散的主题分布蕴含了一定的分类基础，但在严格意义上却不能算是一种科学的分类，而只是简单的枚举，难以穷尽，更难以有效整合。

2. 基于风险产生年代的分类

由风险兴起的年代观之，可以将风险划分为传统安全风险与非传统安全风险。比如，有专家提出了高层建筑非传统安全疏散理念。相比于传统安全疏散理念，这种新理念主要针对严重的火灾以及大面积停电、爆炸、毒气和核生化恐怖袭击等非传统安全威胁，且已用于指导高层建筑安全疏散设计实践。美国消防协会（NFPA）、国际规范委员会（ICC）已逐步将新的高层建筑安全疏散设计理念体现在新修订的规范中（如 2006 年、2009 年以及最新的 2021 年版的 NFPA101 规范）。[1]

高层建筑的非传统安全风险同样受到了国内的关注，且这种关注主要集中于恐怖活动风险及其防范。实践领域中，对高层建筑反恐怖防范作出规定的规范相对较少，针对其他有关场所的规范数量相对较多。广州市地方标准《反恐怖防范管理》（DB401/T 10）第 38 部分即规定了关于高层建筑反恐怖防范管理的重要内容，如反恐怖防范原则、防范分类及等级划分、反恐怖防范重要部位、常态及非常态反恐怖规范、应急准备要求等。而在其他地方标准中，通常以商业综合体、商业超市等公共场所为对象提出反恐怖管理规范，

---

〔1〕 司戈．高层建筑非传统安全疏散理念探讨［J］．消防科学与技术，2009，28（6）：404-407.

如：天津市地方标准《反恐怖防范管理规范》（DB12/522）第16部分规定了大型商业综合体的反恐怖防范系统管理；浙江省杭州市地方标准《反恐怖防范系统管理规范》（DB3301/T 65）第14部分和第27部分分别规定了商场超市、商业综合体的反恐怖防范系统管理和工作；武汉市地方标准《武汉市反恐怖防范系统管理规范》（DB4201/T 569）第8部分和第9部分分别规定了人员密集场所和商场超市的反恐怖防范管理和工作。在学术研究中，高层建筑的非传统安全风险尚未真正引起全面的关注，仅有个别学者对此问题进行了探讨。[1] 可以说，在高层建筑风险防控及研究中，我国实践领域与学术领域存在重传统安全风险而轻非传统安全风险的倾向。20世纪90年代以来，高层建筑受到汽车炸弹爆炸、飞机撞击等恐怖袭击的事件及经验表明，高层建筑更容易成为非传统安全威胁针对的目标，虽然这些事件发生概率很小，但其后果往往是毁灭性的，应受到学术研究的重视。

3. 基于风险来源及指向的分类

根据风险来源的差异，可以将高层建筑风险分为内部风险与外部风险两大类。这种分类的主要意义在于细化风险源的梳理，协助管理者加强对风险的源头控制。内部风险大致包括：源于建筑物自身的风险，如安全设计缺陷、建筑质量缺陷等造成的风险；源于建筑物内部设备、设施等的风险，如设备先天性缺陷、使用故障或超期失灵以及安防设施设置不合理等造成的风险；源于建筑物内部管理的风险，如管理者或使用者违反安全管理规定、违反操作规程等所引发的风险。外部风险大致包括：源于自然环境条件的风险，如地震等自然灾害风险；源于非故意突发事故的风险，如火灾、人群拥堵或踩踏等风险；源于故意突发事件的风险，如枪击、爆炸、飞机撞击等恐怖袭击或其他性质蓄意破坏行为的风险。

与上述分类思路相似，根据风险指向对象的不同将高层建筑风险划分为内向型风险和外向型风险，即指向建筑物内部的风险和指向建筑物外部的风险。其主要意义在于明确风险可能威胁的对象、部位进而确定责任范围归属，协助管理者增强风险防护。指向高层建筑物及其内部设备、设施、人员等的内向型风险较为常见，所受的研究关注度相对较高。外向型风险通常指利用

---

〔1〕 司戈．高层建筑非传统安全疏散理念探讨［J］．消防科学与技术，2009，28（6）：404-407.

高层建筑的高度、视野、角度等特殊条件对高层建筑物外部人员、设施等造成的威胁。外向型风险所指向的对象或部位是处于高层建筑自身范围之外的公共领域、建筑设施、设备或人员，通常被高层建筑内部管理者所忽视，受风险威胁的外部对象自身则对风险毫不知情或难以对高层建筑管理者形成直接干预，从而形成了典型的风险盲区。外向型风险通常没有得到管理者与研究者的重视，但极端个案的出现则迫使其对这一问题进行反思。

类型视角为剖析风险提供了认识途径。值得指出的是，前述静态分类下的风险种类及相关研究往往在内容上重叠、交织，甚至有的分类在具体标准、界限、归属等方面存在可质疑之处。将这种静态区分纳入风险实际发生的动态过程中考量，会使各种风险的复杂关系进一步加剧。如根据风险实现过程中风险与来源的层级关系，可将其分为原生风险和次生风险两大类别，其产生和发展存在着伴生、共生等多种形态的关系。因此，在防范及应对过程中，还需要在静态分类视角外充分考虑各种风险彼此之间的动态演变规律，这也正是当前研究相对忽视的内容。

1.1.3.2 周期视角

将生命周期理论引入建筑物管理的分析并不罕见。有学者基于生命周期理论将大型公共建筑的风险因素系统划分为可行性研究、设计、施工、运营使用、项目报废五个阶段，进而将立项决策、投资、环境、社会、设计、施工、运营使用、报废等八类风险囊括在内。[1] 鉴于高层建筑管理所具有的公共安全意义，采用生命周期理论对其各阶段风险进行全面分析同样是必要的。

国内有关高层建筑风险的研究，大多数侧重于施工阶段的风险管理，有关议题包括施工安全的风险评价模式、风险预防、风险控制以及风险管理对策等，这通常属于建筑科学领域的主题。对于可行性研究、设计、运营使用、项目报废阶段的风险研究和关注则相对匮乏。但事实上，现代高层建筑技术复杂、建成周期与使用周期长，涉及环境、技术、管理、文化等诸多不确定因素，其生命周期内任何阶段的风险都可能与后续其他阶段关联，前期偏差可能对后期特别是运营使用阶段的风险防控造成重大影响。例如，设计阶段

---

〔1〕 刘静，毛龙泉．我国大型公共建筑全生命周期风险评估体系研究[J]．建筑经济，2009(2)：5-9.

对高层建筑选址、功能定位、应急设施建设等问题考虑不周，可能会造成难以弥补的缺陷，所诱发的风险会在运营使用阶段集中爆发。因而，全面考量高层建筑全生命周期各阶段风险，是提升风险防控效果的必然要求。将已经落成的高层建筑和既定的风控环境作为前提，单独研究运营使用阶段的风险管理问题，面临相当的被动性。改变这种局面的关键在于将风险认知与管理纳入高层建筑的整个生命周期，强化对各个阶段风险的研究，实现对高层建筑风险的全周期防控。同时，高层建筑一般在运营使用阶段达到人流、物流的峰值，该阶段风险事件所造成的危害后果通常最大，因而属于高层建筑风险研究的重点，但目前针对这一阶段的风险梳理及研究则相对较少。

1.1.3.3 系统视角

系统分析方法将分析对象作为一个系统，对各个要素进行综合性分析并提出可行性方案，被广泛运用于包括建筑、管理等在内的各个行业。作为开放复杂系统的高层建筑同样可以运用这一方法进行风险分析，但问题的关键在于如何对特殊化的要素进行解构并进行系统构建，以确保系统分析的全面性、针对性、准确性。

目前，国内相关研究成果大多数将系统分析运用于高层建筑的火灾等单一类别风险的评估和控制中。如张立宁等所提出的高层民用建筑火灾风险综合评估系统。[1] 此类研究所建立的针对具体风险种类的评估系统可被视为某种意义上的子系统。而当前研究对高层建筑所面对的综合性风险的分析显得相对薄弱，鲜有研究尝试将跨类别风险纳入其系统分析中。

对大型公共建筑风险进行系统分析的研究可以在一定程度上为高层建筑的综合性风险分析提供参照。例如，韩豫等提出了大型公共建筑风险的系统分析思路，认为其风险由可靠性风险、安全性风险、可持续发展性风险构成，进而阐述了由人、建筑物、环境组成的大型公共建筑的“风险元”系统以及循环反馈动力系统，并用函数关系证明了降低大型公共建筑风险的根本在于提高系统可靠性。[2] 这种对风险来源、构成、动力机制的阐述对于高层建筑风险的认识具有极大借鉴意义。首先，按照风险的最终来源与影响将其概括

---

〔1〕 张立宁，张奇，安晶，等. 高层民用建筑火灾风险综合评估系统研究[J]. 安全与环境学报，2015，15（5）：20-24.

〔2〕 韩豫，陈亮，成虎. 大型公共建筑风险的系统分析[J]. 现代城市研究，2010，25（10）：92-96.

为可靠性风险、安全性风险、可持续发展性风险三类[1]，实际上为风险来源制定了有效的基础分析框架，且力图将各种风险有序地涵盖在内。其次，对各类风险的重要性进行了衡量并说明了相互关系，有利于管理者明确相关因素的优先顺序及责任的轻重缓急。再次，通过系统动力学分析阐明了“风险元系统-风险系统、风险感知系统-风险管理系统”组成的动态反馈机制，相对于传统的、静态的风险指标体系的简单构建有很大进步。最后，高层建筑对公共安全及应急管理具有重要意义这一社会特征与大型公共建筑极为相似，故这种分析的可迁移性较强。

风险研究的主要目的是服务于风险管理。类型视角、周期视角、系统视角下的各项有关高层建筑安全风险的研究在各自的具体领域、行业、阶段、问题上有所侧重，内容极其庞杂，大多只能在各自讨论的范围内服务于高层建筑的风险管理，这种分割严重的讨论方式显然不利于风险管理效益的最大化。具体而言，其主要问题在于：（1）关于各类风险的讨论相当广泛和分散，但各类风险之间的关系却极少被涉及，且大多侧重于单一类型（如火灾）风险的探讨，难以对高层建筑风险管理进行全方位指导；（2）建筑全生命周期内的风险管理研究实际上更偏向于高层建筑工程施工阶段的风险管理，施工阶段之前的风险管理被严重忽视，施工阶段之后的风险管理仅受到极为有限的关注；（3）高层建筑风险的系统分析研究尚处于不成熟阶段，在研究深度、解决方案等方面仍需要继续挖掘；（4）风险管理、应急管理、危机管理等术语尽管被普遍应用，但其具体含义及彼此之间的关系尚未获得较为有力的解释。正是由于这些问题的存在，借鉴灾害管理、风险管理及应急管理的基本原理对先前研究成果进行深度整合并提出全面、系统且有重点的分析框架和解决方案显得非常必要。

---

〔1〕 具体而言，可靠性风险指可能威胁到大型公共建筑设计使用期内各项功能的系统内部不确定因素，包括设计缺陷风险、建筑质量风险、管理失误风险等，后果表现为系统可靠性不足，如材料耐火等级偏低、设备耐久性不足等；安全性风险指直接威胁到大型公共建筑及关系人安全的系统外部不确定因素，包括地震等自然灾害风险、火灾等非故意突发事故风险、恐怖袭击等故意突发事件风险；可持续发展性风险指影响大型公共建筑在实现促进社会和谐、可持续发展等方面的不确定因素，包括环境风险、社会风险、生态风险等，其根源为可靠性风险和安全性风险，是两者在环境、社会系统中长期作用的显现。

1.2 应急管理

1.2.1 灾害研究的传统与逻辑

长久以来，自然科学和工程技术主导着灾害研究及管理，为其提供了主要的话语体系与分析工具，而社会科学的贡献相对有限。以往高层建筑风险管理研究主要集中于建筑科学领域且呈重施工阶段而轻运营使用阶段、重技术防控而轻社会分析及应对的一贯态势。但近来灾害管理研究的共识认为，灾害的发生是自然因素与社会因素共同作用的结果，其社会属性甚至超越了自然属性。这就提出了全面管理和全程管理的要求，即不仅要兼顾灾害的自然属性和社会属性，还要控制致灾社会环境并应对灾害导致的社会后果。[1]梳理并审视灾害管理研究的源流及趋势有助于我们科学把握高层建筑风险管理涉及的各种关系。

在灾害管理研究领域先后形成了三种主要的研究传统。首先是“工程-技术”研究传统，灾害的形成被归结为“致灾因子”的作用，防控灾害的主要途径在于工程和技术手段。其次是“组织-制度”研究传统，灾害与组织、管理、制度漏洞的紧密联系促使研究者尝试通过组织、管理、制度手段的完善来察觉、防范、管理灾害。最后是“政治-社会”研究传统，灾害问题的根源被认为出自“现代性”的自我毁灭，研究者提出政治与社会的根本变革是灾害管理的出路所在。[1]

三种传统分别形成了“灾害”“危机”“风险”三个核心概念，其所代表的研究传统既相对独立又趋于整合。其中，“灾害”概念在管理实践中逐渐被高度抽象化、中性化的“突发事件”概念所取代，以涵盖各种自然或人为的重大不幸事件。突发事件的应对则被称为“应急管理”。

“危机”是指这些不幸事件作用于广泛联系、相互连接、动态发展中的复杂世界的后果。危机研究的重要内容在于解释不同类型危机的原因与发展以及危机演变的规律，以便更好地理解危机或危机管理。首次将“危机”作为

---

〔1〕 童星，张海波．基于中国问题的灾害管理分析框架[J]．中国社会科学，2010（1）：132-146.

一个学术概念引入研究领域的是美国学者赫尔曼（Charles Hermann），他将危机界定为具有如下特征的情景：（1）威胁到决策主体的最高目标；（2）在情境改观之前只有有限的反应时间；（3）发生出乎决策主体意料的事件。随后，更多的学者将危机扩展到更加宽泛的管理学议题，关注危机及其管理的完整过程。如芬克提出了危机生命周期理论，奥古斯丁提出了危机管理的六阶段论。[1]

“风险”指造成灾害、引发危机的原因。[1] 向喜琼等指出，普遍承认的风险评价和管理的基本步骤主要包括：第一，风险的鉴别，即鉴别风险的来源、范围、特性及与其行为或现象相关的不确定性。第二，风险的量化与度量，包括利用主观或客观的概率评估产生错误的可能性、模拟风险源与其可能产生的影响之间的关系、评估出各种可供选择的风险概率值。第三，风险评价，即评估灾害对人类社会危害的可能性。第四，风险接受和规避，即对每一种决策方案的成本、效益和风险以及可能导致的问题、影响进行评估，确定风险的可接受程度与不可接受程度，最终作出风险决策。第五，风险管理，即在风险决策后形成一套用来处理风险的方法。[2]

风险与危机之间存在潜在因果关系，突发事件将这种潜在的因果关系显性化。在全面管理和全程管理的要求下，风险管理、应急管理、危机管理在内容和阶段上的分割难以实现管理效果的最大化。处于中间阶段的应急管理实际上有必要同时向前延伸至风险管理并向后延伸至危机管理，从而形成包括风险管理、危机管理在内的动态管理过程。这一更为宽泛意义上的应急管理不仅能满足实践的需要，也符合管理发展的趋势。

1.2.2 国内应急管理实践及研究趋势

中国的灾害管理经历了救灾、防灾减灾、综合减灾等几个阶段，正迈向应急管理阶段。2007 年颁布实施的《突发事件应对法》中，各类“灾害”被抽象为更具包容性的“突发事件”，并被界定为“突然发生，造成或者可能造成严重社会危害，需要采取应急处置措施予以应对的自然灾害、事故灾难、

---

〔1〕 童星，张海波．基于中国问题的灾害管理分析框架[J]．中国社会科学，2010（1）：132-146.

〔2〕 向喜琼，黄润秋．地质灾害风险评价与风险管理[J]．地质灾害与环境保护，2000（1）：38-41.

公共卫生事件和社会安全事件”，突发事件应对相应地被称为“应急管理”。应急管理发展的实践深刻表明了这样的趋势：首先是从被动应对到主动防范的理念转变，政府在灾害管理中的角色由“救灾者”向“防灾者”转变的过程中，专职部门的设立、制度的完善、机制的转换都可以看到这一理念变革的影子。其次是从分散到综合的策略转变，这突出地表现为管理机构的整合和工作任务的扩张，原本相对分散的工作主体、管理流程、工作目标在更大的程度上迈向了综合化。最后是一体化的贯通趋势，最早阶段的狭义的应急管理只能控制事态而不能解决问题的弊端受到了相关人员的重视，集风险管理、应急管理、危机管理于一体的治理趋势获得了广泛的认同。

国内对于应急管理问题的研究具有自发性、实践导向等特点，与大数据结合的研究趋势相当明显。根据研究对象着眼点的不同，大致可以将当前的研究分布形态归入事件型应急处置研究、行业性应急应用研究、区域性应急管理建设研究、国家应急体制研究这四个主要的部类。

1.2.2.1 事件型应急处置研究

事件型应急处置研究旨在解决最现实、最直接的具体问题。当前有关事件型应急处置研究的主要事件类型侧重于突发性事件、社会安全事件、群体性事件等。此类研究的主要特点包括：注重同类事件的应急管理体系及应急管理平台建设问题，对决策体系构建给予了特别关注；强调处置机制、模式的创新与完善；对应急监测及舆情研判给予了较高的重视。

总的来说，事件型应急处置研究的出发点及重点是对微观事件的数据监测、研判、预警和处置，形成了在事件处置层面的有关应急管理体系与平台、机制与模式，以及相应的人力、技术、制度支持等方面的研究成果。这固然有助于具体问题的应对，但也存在适用上的局限。特别是，事件型应急处置研究通常以具体事件或特定类别事件的解决为出发点，通常囿于事件本身的性质而进行处置策略探讨，面对突破常规意义上的复杂性事件，其解释能力和策略效用都明显不足。

1.2.2.2 行业性应急应用研究

行业性应急应用研究集中于部分风险高发的特定行业。消防应急、反恐等公共安全行业的应急研究对于高层建筑应急管理研究具有特殊的借鉴意义。行业性应急应用研究所普遍重视的主要命题包括：应急管理信息的利用及应急管理信息平台，特别是监测数据管理与利用；应急信息系统建设；风险预测与管理；信息挖掘与应急决策模型；辅助决策系统中的应用设计；应急指挥信息采集；指挥系统设计与实现；行业协作体制创新；资源及物流调度；应急管理标准体系；等等。

行业性应急应用研究的趋势可以概括为：跳出问题解决所需要经过的事件流程，从行业层面重视应急管理信息利用及信息平台、系统的建设；注重行业监测并关注预测及风险管理，试图构建更为完善和具有普遍意义的管理系统；更加关注决策与指挥系统的完善及大数据的辅助功能，数据及数据技术在更宏观的层面上渗透；既在行业视角下探索研究统一的管理标准体系，也关注跨行业协作体制创新问题。

1.2.2.3 区域性应急系统建设研究

区域性应急研究的探讨范围通常为省或城市，城市灾害和城市应急管理系统建设是这一类研究的重要命题。相关研究具有以下显著特点：对应急管理的研究开始上升到体制高度；注重区域内应急数据、信息的整合；关注以政府为主导的跨部门跨行业的协同机制构建；智慧城市建设及应急预测预警体系化成为新的关注点；对公共危机管理效能的研究受到重视。

相对于事件型应急处置研究和行业性应急应用研究而言，区域性应急系统建设研究呈现出更强的公共性，这主要表现在该领域议题对公共危机的研究与讨论上。区域性应急系统建设研究的主要对象是地方政府等区域性行政机关，这既是基于其在特定区域内的独特位置的考量，也有区域性应急所面对的问题具有跨部门、跨行业等复杂性特点的影响。区域性应急管理研究更加注重从体制的高度分析问题，并关注到部门、行业甚至区域间的数据、机制等的协同问题。由于涉及公共权力行使，管理效能及相应的规制亦是研究体系中的重要部分。

1.2.2.4 国家应急管理体制研究

目前，国家应急管理体制的相关文献数量较少。有观点认为：“当前中国应急管理体制在数据的能力构建、预警预测、传递、关联应用和历史学习等方面存在问题，难以有效应对越来越复杂的各类突发事件。”[1] 传统官僚制理念下的中国应急管理体制难以调和自身纵向分工与现代应急管理对横向综

---

〔1〕 李丹阳．大数据时代的中国应急管理体制改革[J]．华南师范大学学报（社会科学版），2013（6）：106-111.

合管理的要求之间的根本矛盾，中国应急管理体制改革有必要以大数据技术及相应管理模式为基础，重塑应急管理体制的理念、机制、机构和流程。[1]

事实上，事件型应急处置、行业性应急应用、区域性应急系统所面临的问题在国家应急管理体制层面被急剧放大且相互交织：应急管理理念、体系、机制、模式所涉及的要素及关联关系的复杂性增强；应急管理跨越部门、行业、区域多，应急协作系统、平台搭建难度大；应急数据的整合、开放、共享、利用所面临的技术性、制度性等方面制约因素激增；应急监测、研判、预警、决策、指挥、调度、处置流程及体系的建立和完善要求更高；应急管理必需的人力、技术等资源短板及管理标准、制度空白凸显，管理效能评估问题及法律规制等隐性约束增强。

需要说明的是，根据研究对象着眼点的不同将大数据应急研究归入前述四个类别并非严格、精确和存在绝对的界分，这四类研究可能存在交叉与跨越。例如，新冠肺炎疫情的危机应对研究可以视作事件型应急处置研究，但却不得不面对一系列行业性应急应用、区域性应急管理的问题，甚至从某种程度上来说，这种“事件型应急处置研究”也暴露出国家应急管理体制所面临的众多问题，促使应急管理研究者进一步反思研究深度与广度的问题。

1.2.3 国外应急管理实践及研究趋势

国外应急管理研究起步较早，实践经验及学科建设也比较成熟。2007 年，美国联邦应急管理局牵头组建的由应急管理从业人员和学术界人士组成的工作组审议并商定了八项应急管理原则：(1) 全面性（Comprehensive）。应急管理人员考虑所有危害、所有阶段、所有利益相关者以及与灾难相关的所有影响。(2) 先见性（Progressive）。应急管理人员预测未来的灾害，并采取预防和准备措施建设具备抗灾性及灾害适应性的社区。(3) 风险驱动（Risk-driven）。应急管理人员在分配优先级时采用健全的风险管理原则（危险识别、风险分析和影响分析）。(4) 综合性（Integrated）。应急管理人员确保各级政府和社区所有成员之间的一致努力。(5) 合作性（Collaborative）。应急管理人员在个人和组织之间建立并维持广泛和真诚的关系，以鼓励信任、倡导团

---

[1] 李丹阳. 大数据背景下的中国应急管理体制改革初探[J]. 江海学刊，2014 (2)：118-123.

队氛围、建立共识和促进沟通。(6) 协同性 (Coordinated)。应急管理人员协调所有利益相关者的活动，以实现共同目标。(7) 灵活性 (Flexible)。应急管理人员在解决灾难挑战时使用创新的方法。(8) 专业性 (Professional)。专业应急管理人员重视基于教育、培训、经验、道德实践、公共管理和持续改进的科学和知识方法。此外，国外应急管理还聚焦于以下方面的研究：

1.2.3.1 社会科学的理论根基

国外应急管理作为专门学科，具有鲜明的社会科学特点与理论根基。例如，Canton 认为，公众期望既是应急管理发展的关键驱动力也是应急管理成功与否的一项指标，理解人们如何应对危机以及何种方法最可能奏效，对于危机管理人员而言至关重要。构成应急管理基础的理论知识并不在于相应的操作性技巧，而在于社会科学调查、对灾难本质及民众与组织反应的深层理解。此外，Canton 还提出，灾难应对中的一个主要问题是信息管理，日常信息管理系统无法应对灾害活动产生的大量信息涌入，通常收集的信息类型可能无法满足危机中态势感知的要求。使这一问题更为复杂的是，地方政府很少雇员收集、整理和评估信息。也就是说，日常信息管理系统的无能为力驱使其需要以新的技术特别是大数据技术对灾害活动中产生的数据进行处理和分析，而负责专门的数据采集、整理及分析的人员也是应急管理体制的重要组成部分。[1]

政府在应急管理中的重要地位是毋庸置疑的，但国外亦特别重视民众参与的研究。特别是在国外有关大数据应急的探讨中，对社交媒体的研究占据了重要地位。例如，Connie M. White 在《社交媒体、危机沟通和应急管理：利用 Web 2.0 技术》这一著作中对社交媒体在应急管理中的应用进行了全面的介绍，主要内容包括：社交媒体在应急管理中得以应用的原因；为了应急管理而设计社交媒体网站及其基本要素；群组支持的社交网站；推特对于团队协作及信息交互的设计策略；合作及文件管理；可视化、映射和灾难管理系统；用自由和开放源码软件自定义构造等。[2]

Lucinda Austin 和 Yan Jin 在其编著的《社交媒体与危机沟通》一书中介绍

---

〔1〕 Canton L G. Emergency management: Concept and strategies for effective programs[M]. John Wiley & Sons, Inc., 2006.

〔2〕 White C M. Social media, crisis communication, and emergency management: Leveraging Web 2.0 technologies[M]. Taylor & Francis, 2011.

了以社交媒体为中介的危机沟通的有关情况，包括：对2002—2014年公开发表的有关以社交媒体为中介的危机沟通文献的状况分析；对情境性危机沟通理论的修正；社交媒体与危机沟通在当前的议题；组织方法与考量；社交媒体的特点及类型；以社交媒体为中介的危机沟通在公司、非营利机构等主体以及医疗卫生、灾难、政治、体育等领域的应用。其中，章节作者 Kenneth A. Lachlan 等对自然灾难、推特、利益相关者及沟通的已有研究与未来研究方向进行了探讨，Melissa Janoske 则就危机中基于社交媒体图像对可视化响应与恢复的影响进行了探讨。[1]

与此同时，社交媒体与当地政府的互动关系也是有关研究的重要方面。《社交媒体与当地政府：理论与实践》就是这一领域比较突出的代表成果。其主要内容包括：对社交媒体与当地政府、社交媒体政策设计、决策者对于公共区域的市民参与及知识共享的理解等的介绍；对社交媒体在西欧、加拿大、墨西哥、澳大利亚、中国等的有关地区政府相关情况的说明，认为社交媒体的采纳可能标志着公共管理、电子政务2.0时代的到来。特别值得指出的是，社交媒体在危机沟通管理中的应用也是该书讨论的一个方面，章节作者 Rocio Zamora Medina 等人认为，这对当地社区是一个机遇，其理由主要在于：危机管理从传统向社交媒体的过渡中，社交媒体给危机沟通管理提供了新的工具。[2]

1.2.3.2 应急的事前准备

应急的事前准备主要包括对风险的管理与应急的事前模拟准备。

Thomas Usländer 与 Ralf Denzer 将风险管理界定为与风险识别、分析和所需措施相关而采取的一系列预防性、综合性措施。他们认为，共享所有相关数据的能力往往非常有限，因为环境风险管理任务主要由各级公共机构处理，这些公共机构有自己的信息技术系统来提供数据和服务。研究者倡导并描述了一个通用的、面向开放服务的体系结构，它是从 ISO、OGC、W3C 和 OASIS 的成熟标准发展而来的。设计原则来自对用户需求、系统需求以及最先进技

〔1〕 Austin L L, Yan J. Social media and crisis communication[M]. Taylor & Francis, 2017: 296-306.

〔2〕 Sobaci Z M. Social media and local governments: Theory and practice[M]. Springer International Publishing, 2016: 321-324.

术三方面的分析。[1]

Julie Dugdale 等认为，现场模拟演练和计算机模拟在应急管理中具有重要作用，在应急管理的不同阶段，利益相关者的需求和要求各不相同。Julie Dugdale 等讨论了如何使用模拟方法在紧急情况下的每个阶段支持利益相关者，并进一步指出成为应急管理主流的两项技术：基于代理的技术和基于虚拟现实的技术。同时，他们认为，开发一个模拟器需要了解应急人员的认知活动：应急人员如何决策、如何判断态势、如何与其他应急人员沟通和合作，以及所有以上活动如何被时刻变化的应急环境所影响。基于认知工程的方法，研究者提出了一种开发计算机模拟器的方法，并展示了如何将此方法应用于开发一个用于评估不同救援计划和测试新通信技术的模拟器。[2]

1.2.3.3 应急决策、协调和沟通

Felix Wex 等学者提出了信息不确定性下自然灾害响应的模糊决策支持模型。针对自然灾害管理（NDM）中的操作应急问题，他们利用模糊数据集理论与模糊优化提出了一个决策支持模型和 Monte Carlo 启发式方法。此外，他们还通过实践和文献调研获取自然灾害管理需求，提出了考虑以下条件的决策模型：（1）事故及其救援单位处于分布状态；（2）救援单位能力特定；（3）处理是非抢占式的；（4）信息的不确定性是由数据的模糊性和语言规范造成的。[3]

Rui Chen 等认为，协调管理在应急响应中起着重要的作用，它解决了行为主体、资源、信息和决策之间复杂的动态依赖关系，而应急协调是一个尚待研究的领域，挖掘这一领域的新知识具有重要意义。他们在研究中探讨了人员、流程和信息技术的作用及其对应急协调的影响；还详细讨论了一个名为 DisasterLAN 的尖端应急响应系统，该系统展示了现代响应系统的设计方法

---

〔1〕 Zwass V, Walle B V D, Turoff M, et al. Information systems for emergency management[M]. Taylor & Francis, 2010: 344.

〔2〕 Zwass V, Walle B V D, Turoff M, et al. Information systems for emergency management[M]. Taylor & Francis, 2010: 229.

〔3〕 Wex F, Schryen G, Neumann D. A fuzzy decision support model for natural disaster response under informational uncertainty[J]. International Journal of Information Systems for Crisis Response and Management, 2012 (3): 23-41.

以及它们对应急协调的促进作用。[1]

危机沟通问题是应急管理中的一个重要方面。W. Timothy Coombs 在《持续性危机沟通：规划、管理和响应》一书中探讨了危机沟通的主要内容，包括：线上世界对危机沟通及危机管理的影响、主动管理功能与危机管理、危机预防过程等。著作分章节介绍了危机准备、危机识别、危机响应及危机善后的有关问题。作者认为，危机沟通是危机管理的血液，并将沟通在危机管理过程中的作用作为整本书的重点。[2] 可见危机沟通的重要地位。

1.2.3.4 数据与信息技术支持

Tom DeGroeve 等认为，随着公共领域和开放内容的不断增加，全球地理数据以及关于自然灾害的近实时地理数据的可用性，使得计算灾害可能造成的人道主义影响的数字和地理模型开发成为可能。后果分析通常采用一个风险公式，将危害程度与风险因素（如受影响地区的人口数量）和脆弱性因素结合起来，计算出受影响地区的地理和社会经济恢复力。研究表明，根据后果分析提供全球灾害警报是可行的，这些模型可以为决策提供有价值的信息，如报告受影响区域、预期损失、物流、附近的关键基础设施、潜在的二次影响和天气预报。反过来，这也可以与其他公共领域或与特定灾难相关的开放内容信息（如媒体报告、现场观测和基于卫星的损害图等）相结合，进而为突发事件预警预测和响应处置提供助力。[3]

Murray Turoff 等对信息系统应急准备与响应的历史进行了回顾，讨论了存在的问题：缺乏政府透明度和不道德的立场；应急准备中的信息过载问题；合作、协调及协作问题；蒙混过关；社区参与和公民参与及公民参与平台问题；后台信息共享问题；信息质量问题；风险分析、利益相关者分析和社区系统问题等。[4]

Karen Henricksen 和 Renato Iannella 提出，应急管理面临的一个关键挑战

---

〔1〕 Zwass V，Walle B V D，Turoff M，et al. Information systems for emergency management[M]. Taylor & Francis，2010：150.

〔2〕 Coombs W T. Ongoing crisis communication：Planning，managing，and responding[M]. Sage Publications，2015：7-13.

〔3〕 Zwass V，Walle B V D，Turoff M，et al. Information systems for emergency management[M]. Taylor & Francis，2010：302.

〔4〕 Zwass V，Walle B V D，Turoff M，et al. Information systems for emergency management[M]. Taylor & Francis，2010：369-385.

是对人力资源和物流资源的有效管理，大规模事件可能涉及数万或更多的资源请求与供给问题，需要复杂的信息系统来管理资源请求者、所有者、协调机构和其他各方之间的必要信息交换，并跟踪已部署资源的状态。这些系统必须是可扩展的，并支持跨机构合作。理想情况下，它们应该基于开放标准，允许不同资源管理系统（RMS）之间的互操作，以及与其他类型的应急管理软件间的互操作和集成。但基于开放标准的资源管理软件尚存在欠缺。两位研究者介绍了结构化信息标准组织内部正在开发的资源信息传递标准，并介绍了一个基于这个新兴标准开发的典型资源管理系统。[1]

1.3 高层建筑应急管理研究的现状和未来

1.3.1 高层建筑应急管理的实质

黄崇福教授认为，从认识论的角度来看，风险具有以下四层含义：第一，真实风险，即真实的不利后果事件，这由未来环境发展所决定。第二，统计风险，即历史上不利事件后果的回归，这可以通过现有可利用数据来加以认识。第三，预测风险，即通过对历史事件及数据的研究，在此基础上建立系统模型，从而进行预测。第四，察觉风险，即人们通过经验、观察、比较等呈现出的直觉判断。[2] 在公共性的层面上，风险是指一种可以引发大规模损失的不确定性，其本质是一种未发生的可能性。科学把握风险所具有的不同层次含义及其不确定性是统驭以风险管理、应急管理及危机管理为综合内容的应急管理体系的逻辑前提。基于上述认识，可以将高层建筑应急管理作如下理解：

其一，高层建筑安全所面临的真实风险具有不确定性，难以被人们完全掌握和管理。由于突发事件的属性受制于风险的属性，风险的性质决定了危机的性质[3]，后续的应急管理、危机管理面临着先天的局限和挑战。但这些

〔1〕 Zwass V, Walle B V D, Turoff M, et al. Information systems for emergency management[M]. Taylor & Francis, 2010: 327.

〔2〕 黄崇福. 自然灾害风险分析的基本原理[J]. 自然灾害学报, 1999（2）: 21-30.

〔3〕 童星, 张海波. 基于中国问题的灾害管理分析框架[J]. 中国社会科学, 2010（1）: 132-146.

局限并不妨碍人们在技术条件和认知能力范围内尽可能全面地认识风险和预测风险，并向真实风险无限接近，从而服务于风险管理及后续的应急管理和危机管理。

其二，高层建筑风险管理的过程可以归结为：基于察觉风险和统计风险，对未来的真实风险进行预判并采取一系列风险决策及干预措施，从而预防突发事件及后续危机的出现。预测风险在整个应急管理体系中具有关键地位，而察觉风险和统计风险则具有先决意义，有关历史事件、数据及人们的理解构成了风险管理的基础。

1.3.2 高层建筑应急管理研究评析

结合对高层建筑风险与应急管理实质的理解以及文献分布情况，当前高层建筑应急管理研究的主要特征可以描述为：一是高层建筑风险的研究成果数量远少于应急领域其他研究，系统而全面讨论高层建筑风险的研究相对较少。二是高层建筑风险管理的研究主要集中于施工阶段，其他阶段的风险管理相对被忽视。三是高层建筑应急管理研究所针对的主要突发事件为火灾，对其他各类突发事件的研究有所不足。四是对高层建筑危机管理的关注极为匮乏。五是从实际研究内容来看，大多数相关研究实际上具有风险管理、应急管理、危机管理相混合的特征，风险管理、应急管理、危机管理无论是从用语上还是从研究内容上都未被严格区分。六是从学科分布来看，研究内容大比例集中于自然科学、工程技术领域，社会学研究则相对较少。

高层建筑应急管理研究基础薄弱、内容混杂且结构性失调的原因可以在前述应急管理研究框架中得到进一步诠释和评判：第一，风险认知在全部应急管理环节中位于最前端，对高层建筑风险的研究制约着对其应急管理研究的广度和深度。风险本身的不确定性对风险认知造成了极大挑战，风险事件的非均衡式分布进一步制约着对察觉风险和统计风险的认识，从而影响了对真实风险的感知和研究。以往高层建筑风险研究正是建立在对高层建筑的察觉风险和统计风险的认知之上，集中于高频风险事件及风险的多发阶段，对偶发风险、未知风险以及低风险阶段的关注相对不足。因此，研究总体上呈现出如下规律：在类型视角下，研究往往聚焦于火灾、地震等传统风险，对内源性风险的关注一般要高于外源性风险，注重内向型风险的研究而相对忽视外向型风险研究；在周期视角下，施工阶段面临繁杂的施工内容与过程，加上恶劣的作业条件与严酷的管理环境，高处坠落、物体打击、机械伤害、倒塌、触电、火灾等安全事故多发，人员风险、机械设备风险、材料风险、工伤风险、环境风险以及管理风险等主要风险成为关注对象，施工阶段也就成为被研究的重点阶段；在系统视角下，风险指标体系的构建、风险来源及其相互关系、动力机制的说明其实也受制于察觉风险、统计风险的数值特征与相关关系，尽管对风险的考量相对更加全面和动态化，但仍然因先天的局限而存在被忽略的风险。

第二，从灾害研究的传统来看，发展成熟的自然科学和工程技术长期以来占据灾害管理研究的主导地位，其所提供的话语体系和分析工具拥有绝对的影响力，社会科学对灾害管理的探讨则相对弱势。这种传统在高层建筑应急管理问题上同样是具有解释力的。受“工程-技术”研究传统的支配，研究者多从灾害的自然属性入手探讨灾害防范及应对的技术、策略。高层建筑风险管理研究主要集中于建筑科学领域，致灾因子分析及其技术应对研究成为主流，重施工阶段而轻运营使用等阶段、重技术防控而轻社会分析及应对的研究倾向极为明显。伴随着“组织-制度”研究传统的兴起，研究者试图从灾害的社会属性入手进行风险的识别、预防和管理。应急管理中的决策、组织、制度等社会性议题的研究受到了重视。其中，主体的行为与心理因素受到了特别的关注，针对应急疏散中决策行为、选择行为、追随行为等的社会行为分析以及相应的疏散模型、辅助技术研究成为热点。在“政治-社会”研究传统中，灾害背后深层次的政治、社会原因成为重要研究对象，研究者开始探讨通过政治、社会变革应对灾难的可行性。但总体上，高层建筑应急管理中，“工程-技术”研究传统仍然占据主流位置，侧重于灾害自然属性研究及技术应对的学科倾向依然存在。

第三，从国内外应急管理的研究现状与趋势来看，诸多可借鉴的一般性经验和规律尚未被融入高层建筑应急管理的研究与实践。从国内方面来看，主要问题在于：首先，在具体研究与实践中，主动防范的理念以及管理综合化、一体化策略尚未能一致、有效地贯通于高层建筑应急管理的各个阶段，关于责任主体、目标、任务、制度、机制、流程等的研究仍然存在各种形式的悖反，风险管理、应急管理、危机管理被不同程度地割裂。其次，大数据支持下的智能化技术与高层建筑应急管理的结合深度仍然不足，未能紧跟国内应急管理问题与大数据技术结合的研究趋势。最后，高层建筑应急管理就其研究对象形态而言，大致可归入事件型应急处置研究和行业性应急应用研究，尚未被纳入区域性应急管理建设研究及国家应急体制研究的视野中，高层建筑应急管理与城市应急管理，以及国家应急管理的有机联系尚未被研究者充分重视。与国外相比，我国的主要问题在于：其一，高层建筑应急管理的社会科学理论根基不够扎实，运用社会科学方法展开对高层建筑应急管理中各社会主体及其管理、组织、执行等行为的研究有待深入。特别是，应急决策、协调、沟通等影响高层建筑应急管理效果的关键问题尚未获得国内研究者的重视。其二，高层建筑应急管理研究重心后置。对风险管理与应急事前模拟准备的研究相对弱化，而更侧重于消防应急、疏散等后续阶段的研究。其三，向应急管理提供支持的数据及信息技术研究未能与高层建筑应急管理的社会研究有效融合，从社会研究入手解决应急管理问题路径的传统方法亟须接受新兴技术的支持。

1.3.3 高层建筑应急管理研究的未来

影响高层建筑应急管理研究的因素是多方面的，为了实现应急管理效果的最大化，应当科学处理以下关系：

第一，风险管理、应急管理和危机管理之间的关系。在充分理解风险与危机之间潜在的因果关系的基础上，摒弃对风险管理、应急管理、危机管理在内容和阶段上的人为分割。将处于中间阶段的应急管理向前延伸至风险管理并向后延伸至危机管理，从而塑造涵盖风险管理、危机管理在内的应急管理体系。加强对前端风险和后续危机的研究，克服只控制事态而不解决问题的实践弊病，助力应急管理实现安全效益的最大化。

第二，各类风险之间的关系。需要积极借鉴类型视角、周期视角、系统视角下对高层建筑各类风险的讨论成果，建立全面、系统的风险认知及评估体系，对各种来源、各个类别、建筑生命周期内各个阶段、各个层次的风险进行量化统计与分析，了解其动力机制及体系定位，尽可能为风险管理及后续阶段的应对提供精确的数据支持。

第三，各类研究传统之间的关系。强化“工程-技术”研究传统的同时，补齐高层建筑应急管理所面临的“组织-制度”“政治-社会”研究传统的短板。加强对以下三个层面的问题研究：一是宏观层面的应急管理体制、机制、制度等问题。二是中观层面的应急管理过程中的决策、组织、执行等问题。

三是微观层面的突发事件中个人及群体行为与心理反应。此外，在具体研究路径上，不同研究传统间的工具方法应有所互鉴。特别是对应急管理的社会属性方面进行研究时，应积极引入大数据分析、计算机辅助决策等新兴方法。

正是基于对以上各种关系的考量，本书从广义的应急管理出发，着眼于高层建筑风险体系的梳理及防控，并选择应急疏散理论作为主要探讨对象，力图在高层建筑使用阶段，风险环境相对确定的情况下为突发事件的应对提供思考。

第2章

应急疏散行为研究方法

2.1 建筑内疏散行为的基本理论

2.1.1 行人流基本特征

与机动车交通流相类似，行人流的三个基本参数包括流量、步行速度和密度。比如，综合对现有文献[1][2]和实际调查中行人速度的分析，交通仿真模型中采用的行人步行速度为：信号控制处1.20m/s，无信号控制处1.40m/s。建筑物内的行人流不同于交通行人流，建筑物内分为横向行人流和纵向行人流，因此不同模式下的行人流基本特征也有所不同。

1. 行人速度与行人流密度

行人速度是表现行人运动快慢和方向的参量。绝大部分情况下，行人速度表示人员运动的快慢，即人员在单位时间内的行走距离（单位：m/s）。行人速度受个体年龄、性别、身体机能、所处环境等多种因素影响而存在差异。人员密度反映了一定空间内人员的稠密程度，一般通过人员在移动过程中单位面积的人员数量（单位：人/m^2）、人均占有面积（单位：m^2/人）、单位面积地板上人员的水平投影面积所占百分比等多种方式计算。人员密度是影响建筑内人群疏散效率和安全性的重要因素，也是建筑行人设施等设计考虑的重要参数。当人员密度过大时，会造成个体之间强烈的挤压（物理力的作用），从而引发人群拥挤、踩踏事故。建筑设计中人员密度的确定要综合考虑多个因素：建筑的使用功能不同，同一类型的建筑在不同地域，甚至不同的

---

〔1〕 冯树民，吴阅辛．信号交叉口行人过街速度分析[J]．哈尔滨工业大学学报，2004（1）：76-78.

〔2〕 裴玉龙，冯树民．城市行人过街速度研究[J]．公路交通科技，2006（9）：104-107.

时间范围内人员密度都可能存在差异。目前，各国规范对不同使用功能的建筑中的人员密度都有详细的规定。

人员的运动速度一定程度上取决于人员密度。如果人与人之间的空间很大，则人可以正常步态迅速行走。当人员密度增大时，行人人均占有空间减小，行人可支配空间不充裕，这就限制了行人行动的自由，步行速度也会随之降低。图 2.1 为《道路通行能力手册》（Highway Capacity Manual，HCM）[1] 给出的不同人群行人流速度与密度关系曲线，由图 2.1 可以发现，在一定范围内，行人速度随着人员密度的增加而减小，且服从线性关系。

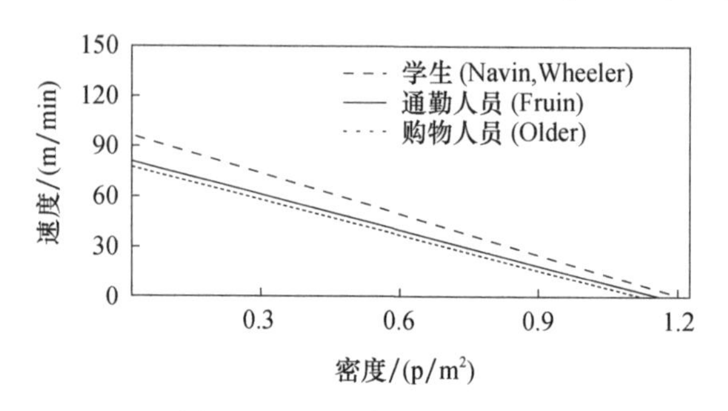

图 2.1　HCM 速度-密度曲线

2. 行人流量

流量是指单位时间内通过指定点（如通道、楼梯、瓶颈）的行人数量（单位：人/s）。单位流量也称行人流流率，指单位时间内通过指定点（如通道、楼梯、瓶颈）单位宽度的行人数量。单位流量与行人速度、密度存在一定的关系。如以下公式所示：

$$J(t)=v(t)\cdot\rho(t) \tag{2.1}$$

其中，$J(t)$ 为人群 t 时刻的行人单位流量，$v(t)$ 为行人的运动速度，$\rho(t)$ 为行人密度。

人员密度、速度和流量三者之间的关系是评估行人流风险性和行人交通设施安全性与有效性的重要指标，受到相关学者的广泛关注。不同外界环境和研究对象条件下人员密度、速度和流量三者之间的统计关系存在一定的差异。图 2.2 和图 2.3 分别展示了由观测得到的不同类人群的行人流流率和行人

---

〔1〕美国交通研究委员会．道路通行能力手册[M]．任福田，等译．人民交通出版社，2007.

密度（单位行人占有面积）之间的流量-密度曲线以及速度-流量关系曲线。[1] 由图 2.2 可以看出随着行人密度的增加，行人流流量都是先增加至一个相对稳定的值后随之下降，但在相同情况下，不同类人群的密度值或流量值存在不同；由图 2.3 可以看出，不同类人群的速度与流量之间的关系变化存在一定的相似性，在人群运动中，存在一个临界密度，当到达临界密度后，行人行动变得更加困难，流量和行人速度同时降低，但不同类人群的统计数值存在差异。

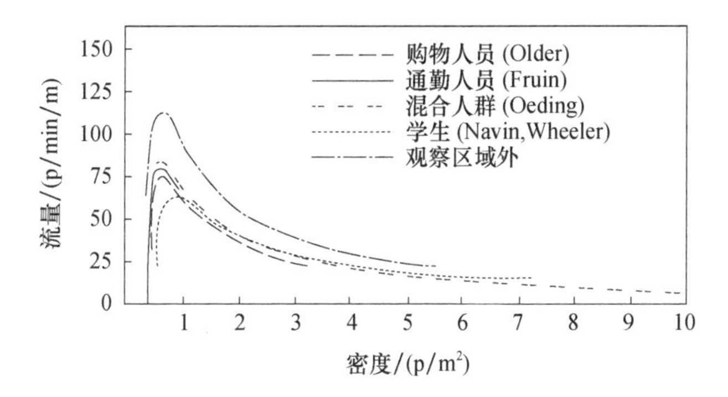

图 2.2 HCM 流量-密度曲线

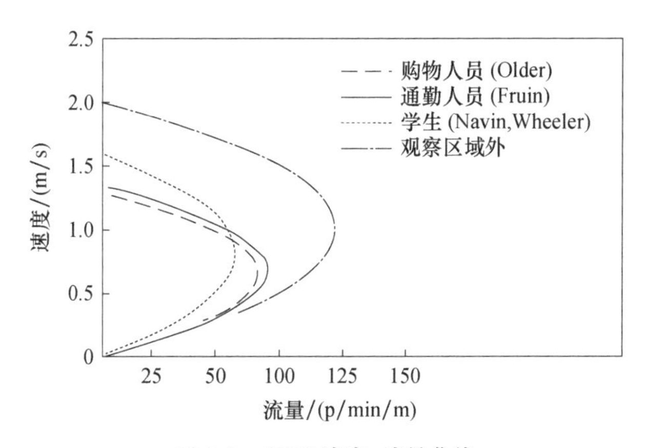

图 2.3 HCM 速度-流量曲线

〔1〕 美国交通研究委员会．道路通行能力手册[M]．任福田，等译．人民交通出版社，2007.

2.1.2 疏散预动作时间

在火灾或者其他紧急状况下，人员疏散过程可以简单分为线索确认、决策制定与运动逃生三部分，其中线索确认阶段和决策制定阶段分别表示人员根据外在因素对危险的感知和反应，这两个阶段经历的时间称为疏散预动作时间（pre-movement time）。研究发现，大多数人不能及时开始进行疏散，而是寻找同伴或者打电话确认，疏散预动作时间都较长。〔1〕〔2〕不同条件下的疏散准备时间与疏散反应行为见表2.1~表2.5（不同建筑类型见表2.1、不同延误行为见表2.2、不同报警类型见表2.3、发现火灾方式见表2.4、火灾反应的性别差异见表2.5）。

表2.1 不同建筑类型的疏散预动作时间〔3〕〔4〕

建筑类型	建筑区域	人员类型	疏散预动作平均时间/s	范围/s	样本数
办公楼	—	—	113.4	0~540	19[a]
商业	—	—	108.6	0~420	16[a]
公共娱乐	—	—	120	0~540	28[a]
学校	—	工作人员	70.8	0~246	17
		学生	73.7	8~200	228
医院	病理学室	医护人员	52	26~91	9
		病人	37.3	30~45	3
		所有人	48.3	26~91	12

〔1〕 Kobes M, Helsloot I, de Vries B, et al. Exit choice, (pre-) movement time and (pre-) evacuation behaviour in hotel fire evacuation—Behavioural analysis and validation of the use of serious gaming in experimental research[J]. Procedia Engineering, 2010 (3): 37-51.

〔2〕 Fahy R F, Proulx G. Toward creating a database on delay times to start evacuation and walking speeds for use in evacuation modeling [C]. 2nd International Symposium on Human Behaviour in Fire. Boston, MA, USA, 2001: 175-183.

〔3〕 Proulx G, Pineau J, Latour J C, et al. Study of the occupants' behaviour during the 2 forest laneway fire in North York, Ontario on January 6th, 1995[M]. National Research Council Canada, Institute for Research in Construction, National Fire Laboratory, 1995.

〔4〕 Howkins R E. In the event of fire-use the elevators[J]. Elevator World, 2000, 48 (12): 136-142.

续表

建筑类型	建筑区域	人员类型	疏散预动作平均时间/s	范围/s	样本数
医院	候诊室	医护人员	26	16~43	4
		病人	36.3	34~40	4
	治疗室	所有人	31.1	16~43	8
		医护人员	45	45~45	1
		病人	59.1	46~66	12
	所有区域	所有人	58	45~66	13
		医护人员	44.1	16~91	14
		病人	50.8	30~66	19

注：标注a的数据表示来自真实火灾；"—"表示资料未明确对应的数据特征。

表2.2 不同延误行为的疏散预动作时间[1]

延误行为	疏散预动作时间/s	标准差/s
观察他人的反应	10	3
拨打火警电话	30	9
无反应	60	18
收拾行李	30	9
给其他人打电话	30	9
关闭/打开门或窗	5	1.5
关设备（家电）	20	6
救援	30	9
穿衣服	60	18
起床	60	18

〔1〕 Proulx G, Reid I M A, Cavan N R. Human behavior study: Cook county administration building fire[M]. Institue for Research in Construction, 2004.

表 2.3 不同警报类型对疏散预动作时间的影响[1]

警报类型	细节	疏散准备时间/s
两阶段警报系统	公寓的每个房间内都有警报系统	150
一阶段中心警报系统	警报在走廊与楼梯间内	502
	警报在走廊内	582
	警报在楼梯内，4 层与 6 层走廊有警报	188

表 2.4 居民发现火灾的方式[2]

发现火灾的方式	居民占比/%	居民数量/人	发现火灾的方式	居民占比/%	居民数量/人
闻到烟味	26	148	爆炸	1.1	6
他人告知	21.3	121	感觉到热	0.7	4
噪音	18.6	106	火警	0.7	4
家人告知	13.4	76	停电	0.7	4
看到烟	9.1	52	宠物反应异常	0.3	2
看到火	8.1	46			

表 2.5 火灾反应的性别差异[3]

行为	占比/%		行为	占比/%	
	男	女		男	女
观察他人	16.3	13.8	去起火地点	1.9	2.2

---

[1] Sekizawa A, Ebihara M, Notake H, et al. Occupants' behaviour in response to the high-rise apartments fire in Hiroshima City[J]. Fire and Materials, 1999, 23 (6): 297-303.

[2] Bryan J L. Behavioral response to fire and smoke[J]. SFPE Handbook of Fire Protection Engineering, 2002, 2: 42.

[3] Bryan J L. Behavioral response to fire and smoke[J]. SFPE Handbook of Fire Protection Engineering, 2002, 2: 42.

续表

行为	占比/%		行为	占比/%	
	男	女		男	女
寻找火源	14.9	6.3	移开易燃物品	1.1	2.2
拨打火警	6.1	11.4	进入建筑物	2.3	0.9
穿衣服	5.8	10.1	尝试穿过出口	1.5	1.6
逃出建筑物	4.2	10.4	去火灾警报处	1.1	1.9
帮助家庭成员疏散	3.4	11	用电话提醒别人	0.8	1.6
灭火	5.8	3.8	尝试灭火	1.9	0.6
找灭火器	6.9	2.8	关闭火灾区域的门	0.8	1.3
逃出着火区域	4.6	4.1	打开火灾警报	1.1	0.6
醒来	3.8	2.5	关闭家电	0.8	0.9
无活动	2.7	2.8	检查防盗系统	0.8	0.9
让他人拨打火警	3.4	1.3	其他	6.5	2.5
收拾行李	1.5	2.5			

2.1.3 出口疏散方式

出口选择包括楼梯、疏散电梯和其他新的疏散辅助设备。在疏散过程中，人们对各种出口的选择行为通常会有所不同。对于大多数建筑而言，楼梯疏散是目前最为传统且唯一倡导的疏散方式。但随着建筑高度的不断增加，如果人群全部使用楼梯疏散，会造成楼梯拥堵，而且楼梯也不利于老弱病残幼等人群的疏散。[1] 同时在高层建筑中，由于大多数人员所处的楼层较高，使

〔1〕 Proulx G，Johnson P，Heyes E，et al. The use of elevators for egress：Discussion panel[M]. National Research Council Canada/Institute for Research in Construction，2009.

用楼梯疏散必然导致行人的疲惫，进而影响人群疏散效率。在这种情况下，使用电梯疏散的呼声越来越高[1][2]，电梯如果可以用作疏散，则会成为非常好的辅助疏散方式。在美国世界贸易中心“9·11”事件的报告中[3]，记载了有关幸存者使用电梯进行疏散的情况。成功地在疏散前期使用电梯进行疏散，无疑是这些幸存者能够以较快速度逃出世界贸易中心的重要原因。因此，如何合理地使用电梯进行疏散是一个重要的问题。

2.1.3.1 楼梯

在楼梯内，行人流的特性往往与在楼层内的水平疏散不同。这是由于楼梯是纵向疏散设施，且台阶组成的空间有“离散”的特点，人员只能在台阶上移动，限制了人员的移动速度。另外，除了螺旋形台阶，两部分台阶之间需要由平台相连接，人员需要在平台上完成转向。故疏散者在楼梯上的行动速度要比平面上慢。

对于人员移动速度的测量，最为人所知的应该是Fruin在1971年发表的研究成果。[4] 通过对700个被试者的实验，他给出了不同年龄、不同性别的人员楼梯移动速度。不过该实验是在普通环境下进行的，而且被试者行动距离较短，数据不适用于高层建筑疏散研究。随后一段时间的研究也并没有针对高层建筑疏散的特点展开。直到世界贸易中心“9·11”事件发生后，高层建筑疏散问题再次进入人们的视线，很多研究者从高层建筑疏散角度对该事故进行了调查，研究发现幸存者在楼梯中的疏散平均速度小于0.3m/s，疏散效率较低。[5]

Fu等对不同大小的个人和群体进行实验，结果表明，在楼梯下降运动中，

---

[1] Averill J D, Mileti D S, Peacock R D. Federal building and fire safety investigation of the World Trade Center disaster: Occupant behavior, egress, and emergency communication[J]. Journal of Veterinary Diagnostic Investigation, 2005, 8 (2): 238-40.

[2] Howkins R E. In the event of fire-use the elevators[J]. Elevator World, 2000, 48 (12): 136-142.

[3] Groner N E. A compelling case for emergency elevator systems[J]. Fire Engineering, 2002, 155 (10): 126-128.

[4] Fruin J J. Pedestrian planning and design[M]. New York: Metropolitan Association of Urban Designers and Environmental Planners, 1971.

[5] Mileti D S, Averill J D, Peacock R D, et al. Federal building and fire safety investigation of the World Trade Center disaster: Occupant behavior, egress, and emergency communication[J]. Journal of Veterinary Diagnostic Investigation, 2005, 8 (2): 238-40.

规模较大群体的步伐时间增加，步幅明显更高。[1] Köster 等发现，在楼梯上时行人上楼的速度通常比下楼慢，而在着陆时情况恰好相反。包括着陆点在内时，下楼的平均速度为 0.736 m/s，上楼的平均速度为 0.704 m/s；不包括着陆点在内时，下楼的平均速度为 0.615 m/s，上楼的平均速度为 0.531 m/s；在平台上，向下平均速度为 0.853 m/s，向上平均速度为 0.900 m/s。[2] Fu 等运用多网格模型来了解行人在逆流中的动态，发现情绪的传播使平均速度显著降低，这正反映了“快即是慢”的现象。[3] 另外，一些有移动障碍的人在疏散过程中，不但自身速度较慢，还会影响在其后方疏散者的移动速度。[4] Kretz 等在两个坡度分别为 35.1°和 22.2°的楼梯上测试了人员的移动速度，发现在斜坡大小为 22.2°的条件下，人员的下楼平均速度在 0.90m/s，浮动范围在 0.58 到 1.44 之间[5]。

还有部分学者对未成年人的疏散进行了研究。Kholshevnikov 等针对 3~7 岁的儿童进行了疏散行为研究，发现他们在楼梯上的移动速度在 0.32~1.16m/s 之间。[6] Capote 分别研究了 8~12 岁和 12~16 岁的未成年人在楼梯上的移动速度，发现其速度分别为［0.29 ~1.39］±0.29m/s 和［0.28~0.77］±0.14m/s，不过，在该研究中，参与者只移动了 15 个台阶。[7] Larusdottir 等针对 3~6 岁的儿童和 9~15 岁的青少年进行了研究，发现其在楼梯中

[1] Fu L, Cao S, Song W, et al. The influence of emergency signage on building evacuation behavior: An experimental study[J]. Fire and Materials, 2019, 43 (1): 22-33.

[2] Köster G, Lehmberg D, Kneidl A. Walking on stairs: Experiment and model[J]. Physical Review E., 2019, 100 (2): 22310.

[3] Fu L, Song W, Lv W, et al. Multi-grid simulation of counter flow pedestrian dynamics with emotion propagation[J]. Simulation Modelling Practice and Theory, 2016, 60: 1-14.

[4] Galea E R, Sauter M, Deere S J, et al. Investigating the impact of culture on evacuation behaviour—A Turkish data-set[C]. Proceedings of the Tenth International Symposium on Fire Safety Science, University of Maryland, 2011: 709-722.

[5] Kretz T, Grünebohm A, Kessel A, et al. Upstairs walking speed distributions on a long stairway [J]. Safety Science, 2008, 46 (1): 72-78.

[6] Kholshchevnikov V V, Samoshin D A, Parfyonenko A P, et al. Study of children evacuation from pre-school education institutions[J]. Fire and Materials, 2012, 36 (5-6): 349-366.

[7] Capote J A, Alvear D, Abreu O, et al. Children evacuation: empirical data and egress modelling [C]. Fifth International Symposium on Human Behaviour in Fire, 2012.

的平均下降速度分别为0.13~0.58m/s和0.69~0.81m/s。[1][2][3]

2.1.3.2 电梯

近年来，使用电梯进行疏散逐渐受到了多个国家的关注。[4] 例如，国际标准委员会（International Code Council）的《建筑防火规范》（Building and Fire Codes）[5] 和美国消防协会的《建筑防火规范》（Building and Fire Codes）[6] 规定允许疏散人员在火灾或者其他紧急情况下使用电梯进行疏散。目前，有一些使用电梯疏散的成功案例。[7][8][9] 例如：在纽约世界贸易中心“9·11”事件中，处在世界贸易中心南塔91层的31名员工使用电梯逃生，疏散时间仅用了72秒。[10] 在2010年的上海“11·15”火灾中，住在28层的部分居民在火灾前期成功使用电梯逃生。[11] 有研究发现，很多在日常只使用

---

〔1〕 Larusdottir A R, Dederichs A S. Evacuation dynamics of children—Walking speeds, flows through doors in daycare centers[M]. Pedestrian and Evacuation Dynamics. Springer, Boston, MA, 2011: 139-147.

〔2〕 Larusdottir A R, Dederichs A. Behavioral aspects of movement down stairs during elementary school fire drills: Accounting for a gender difference[C]. Human Behaviour in Fire Symposium, 2012.

〔3〕 Larusdottir A R, Dederichs A S. Evacuation of children: Movement on stairs and on horizontal plane[J]. Fire Technology, 2012, 48 (1): 43-53.

〔4〕 Gerges M, Mayouf M, Rumley P, et al. Human behaviour under fire situations in high-rise residential building[J]. International Journal of Building Pathology and Adaptation, 2017, 35 (1): 90-106.

〔5〕 Fna R. Changes to ICC building and fire codes consistent with recommendations from NIST's WTC towers investigation[S]. National Institute of Standards and Technology: 2008a.

〔6〕 Fna R. Changes to NFPA building and fire codes consistent with recommendations from NIST's WTC towers investigation[S]. National Institute of Standards and Technology: 2008b.

〔7〕 Mileti D S, Averill J D, Peacock R D, et al. Federal building and fire safety investigation of the World Trade Center disaster: Occupant behavior, egress, and emergency communication[J]. Journal of Veterinary Diagnostic Investigation, 2005, 8 (2): 238-40.

〔8〕 Howkins R E. In the event of fire USE THE ELEVATORS[J]. Elevator World, 2000, 48 (12): 136-142.

〔9〕 Proulx G, Pineau J, Latour J C, et al. Study of the occupants' behaviour during the 2 forest laneway fire in North York, Ontario on January 6th, 1995[M]. National Research Council Canada, Institute for Research in Construction, National Fire Laboratory, 1995.

〔10〕 Blake S, Galea E, Westang H, et al. An analysis of human behaviour during the WTC disaster of 9/11 based on published survivor accounts[C]. 3rd International Symposium on Human Behaviour in Fire. Greenwich, London, UK, 2004: 181-192.

〔11〕 袁启萌，翁文国．基于幸存者调查的高层建筑火灾疏散行为研究[J]．中国安全科学学报，2012，22（10）：41-46.

电梯上下楼的人，甚至不知道楼梯的位置在哪。[1] 但在紧急情况中使用电梯疏散，仍然存在几个需要解决的问题。

在火灾等紧急状况下使用电梯疏散，最重要的问题就是电梯的安全性。[2] 在电梯移动过程中，电梯井内会形成负压，从而产生烟囱效应。所以，疏散电梯系统需要具备防火、防热和防烟的基本功能。[3][4] 由于火灾可能导致楼宇电力系统失灵，故需要保证疏散电梯的电力供应，并对电梯系统进行防水设计。[5][6][7] 另外，疏散电梯的设计还需要考虑防护地震灾害，保障紧急情况下的通信，以及阻止污染物的传播等因素。[8] 如果操作得当[9][10][11][12]，电梯可以在高层建筑中作为及时疏散的保障，并且可以帮助行动不便的人进行疏散。[13]

高层建筑的楼层多、人员密度大，让如此大量的人员同时进行疏散势必会造成拥挤。而且处在较高楼层的人员需要的疏散时间较长，烟气的蔓延速度又远大于人员的移动速度，所以，在高层建筑内设置避难层或避难间是非

[1] Gerges M, Mayouf M, Rumley P, et al. Human behaviour under fire situations in high-rise residential building[J]. International Journal of Building Pathology and Adaptation, 2017, 35 (1): 90-106.

[2] Chen Z, Zhang J, Li D. Smoke control—Discussion of switching elevator to evacuation elevator in high-rise building[J]. Procedia Engineering, 2011 (11): 40-44.

[3] Chien S W, Wen W. A research of the elevator evacuation performance and strategies for Taipei 101 Financial Center[J]. Journal of Disaster Research, 2011, 6 (6): 581-590.

[4] Klote J H. Elevators as a means of fire escape[J]. American Society of Heating Refrigerating and Air Conditioning Engineers Transactions, 1983, 89 (2): 1-16.

[5] Bukowski R W. Protected elevators for egress and access during fires in tall buildings[C]. Proceedings of the CIB-CTBUH International Conference on Tall Buildings, Malaysia, 2003.

[6] Bukowski R W. International applications of elevators for fire service access and occupant egress in fires[J]. CTBUH Journal, 2010: 28-33.

[7] Bukowski R W. Applications of elevators for occupant egress in fires[J]. Fire Protection, 2010.

[8] US Department of Commerce, NIST. Fire evacuation by elevators[J]. Elevator World, 1993.

[9] Bukowski R W. Emergency egress strategies for buildings[J]. NIST Special Publication, 2009.

[10] Groner N E, Levin B M. Human factors considerations in the potential for using elevators in building emergency evacuation plans[M]. Gaithersburg: National Institute of Standards and Technology, 1992.

[11] Koshak J. Elevator evacuation in emergency situations[J]. Elevator World, 2005, LIII (11): 103-106.

[12] Sun J, Zhao Q, Luh P B. Optimization of group elevator scheduling with advance information [J]. IEEE Transactions on Automation Science and Engineering, 2009, 7 (2): 352-363.

[13] British Standards Institution. Code of practice for fire safety in the design, management and use of buildings[J]. Fire Risk Management, 2009.

常必要的，此类安全避难模式可以为火灾中的人员提供临时的避难场所以等待消防救援。[1]

研究指出，在高层建筑火灾中，建议人员每疏散 18 层就休息一次。[2] 避难层不承担商务或办公等除安全避难以外的任何功能，且必须安装防火与防烟设施，能够在一定程度上有效地阻断火与烟，在一定时限内保证避难层内的人员安全。避难层内不能放置任何易燃物品，每个在避难层内的人需要保证有 0.3m^2 的空间。避难层需要连接多组楼梯和电梯，以便人群二次疏散。避难层中的楼梯采用分隔式设计，从避难层以上的楼层进入避难层的行人需要离开楼梯间，然后进入另一个楼梯间继续下楼，也就是说，连接避难层上下的楼梯是不连通的。图 2.4 为四川都江堰的高层建筑火灾实验楼，该建筑内设置有避难层，在避难层内，没有易燃材料与设施，且设置有疏散电梯。

图 2.4　四川都江堰高层建筑火灾实验塔内的避难层

我国的《建筑设计防火规范》（GB 50016—2014）对避难层的关键要求如下：

（1）第一个（即最低的）避难层到地面的高度和两个避难层之间的高度

[1] Jack W, Nur D. Use of lifts and refuge floors for fire evacuation in high rise apartment buildings [C]. Proceedings of the 44th Annual Conference of the Australian and New Zealand Architectural Science Association. Australian and New Zealand Architectural Science Association, 2010: 1-4.

[2] Ma J, Song W, Tian W, et al. Experimental study on an ultra high-rise building evacuation in China[J]. Safety Science, 2012, 50 (8): 1665-1674.

都不应超过 50m；

(2) 避难层可以兼作设备层，但应集中布置，并采取严格的防护措施；

(3) 避难层（间）内不允许设置气体管道或易燃、可燃液体，不可开设除疏散门和外窗以外的其他开口；

(4) 进出避难层（间）门口，应设置明显的指示标志；

(5) 如设置外窗，需进行防火设计，并配备独立的机械防烟设施。

2.1.3.3 其他疏散方式

除了常用的楼梯疏散以及近来较为热门的电梯疏散，部分高层建筑内还设置有其他的疏散方式。对于两个邻近的高层建筑，可能建有天桥，天桥在疏散时也可以起到疏散的作用。[1][2] 近年来，还有一些新的辅助疏散方式，例如，滑道疏散系统[3]和生命滑道系统[4]。滑道疏散系统由特殊的螺旋滑道和分流阀组成，疏散者可以在自身重力的帮助下快速地到达地面层，无须额外的电力辅助，也不需要消耗自身的体力。所以，该系统也适合行动不便的人独立进行疏散。生命滑道系统由起重机、滑道和救援梯组成，在非紧急状态下，起重机上的滑道将折叠起来，需要开展救援时，起重机将滑道支起，连接到指定的楼层后，疏散者从滑道上滑下，两部分滑道之间的缓冲区可以有效地减缓疏散者的滑行速度，该缓冲区还为消防员设计了提供救援的区域。不过，这些新的疏散辅助设备还处于设计或实验阶段，并未投入正式救援中。目前，尚未有将这些新型避难辅助工具用于人类避难行为的相关研究。

---

〔1〕 Wood A, Chow W K, McGrail D. The skybridge as an evacuation option for tall buildings for highrise cities in the Far East[J]. Journal of Applied Fire Science, 2004, 13 (2): 113-124.

〔2〕 Wood A. Alternative forms of tall building evacuation[C]. Proceedings of: AEI/NIST Conference on High-Rise Building Egress. National Institute of Standards and Technology conference, Symposium on High-Rise Building Egress. McGraw-Hill Auditorium, New York, USA, 2007.

〔3〕 Zhang X. Study on rapid evacuation in high-rise buildings[J]. Engineering Science and Technology, 2017, 20 (3): 1203-1210.

〔4〕 Transportation Design Award, http: //designawards. core77. com/ Transportation/64377/LIFE-SLIDE.

2.2 应急疏散行为的研究方法

2.2.1 实验研究

根据世界卫生组织2017年拟定的《WHO突发事件实验演习手册》，实验演习是模拟突发事件现场，制定突发事故管理策略的重要手段，其一般可以分为桌面演习、田野实验、现场演习和功能性演习四类。根据人员运动和疏散研究的特点及研究手段的不同，我们将对实验研究分为事故分析和实地观测、有控实验和疏散演习及动物类比三大类。

2.2.1.1 事故分析和实地观测

事故分析和实地观测主要采用无受控的方法对真实场景中人员运动和疏散的数据进行研究。前者主要采用访谈、问卷、视频分析、案例分析等方法揭示已发生的真实灾难事故中人员的逃生心理反应、行为特征及疏散动力学特征。国内外对此开展了大量研究。例如：Sekizawa等[1]和袁启萌等[2]采用问卷调查的方法分别对两起高层住宅火灾的幸存者的应急反应方式、疏散行为特征及逃生决策方式等进行了分析。美国“9·11”恐怖袭击事故后，来自英美不同国家的学者[3][4][5][6]通过问卷调查、小组讨论等多种方式对1000多名幸存者的疏散经历进行了调查，分析统计了不同人员的疏散反应时间和方式、疏散运动参数（如时间、运动速度等）和行为（群组行

---

〔1〕 Sekizawa A, Ebihara M, Notake H, et al. Occupants' behaviour in response to the high-rise apartments fire in Hiroshima City[J]. Fire and Materials, 1999, 23 (6): 297-303.

〔2〕 袁启萌，翁文国. 基于幸存者调查的高层建筑火灾疏散行为研究[J]. 中国安全科学学报，2012，22（10）：41-46.

〔3〕 McConnell N C, Boyce K E, Shields J, et al. The UK 9/11 evacuation study: Analysis of survivors' recognition and response phase in WTC1[J]. Fire Safety Journal, 2010, 45 (1): 21-34.

〔4〕 Fahy R F. Overview of major studies on the evacuation of World Trade Center Buildings 1 and 2 on 9/11[J]. Fire Technology, 2013, 49 (3): 643-655.

〔5〕 Gershon R R M, Magda L A, Riley H E M, et al. The World Trade Center evacuation study: Factors associated with initiation and length of time for evacuation[J]. Fire and Materials, 2012, 36 (5-6): 481-500.

〔6〕 Day R C, Hulse L M, Galea E R. Response phase behaviours and response time predictors of the 9/11 World Trade Center evacuation[J]. Fire Technology, 2013, 49 (3): 657-678.

为)、影响人员不同阶段行为的因素(如社会关系)等。Zhao 等[1]通过对香港500多起火灾事故报道的梳理,重点探究了人员的预疏散行为及其影响因素,并给出了人员不同行动下的行为预测模型。Yang 等[2]对汶川大地震中成都地区机场、景区、教室和教学楼走道四处人员逃生行为进行了分析,发现人员真实疏散行为与模拟逃生时的行为有一定的差别。大规模人群的运动特征是踩踏事故研究的重点,对其进行研究有助于理解密集人员灾难事故的发生机理。Helbing 等[3]分析了著名沙特麦加踩踏灾难事件的视频,提取了人群运动的基本参数速度、密度、流量和压力及其演化过程,发现了人群运动从层流到走停波再到湍流的变化过程。Wang 等[4]耦合互相关算法和本征正交分解算法再次对该踩踏事故视频中人员的瞬时速度场进行提取和分析,重点对人群运动过程的走停波和湍流发生机理进行了分析,为踩踏事故的分析提供了新的视野。同样地,不同学者[5][6][7][8]对德国"爱的大游行"踩踏事故视频也进行了研究。如:Huang 等[9]引入速度熵的概念对事故中人

---

[1] Zhao C, Lo S M, Yuen K K, et al. Investigation of pre-evacuation human behavior under fire situations based on 2000-2002 newspaper reports on fire occurrences in Hong Kong[J]. 2012.

[2] Yang X, Wu Z, Li Y. Difference between real-life escape panic and mimic exercises in simulated situation with implications to the statistical physics models of emergency evacuation: The 2008 Wenchuan earthquake[J]. Physica A: Statistical Mechanics and its Applications, 2011, 390 (12): 2375-2380.

[3] Helbing D, Buzna L, Johansson A, et al. Self-organized pedestrian crowd dynamics: Experiments, simulations, and design solutions[J]. Transportation Science, 2005, 39 (1): 1-24.

[4] Wang J, Weng W, Zhang X. New insights into the crowd characteristics in Mina[J]. Journal of Statistical Mechanics: Theory and Experiment, 2014, 2014 (11): P11003.

[5] Huang L, Chen T, Wang Y, et al. Congestion detection of pedestrians using the velocity entropy: A case study of Love Parade 2010 disaster[J]. Physica A: Statistical Mechanics and its Applications, 2015, 440: 200-209.

[6] Helbing D, Mukerji P. Crowd disasters as systemic failures: Analysis of the Love Parade disaster [J]. EPJ Data Science, 2012, 1 (1): 1-40.

[7] Lian L, Song W, Ma J, et al. Correlation dimension of collective versus individual pedestrian movement patterns in crowd-quakes: A case-study[J]. Physica A: Statistical Mechanics and its Applications, 2016, 452: 113-119.

[8] Lian L, Song W, Richard Y K K, et al. Long-range dependence and time-clustering behavior in pedestrian movement patterns in stampedes: The Love Parade case-study[J]. Physica A: Statistical Mechanics and its Applications, 2017, 469: 265-274.

[9] Huang L, Chen T, Wang Y, et al. Congestion detection of pedestrians using the velocity entropy: A case study of Love Parade 2010 disaster[J]. Physica A: Statistical Mechanics and its Applications, 2015, 440: 200-209.

群拥挤状态进行了检测。Lian 等透过个体运动特征的分析来探究群体灾害发生的原因。[1][2] 近年来，大数据技术的发展为认识拥挤、踩踏事故提供了新的方向。如王起全等[3]通过人群热力图分析等方法对上海外滩踩踏事故前人群的分布和走向等进行了分析，为事故预警模型提供了数据。

实地观测调研常常关注行人最真实自然状态下的运动特征，可以获取常态下行人运动的基本参数和典型行为。密度、速度和流速三者之间的关系（即基本图）是实地观测的重要参数。国内外学者通过对火车站、地铁站、商业街区、楼房建筑等不同设施内的行人运动观测，得到了不同场所的基本图。Fruin[4] 通过对不同行人通道和楼梯内行人运动的实地观测，获取了行人单双向流、多相流和楼梯上下楼等行人运动的流量和密度关系，并因此提出了针对不同建筑和公共设施的服务水平设计标准。Predtechenskii 和 Milinskii 测绘了建筑内人员上下楼梯和水平通道内运动密度、速度和流量之间的关系，并分析了人员在紧急、正常和舒适三种条件下基本图的不同。Weidmann[5] 通过实地观测及总结 25 个前人研究结果，绘制了不同平地场所和楼梯的基本图，成为其他研究人员实验结果对比和模拟结果验证的基础。影响行人运动基本图的因素很多，不同场景下的数据有所不同，因此更多的学者开展了不同场所下的基本图数据研究。如：Gorbetta 等[6]对荷兰埃因霍芬火车站中单向行人流和双向行人流进行实地观测，通过获得的大量数据对

---

〔1〕 Lian L, Song W, Ma J, et al. Correlation dimension of collective versus individual pedestrian movement patterns in crowd-quakes: A case-study[J]. Physica A: Statistical Mechanics and its Applications, 2016, 452: 113-119.

〔2〕 Lian L, Song W, Richard Y K K, et al. Long-range dependence and time-clustering behavior in pedestrian movement patterns in stampedes: The Love Parade case-study[J]. Physica A: Statistical Mechanics and its Applications, 2017, 469: 265-274.

〔3〕 王起全，李鹏昇．基于大数据的大型活动拥挤踩踏事故预警分析研究[J]．中国安全生产科学技术，2017, 13 (12): 58-66.

〔4〕 Fruin J J. Pedestrian planning and design [M]. New York: Metropolitan Association of Urban Designers and Environmental Planners, 1971.

〔5〕 Weidmann U. Transporttechnik der Fussgänger, IVT, Inst. für Verkehrsplanung [J]. IVT Schriftenreihe, 1993, 90: 61-62.

〔6〕 Corbetta A, Meeusen J, Lee C M, et al. Continuous measurements of real-life bidirectional pedestrian flows on a wide walkway[C]. International Conference on Pedestrian and Evacuation Dynamics, 2016.

比分析两者的基本图关系，发现与前人研究结果有所不同。Zhang 等[1]提出一种新的人员运动数据提取方法，并对中国某拥挤街区单向行人运动进行分析，获得了行人密度-流量关系图，发现相同密度下的流量比 Weidmaan 等人的结果大，但与 Helbing 等[2]研究结果类似。行人个体和群组运动行为特征也是实地观测调研的对象。如：Henderson[3] 对常态下三类不同的大规模人群个体的运动速度进行了观察统计，验证了人群个体的运动速度分布总体符合麦克斯韦-玻尔兹曼（Maxwell-Boltzmann）理论，并推测了实际统计数据中的双峰问题与理论值存在偏差的原因可能是不同性别的存在。为了进一步探讨其原因，该团队增大了统计样本，并对不同性别个体的运动速度进行了分别统计，结果得出不同性别的个体速度分布存在很大不同，男性平均速度大于女性，女性行人相对男性行人运动过程中更容易受到外界的干扰而产生速度的突变。[4] Tang 等[5]对北京高铁南站行人入站运动行为进行观测，发现了个体不同的排队行为。Montufar 等[6]、刘栋栋等[7]、李之红等[8]和 Fang 等[9]通过对街区、地铁站不同设施内等多地行人运动速度的统计，得出不同年龄行人运动速度存在不同的结论，年轻人平均运动速度高

---

〔1〕 Zhang X, Weng W, Yuan H, et al. Empirical study of a unidirectional dense crowd during a real mass event[J]. Physica A: Statistical Mechanics and its Applications, 2013, 392 (12): 2781-2791.

〔2〕 Helbing D, Mukerji P. Crowd disasters as systemic failures: Analysis of the Love Parade Disaster[J]. EPJ Data Science, 2012, 1 (1): 1-40.

〔3〕 Henderson L F. The statistics of crowd fluids[J]. Nature, 1971, 229 (5284): 381-383.

〔4〕 Henderson L F, Lyons D J. Sexual differences in human crowd motion[J]. Nature, 1972, 240 (5380): 353-355.

〔5〕 Tang T, Shao Y, Chen L. Modeling pedestrian movement at the hall of high-speed railway station during the check-in process[J]. Physica A: Statistical Mechanics and its Applications, 2017, 467: 157-166.

〔6〕 Jeannette M, Jorge A, Michelle P, et al. Pedestrians' normal walking speed and speed when crossing a street[J]. Transportation Research Record: Journal of the Transportation Research Board, 2007, 2002 (1): 90-97.

〔7〕 刘栋栋，赵斌，李磊，等. 北京南站行人特征参数的调查与分析[J]. 建筑科学，2011，27（5）：61-66.

〔8〕 李之红. 基于差异化个体特性的密集客流疏散行为分析与建模[D]. 北京交通大学，2017.

〔9〕 Fang Z, Lv W, Jiang L, et al. Observation, simulation and optimization of the movement of passengers with baggage in railway station[J]. International Journal of Modern Physics C, 2015, 26 (11): 1550124.

于老年人，男性平均速度高于女性，未成年人个体速度差异较大，速度分散，同时发现携带行李的人员运动速度小于不携带行李人员，随着携带行李的增大行人速度可能降低。Morrall 等[1]统计分析了加拿大和亚洲城市商业中心行人运动速度，对比发现加拿大行人运动快于亚洲行人，不同国家的文化差异可能是主要原因。针对群组行为运动特征，Moussaïd 等[2]对某公共场所自然状态下大量行人群组进行跟踪观察，发现了人群中不同规模大小的群组分布满足泊松分布，重点分析了 2~4 人群组在不同人员密度下的运动速度、空间构型及群组成员间距和角度。Francesco 等[3][4]针对二人群组进行探究，揭示了具有不同社会关系类型、不同物理特征（身高、年龄、性别）、不同运动目的成员组成的群组，其运动速度、人际距离及空间结构有所不同。Costa 等[5]实地观测了商业街区街道青少年和成年人组成的行人群组，分析了不同群组成员的位置结构、人际距离和行走速度，发现群组成员性别组成、身高差异和群组规模大小对群组的空间构型、凝聚程度和运动速度有影响。Fridman 等[6]分析了不同国家行人群组运动规律，结果表明文化背景差异影响群组成员的构成、避碰绕行方向、运动速度和人际距离。Wei 等[7]对校园内自然状态下的群组行为实地观察，从个体运动速度、偏向角度和迈步频率三个方面分析了同群组内成员运动特征具有相似性，并从成员性别组成和社会关系角度对比得出不同群组运动的差异性。除此之外，

---

〔1〕 Morrall J F, Ratnayake L L, Seneviratne P N. Comparison of central business district pedestrian characteristics in Canada and Sri Lanka[J]. Transportation Research Record, 1991 (1924).

〔2〕 Moussaïd M, Perozo N, Garnier S, et al. The walking behaviour of pedestrian social groups and its impact on crowd dynamics[J]. Plos One, 2010, 5 (4): e10047.

〔3〕 Zanlungo F, Yücel Z, Bršćič D, et al. Intrinsic group behaviour: Dependence of pedestrian dyad dynamics on principal social and personal features[J]. Plos One, 2017, 12 (11): e0187253.

〔4〕 Zanlungo F, Yücel Z, Kanda T. The effect of social roles on group behaviour[C]. International Conference on Pedestrian and Evacuation Dynamics, 2016.

〔5〕 Costa M. Interpersonal distances in group walking[J]. Journal of Nonverbal Behavior, 2010, 34 (1): 15-26.

〔6〕 Fridman N, Zilka A, Kaminka G A. The impact of cultural differences on crowd dynamics[C]. AAMAS, 2012: 1343-1344.

〔7〕 Wei X, Lv W, Song W, et al. Survey study and experimental investigation on the local behavior of pedestrian groups[J]. Complexity, 2015, 20 (6): 87-97.

实地观察还可以获得典型的群体行为，如墨西哥人浪[1]和行人分层现象[2]等。

事故分析和实地观测调查可以得到真实情况下人员运动及行为规律，这些数据是研究行人运动和疏散行为最可靠的材料，特别是事故分析所获得的数据，尤为珍贵。但现有的事故分析材料依然稀少，一方面突发事故中视频数据很容易受损，火灾烟气等特殊环境也可能使得视频不清晰，难以对人员运动行为进行后期的识别和分析。另一方面实际建筑或灾害现场安装的摄像装置是有限的，可能会影响某些特殊行为数据信息的采集。而实地观测调查主要针对常态下行人运动规律进行研究，很多时候不能反映突发事故中人员的行为。同时，事故分析和实地观测调查研究中，不可控因素较多，难以对影响人员行为的某一特殊因素进行针对性分析。

2.2.1.2 有控实验和疏散演习

与事故分析和实地观测调研不同，有控实验和疏散演习实验场景的设置和选择是可控的，专家学者可以根据研究的需求获得特定场所和条件下行人运动和疏散的行为规律。在有控实验中，研究学者一般通过设置特定的场景开展特定的实验来研究不同行人对象受特定因素影响或在不同场景下的个体和群体的运动行为规律。如国内外不同学者通过开展单向行人流[3][4]、单

〔1〕 FarkasI，Helbing D，Vicsek T. Mexican waves in an excitable medium[J]. Nature，2002，419（6903）：131-132.

〔2〕 Fang Z，Lv W，Jiang L，et al. Observation，simulation and optimization of the movement of passengers with baggage in railway station[J]. International Journal of Modern Physics C，2015，26（11）：1550124.

〔3〕 Zhang J，Seyfried A. Empirical characteristics of different types of pedestrian streams[J]. Procedia Engineering，2013，62：655-662.

〔4〕 Jin C，Jiang R，Wong S，et al. Large-scale pedestrian flow experiments under high-density conditions[J]. 2017.

列行人实验[1][2][3][4]、双向（瓶颈）行人流[5][6][7][8]、T形行人流[9][10]、交叉行人流[11][12]和瓶颈实验[13][14][15][16]等来研究不同场景下流量、速度和密度三者之间的关系，以及不同场景边界条件对行人流动力学参数的影响。不同研究结果表明不同场景下行人运动的基本图有所不同，人员组成、文化背景、初始速度和分布，实验边界条件如通道宽度、瓶颈宽度和位置等因素影响行人流动力学参数的范围。同时通过这些实验，可以观察

---

〔1〕 Chattaraj U, Seyfried A, Chakroborty P, et al. Modelling single file pedestrian motion across cultures[J]. Procedia-Social and Behavioral Sciences, 2013, 104: 698-707.

〔2〕 Jelić A, Appert-Rolland C, Lemercier S, et al. Properties of pedestrians walking in line: Fundamental diagrams[J]. Physical Review E, 2012, 85 (3): 036111.

〔3〕 Sun J, Lu S, Lo S, et al. Moving characteristics of single file passengers considering the effect of ship trim and heeling[J]. Physica A: Statistical Mechanics and its Applications, 2018, 490: 476-487.

〔4〕 Cao S, Zhang J, Salden D, et al. Pedestrian dynamics in single-file movement of crowd with different age compositions[J]. Physical Review E, 2016, 94 (1): 12312.

〔5〕 Feliciani C, Nishinari K. Empirical analysis of the lane formation process in bidirectional pedestrian flow[J]. Physical Review E, 2016, 94 (3): 032304.

〔6〕 Zhang J, Klingsch W, Schadschneider A, et al. Ordering in bidirectional pedestrian flows and its influence on the fundamental diagram[J]. Journal of Statistical Mechanics: Theory and Experiment, 2012, 2012 (2): P02002.

〔7〕 Flötteröd G, Lämmel G. Bidirectional pedestrian fundamental diagram[J]. Transportation Research Part B: Methodological, 2015, 71: 194-212.

〔8〕 Liu X, Song W, Lv W. Empirical data for pedestrian counterflow through bottlenecks in the channel[J]. Transportation Research Procedia, 2014, 2: 34-42.

〔9〕 Zhang J, Klingsch W, Rupprecht T, et al. Empirical study of turning and merging of pedestrian streams in T-junction[J]. Physics, 2011.

〔10〕 Zhang J, Klingsch W, Schadschneider A, et al. Transitions in pedestrian fundamental diagrams of straight corridors and T-junctions[J]. Journal of Statistical Mechanics: Theory and Experiment, 2011, 2011 (6): P06004.

〔11〕 Cao S, Seyfried A, Zhang J, et al. Fundamental diagrams for multidirectional pedestrian flows [J]. Journal of Statistical Mechanics: Theory and Experiment, 2017: 033404.

〔12〕 Lian L, Mai X, Song W, et al. An experimental study on four-directional intersecting pedestrian flows[J]. Journal of Statistical Mechanics: Theory and Experiment, 2015: P08024.

〔13〕 Hoogendoorn S P, Daamen W. Pedestrian behavior at bottlenecks[J]. Transportation Science, 2005, 39 (2): 147-159.

〔14〕 Liao W, Tordeux A, Seyfried A, et al. Steady state of pedestrian flow in bottleneck experiments [J]. Physics, 2015: 248-261.

〔15〕 Seyfried A, Steffen B, Winkens A, et al. Empirical data for pedestrian flow through bottlenecks [C]. Traffic and Granular Flow'07. Berlin, Heidelberg, 2009: 189-199.

〔16〕 Sieben A, Schumann J, Seyfried A. Collective phenomena in crowds—Where pedestrian dynamics need social psychology[J]. Plos One, 2017, 12 (6): e0177328.

到典型的个体和群体行为，如排队行为[1]、行人流分层和堵死现象[2][3]、瓶颈拉链现象[4]等，从而可以进一步研究这些行为对行人运动影响的机理。对个体微观行为的研究，有助于疏散模型的建立和优化。Kitazawa 等[5]通过开展通道实验结合眼动仪分析了个体在运动中的关注对象以及开始关注不同对象的距离，有助于行人避碰模型的改进。Jelić等[6]通过单列行人运动实验，分析了行人迈步特征与速度和密度的关系，得出了步长和速度的线性关系函数，并对个体行为跟随和琐步现象进行了研究。Wang 等[7][8]在其研究基础上开展单列行人运动实验进一步对行人个体迈步特征进行分析，发现身高和行人密度对行人步长和步时有一定影响，在一定密度下行人步长和步时会随着身高增大而增大；同时提出了 6 种迈步方式，分析了不同密度下行人个体迈步方式的差异，为考虑行人自适应行为的模型提供了基础数据。Liu 等[9]通过通道实验研究了行人变向过程中的行为，提取了个体自由运动速度和个体反应时间，发现行人反应时间随着变向角度的增大有变大的趋势，实验中获取的个体反应时间有助于社会力模型参数的矫正。为了研究群组与群组之间、群组与环境之间的交互作用关系和机理，魏晓鸽[10]开展了群组通道实验、绕

---

〔1〕 Sieben A, Schumann J, Seyfried A. Collective phenomena in crowds—Where pedestrian dynamics need social psychology[J]. Plos One, 2017, 12 (6): e0177328.

〔2〕 Feliciani C, Nishinari K. Phenomenological description of deadlock formation in pedestrian bidirectional flow based on empirical observation[J]. Journal of Statistical Mechanics: Theory and Experiment, 2015: P10003.

〔3〕 Feliciani C, Nishinari K. Empirical analysis of the lane formation process in bidirectional pedestrian flow[J]. Physical Review E, 2016, 94 (3): 032304.

〔4〕 Hoogendoorn S P, Daamen W. Pedestrian behavior at bottlenecks[J]. Transportation Science, 2005, 39 (2): 147-159.

〔5〕 Kitazawa K, Fujiyama T. Pedestrian vision and collision avoidance behavior: Investigation of the information process space of pedestrians using an eye tracker[C]. Pedestrian and Evacuation Dynamics 2008. Berlin, Heidelberg, 2010: 95-108.

〔6〕 Jelić A, Appert-Rolland C, Lemercier S, et al. Properties of pedestrians walking in line: Fundamental diagrams[J]. Physical Review E, 2012, 85 (3): 036111.

〔7〕 Wang J, Boltes M, Seyfried A, et al. Linking pedestrian flow characteristics with stepping locomotion[J]. Physica A: Statistical Mechanics and its Applications, 2018, 500: 106-120.

〔8〕 Wang J, Weng W, Boltes M, et al. Step styles of pedestrians at different densities[J]. Journal of Statistical Mechanics: Theory and Experiment, 2018, 2018 (2): 023406.

〔9〕 Liu C, Song W, Fu L, et al. Experimental study on relaxation time in direction changing movement[J]. Physica A: Statistical Mechanics and its Applications, 2017, 468: 44-52.

〔10〕 魏晓鸽. 考虑群组行为的人员运动实验与模型研究[D]. 中国科学技术大学, 2015.

障实验、交叉实验和相向运动实验，分析了不同规模群组的空间结构和运动速度、绕障行为的决策时间和距离，总结群组解决冲突的四种方式。Bode等[1]设置了多出口房间疏散实验来研究群组对个体决策和运动时间的影响。火灾等突发事故中，烟气等可能造成人员视野受限，Fridolf 等[2]、Seike等[3][4]和 Ronchi 等[5]开展模拟烟气场景下视野不同程度受限的隧道通道疏散实验，分析了不同视野受限条件下人员的运动速度和出口选择行为。Wang等[6]、Cao 等[7]研究了无视野房间内行人个体和群体逃生过程中的典型运动行为和总体疏散时间。以上研究主要针对正常成年行人，近年来残疾人运动规律也得到了关注，目前来讲，不同学者主要通过有控实验对残疾人的运动速度特征进行统计分析[8][9][10][11]，但残疾人的其他运动行为还需要进一步的研究。同时不可忽视的是，儿童行人相关有控实验几乎没有。

相对常态下人员运动和行为数据，疏散演习中所获的数据更能反映真实疏散场景中人员运动特性和疏散行为，这一研究方法已得到国内外学者和相

---

〔1〕 Bode N W, Holl S, Mehner W, et al. Disentangling the impact of social groups on response times and movement dynamics in evacuations[J]. Plos One, 2015, 10 (3): e0121227.

〔2〕 Fridolf K, Andrée K, Nilsson D, et al. The impact of smoke on walking speed[J]. Fire and Materials, 2014, 38 (7): 744-759.

〔3〕 Seike M, Kawabata N, Hasegawa M. Experiments of evacuation speed in smoke-filled tunnel [J]. Tunnelling and Underground Space Technology, 2016, 53: 61-67.

〔4〕 Seike M, Kawabata N, Hasegawa M. Evacuation speed in full-scale darkened tunnel filled with smoke[J]. Fire Safety Journal, 2017, 91: 901-907.

〔5〕 Ronchi E, Fridolf K, Frantzich H, et al. A tunnel evacuation experiment on movement speed and exit choice in smoke[J]. Fire Safety Journal, 2018, 97: 126-136.

〔6〕 Wang S, Song W, Lv W. Moving characteristics of "blind" people evacuating from a room[C]. 17th International Conference on Intelligent Transportation Systems, 2014: 548-553.

〔7〕 Cao S, Song W, Lv W, et al. A multi-grid model for pedestrian evacuation in a room without visibility[J]. Physica A: Statistical Mechanics and its Applications, 2015, 436: 45-61.

〔8〕 Sharifi M S, Stuart D, Christensen K M, et al. Analysis of walking speeds involving individuals with disabilities in different indoor walking environments[J]. Journal of Urban Planning and Development, 2016, 142 (1): 04015010.

〔9〕 Sharifi M S, Christensen K, Chen A, et al. A large-scale controlled experiment on pedestrian walking behavior involving individuals with disabilities[J]. Travel Behaviour and Society, 2017, 8: 14-25.

〔10〕 Gaire N, Sharifi M S, Christensen K M, et al. Walking behavior of individuals with and without disabilities at right-angle turning facility[J]. Journal of Accessibility and Design for All: JACCES, 2017, 7 (1): 56-75.

〔11〕 Jiang C, Zheng S, Yuan F, et al. Experimental assessment on the moving capabilities of mobility-impaired disabled[J]. Safety Science, 2012, 50 (4): 974-985.

关政府部门的认可和应用。我国相关部门规定，在学校、酒店、居民楼等人员聚集的公共场所，每年都要定期开展一定数量的疏散演习来提高人们的应急处理能力。对疏散演习中人员疏散行为和疏散动力学特征的研究，有助于疏散策略和建筑内应急管理措施的制定。目前，国内外学者已经在高层建筑、学校、剧院、酒店和商场等多个场所开展了疏散演习实验。如：我国宋卫国教授课题组[1][2][3][4]在多个高层建筑内开展疏散演习实验，发现了楼梯内汇流、超越和小群体行为等典型行为，重点分析了疏散时间、楼梯内运动速度、密度和流量等动力学参数。张辉教授课题组[5][6][7][8]多次开展高层建筑楼梯电梯协同疏散演习实验，分析了人员电梯疏散行为、影响人员电梯和楼梯出口选择行为的因素以及不同疏散策略下的疏散效率。美国国家标准与技术研究院（National Institute of Standards and Technology，NIST）[9][10]在8栋高层建筑办公楼内开展了疏散演习实验并对相关数据进行采集，总结了不同建筑内人员预疏散时间、疏散时间以及楼梯内人员运动速度。杨立中教

---

〔1〕 Ma J，Song W，Tian W，et al. Experimental study on an ultra high-rise building evacuation in China[J]. Safety Science，2012，50（8）：1665-1674.

〔2〕 Fang Z，Song W，Li Z，et al. Experimental study on evacuation process in a stairwell of a high-rise building[J]. Building and Environment，2012，47：316-321.

〔3〕 Zeng Y，Song W，Jin S，et al. Experimental study on walking preference during high-rise stair evacuation under different ground illuminations[J]. Physica A：Statistical Mechanics and its Applications，2017，479：26-37.

〔4〕 Huo F，Song W，Chen L，et al. Experimental study on characteristics of pedestrian evacuation on stairs in a high-rise building[J]. Safety Science，2016，86：165-173.

〔5〕 Ma Y，Li L，Ding N，et al. Experimental study on evacuation process considering social relation in a tall building[C]. ASME International Mechanical Engineering Congress and Exposition. American Society of Mechanical Engineers，2016.

〔6〕 Ding N，Chen T，Zhang H. Experimental study of elevator loading and unloading time during evacuation in high-rise buildings[J]. Fire Technology，2017，53（1）：29-42.

〔7〕 Ding N，Zhang H，Chen T，et al. Evacuees' behaviors of using elevators during evacuation based on experiments[J]. Transportation Research Procedia，2014，2：594-602.

〔8〕 李丽华，马亚萍，丁宁，等. 应急疏散中社会关系网络与"领导—追随"行为变化[J]. 清华大学学报（自然科学版），2016，56（3）：334-340.

〔9〕 Peacock R D，Hoskins B L，Kuligowski E D. Overall and local movement speeds during fire drill evacuations in buildings up to 31 stories[J]. Safety Science，2012，50（8）：1655-1664.

〔10〕 Peacock R D，Averill J D，Kuligowski E D. Stairwell evacuation from buildings：What we know we don't know[C]. Pedestrian and Evacuation Dynamics 2008. Berlin，Heidelberg，2010：55-66.

授课题组[1][2][3]在学校教学楼多次开展疏散实验，研究了教室内和走廊处人员出口选择过程以及楼梯内人员疏散运动特征，分析了疏散中个体的行为和从众等群体行为，统计了教室内人员个体疏散时间和速度以及楼梯疏散动力学参数，并且探究了人员性别和声音信息等对人员疏散行为的影响。Gelea等[4]在英国某剧院进行了多达1200人的疏散实验，统计了人员的反应时间满足对数正态分布且个体的反应时间与个体所在位置有关。Kobes等[5]在荷兰某酒店开展了疏散演习实验，分析了不同人员的路线选择、反应时间、预疏散行为以及疏散运动时间和行为。Huo等[6]在国内某地下商场开展疏散演习，分析了各出口的选择比例、疏散时间和流量，统计了人员疏散速度分布。同时，Kuligowski等[7]开展演习对疏散楼梯内残疾人局部和整体运动速度进行了分析；Najmanovά等[8]开展了幼儿园儿童疏散演习，对儿童运动在平地和楼梯内的运动速度进行统计分析。从目前研究来看，疏散演习研究中对如老年人、儿童和残疾人等特殊人群的运动特性和行为研究依然较少，对疏散中群组行为的研究也十分不足。

有控实验可以人为地干预、控制实验条件和研究对象，可重复多次实验以研究某一因素或实验条件的影响，不用考虑数据缺失问题，但实验设置所需要的物力、财力、人力消耗较大。而有些疏散演习实验是在预先通知的情况下开展的，这可能造成人员的心理和行为与真实疏散场景具有一定的差异。同时，为了提高疏散演习的真实性，往往会释放无毒烟气或者拉响警报

---

[1] 朱孔金．建筑内典型区域人员疏散特性及疏散策略研究[D]．中国科学技术大学，2013.

[2] 李健．考虑环境信息和个体特性的人员疏散元胞自动机模拟及实验研究[D]．中国科学技术大学，2008.

[3] 饶平．高校典型学生群楼梯疏散的实验与模拟研究[D]．中国科学技术大学，2012.

[4] Galea E R，Deere S J，Hopkin C G，et al. Evacuation response behaviour of occupants in a large theatre during a live performance[J]．Fire and Materials，2017，41（5）：467-492.

[5] Kobes M，Helsloot I，De Vries B，et al. Exit choice，（pre-）movement time and（pre-）evacuation behaviour in hotel fire evacuation—Behavioural analysis and validation of the use of serious gaming in experimental research[J]．Procedia Engineering，2010，3：37-51.

[6] Huo F，Song W，Liu X，et al. Investigation of human behavior in emergent evacuation from an underground retail store[J]．Procedia Engineering，2014，71：350-356.

[7] Kuligowski E，Peacock R，Wiess E，et al. Stair evacuation of older adults and people with mobility impairments[J]．Fire Safety Journal，2013，62：230-237.

[8] Najmanová H，Ronchi E. An experimental data-set on pre-school children evacuation[J]．Fire Technology，2017，53（4）：1509-1533.

来提高人员的紧张感，但不可否认，疏散演习的环境与真实场景仍有一定的差距。

2.2.1.3 动物类比

在某些特殊环境和条件下，考虑到人员的安全，有控实验和疏散演习难以开展。不少学者认为动物和人员在紧急情况下的逃生行为具有一定的类似性，因此可以用动物来代替人员开展疏散研究实验。动物类比实验就是通过设置一定的场景对某些动物开展实验，通过分析动物运动特性和行为来理解人员在常态和疏散中的运动行为规律，进而为疏散策略和模型的制定提供依据。动物类比实验近年来已经得到了不少国内外学者的关注。Wang 等[1][2]开展了压力条件下蚂蚁在单出口房间和双出口房间内疏散逃生实验，研究了不同单出口宽度和不同出口位置对蚂蚁运动行为规律的影响，发现了蚂蚁簇行为和出口选择“对称性破缺”现象，但没有发现行人逃生时的拥堵和“自私疏散行为”，说明蚂蚁逃生行为与行人逃生行为存在一定差异。Garcimartín 等[3]开展了羊群出口瓶颈运动实验，分析了羊群涌出的动力学特征，发现相邻两只羊涌出的时间间隔符合幂率分布，并且出口处障碍物的存在有利于羊群的运动。在此基础上，Zuriguel 等[4]进一步对比出口处障碍物位置对羊群涌出效率的影响，发现障碍物的有效性与障碍物和出口的相对位置有关，当障碍物离出口较近时，障碍物的存在不利于羊群的运动。我国学者 Lin 等[5]和 Zhang 等[6]分别通过老鼠实验和蚂蚁实验也开展了类似研究。这些研究结

---

〔1〕 Wang S, Song W, Liu X. Computer simulation of ants escaping from a single-exit room[J]. Computer Science and Information Technology, 2016, 4 (3): 120-125.

〔2〕 Wang S, Cao S, Wang Q, et al. Effect of exit locations on ants escaping a two-exit room stressed with repellent[J]. Physica A: Statistical Mechanics and its Applications, 2016, 457: 239-254.

〔3〕 Garcimartín A, Pastor J M, Ferrer L M, et al. Flow and clogging of a sheep herd passing through a bottleneck[J]. Physical Review E, 2015, 91 (2): 022808.

〔4〕 Zuriguel I, Olivares J, Pastor J M, et al. Effect of obstacle position in the flow of sheep through a narrow door[J]. Physical Review E, 2016, 94 (3): 032302.

〔5〕 Lin P, Ma J, Liu T, et al. An experimental study of the impact of an obstacle on the escape efficiency by using mice under high competition[J]. Physica A: Statistical Mechanics and its Applications, 2017, 482: 228-242.

〔6〕 Zhang T, Zhang X, Huang S, et al. Collective behavior of mice passing through an exit under panic[J]. Physica A: Statistical Mechanics and its Applications, 2018, 496: 233-242.

果可以为制定行人紧急出口拥堵缓解策略提供参考。Soria 等[1]和 Pastor 等[2]分别开展了蚂蚁和羊群的恐慌逃生试验，重现了“快即是慢”现象，为现有模型的验证提供实验依据。

与行人实验相比，动物类比实验更易于组织和数据的采集，且不用担心行人的安全问题。但动物和行人在社会特征和物理特征方面具有较大的差异性，因此动物实验中的逃生运动特征不能完全等同于行人疏散运动特征，用动物实验结果来研究和解释行人疏散动力学行为一定要慎重。

2.2.2 模型研究

人员疏散模型研究相比于实验研究更加灵活方便，且在人力、物力等方面具有一定的优势。同时，疏散模型可以融合人员心理、情绪、信息等相关动态因素，有利于有针对性地分析其对人员疏散行为和效率的影响。目前，国内外学者已经提出了多种疏散模型对人员疏散行为进行分析研究。根据不同的标准，疏散模型有不同的分类方法，按照对时间和空间状态的描述，可以大致划分为两大类：连续模型和离散模型。

2.2.2.1 连续模型

连续模型在时间、空间和人员运动速度等状态参数方面是连续的。该类模型主要依靠某些物理学理论或流体动力学理论通过相关函数或者数学微分方程对人员疏散过程进行描述。连续模型相对离散模型计算量较大，不适合大规模场景的人群疏散研究。较为常见的连续模型有流体力学模

---

[1] Soria S A, Josens R, Parisi D R. Experimental evidence of the “Faster is Slower” effect in the evacuation of ants[J]. Safety Science, 2012, 50 (7): 1584-1588.

[2] Pastor J M, Garcimartín A, Gago P A, et al. Experimental proof of faster-is-slower in systems of frictional particles flowing through constrictions[J]. Physical Review E, 2015, 92 (6): 062817.

型[1][2][3]、磁场力模型[4]、离心力模型[5][6][7]和社会力模型[8][9]。在流体力学模型中，运动的行人被当作具有流体动力学性质的粒子，将行人运动看作均匀流体介质的流动[10]，通过流体力学理论描述行人运动过程，可以用来研究大规模人员群体的相变过程。但该模型忽略了行人的异质性特征。磁场力模型是将行人当作磁场中的带电粒子，模型中把行人和障碍物等当作正极，而出口等目的地为负极，因此行人个体间、行人对障碍物间具有排斥力作用，而出口等目的地对行人则有吸引力作用，行人在两种力的共同作用下运动，在 Okazaki 等[11]的研究中通过该模型重现了行人在出口的拥堵和排队行为。但由于磁场力模型中的参数难以标定或验证，其发展受到限制。离心力模型认为行人的运动过程会受个体与个体之间的互相排斥作用力、个体与障碍物间的排斥作用力和个体自驱动作用力等的共同影响，其中个体与个体或障碍物之间的排斥力主要考虑个体间（个体与障碍物间）的相对速度和

---

[1] Hughes R L. A continuum theory for the flow of pedestrians[J]. Transportation Research Part B: Methodological, 2002, 36 (6): 507-535.

[2] Di Francesco M, Markowich P A, Pietschmann J F, et al. On the Hughes' model for pedestrian flow: The one-dimensional case[J]. Journal of Differential Equations, 2011, 250 (3): 1334-1362.

[3] Carrillo J A, Martin S, Wolfram M T. An improved version of the Hughes model for pedestrian flow[J]. Mathematical Models and Methods in Applied Sciences, 2016, 26 (4): 671-697.

[4] Okazaki S, Matsushita S. A study of simulation model for pedestrian movement with evacuation and queuing[C]. International Conference on Engineering for Crowd Safety, 1993, 271.

[5] Chraibi M, Seyfried A, Schadschneider A. Generalized centrifugal-force model for pedestrian dynamics[J]. Physical Review E, 2010, 82 (4): 046111.

[6] Yu W, Chen R, Dong L, et al. Centrifugal force model for pedestrian dynamics[J]. Physical Review E, 2005, 72 (2): 026112.

[7] Chraibi M, Ensslen T, Gottschalk H, et al. Assessment of models for pedestrian dynamics with functional principal component analysis[J]. Physica A: Statistical Mechanics and its Applications, 2016, 451: 475-489.

[8] Helbing D, Molnár P. Social force model for pedestrian dynamics[J]. Physical Review E, 1995, 51 (5): 4282.

[9] Helbing D, Farkas I, Vicsek T. Simulating dynamical features of escape panic[J]. Nature, 2000, 407 (6803): 487-490.

[10] Henderson L F. On the fluid mechanics of human crowd motion[J]. Transportation Research, 1974, 8 (6): 509-515.

[11] Okazaki S, Matsushita S. A study of simulation model for pedestrian movement with evacuation and queuing[C]. International Conference on Engineering for Crowd Safety, 1993, 271.

相对距离，排斥力通过离心力计算公式来表达。Yu 等[1]通过建立的离心力模型重现了人员疏散出口的拱形现象和直通道中单向行人流的分层现象。社会力模型是连续模型中研究最多、应用最为广泛的模型，下面对社会力模型重点介绍。

社会力模型最早由 Helbing 等[2]提出，随后 Heling 等通过该模型重现了行人紧张情绪下逃生过程中在出口处的拱形、“快即是慢” 和 “从众” 等典型自组织现象和行为。社会力模型与离心力模型类似，也是将疏散中的行人个体当作受力驱动的类牛顿粒子，每个行人在运动中的速度和方向同样由受期望速度和方向影响的自驱动力、行人个体间和行人与障碍物间因心理因素和摩擦因素而产生的排斥力共三项作用力共同决定，每项作用力表达式依次如公式（2.2）右侧部分、公式（2.3）和公式（2.4）所示，公式中每个符号的具体介绍在这里不再赘述，可参考相关文献。[3]

$$m_i \frac{dv_i}{dt} = m_i \frac{v_i^o(t)e_i^o(t) - v_i(t)}{\tau_\iota} + \sum_{i(\neq i)} f_{ij} + \sum_{w} f_{iW} \tag{2.2}$$

$$f_{ij} = \{A_i \exp[(r_{ij} - d_{ij})/B_i] + kg(r_{ij} - d_{ij})\} \mathrm{n}_{ij} + kg(r_{ij} - d_{ij})\Delta v_{ij}^t t_{ij} \tag{2.3}$$

$$f_{iW} = \{A_i \exp[(r_{ij} - d_{iW})/B_i] + kg(r_{ij} - d_{iW})\} \mathrm{n}_{iW} + kg(r_{ij} - d_{iW})(v_i \cdot t_{iW}) t_{iW} \tag{2.4}$$

自 Helbing 提出原始社会力模型以后，该模型受到了国际上大量学者的关注。不少学者在原始社会力模型的基础之上对其进行了扩展和改进。如刘箴等[4]和 Cao 等[5]结合社会力模型和情绪传播模型研究了紧张恐慌情绪对人

---

〔1〕 Yu W, Chen R, Dong L, et al. Centrifugal force model for pedestrian dynamics[J]. Physical Review E, 2005, 72 (2): 026112.

〔2〕 Helbing D, Buzna L, Johansson A, et al. Self-organized pedestrian crowd dynamics: Experiments, simulations, and design solutions[J]. Transportation Science, 2005, 39 (1): 1-24.

〔3〕 Helbing D, Farkas I, Vicsek T. Simulating dynamical features of escape panic[J]. Nature, 2000, 407 (6803): 487-490.

〔4〕 刘箴，黄鹏．人行桥上突发事件下的人群恐慌行为模型研究[J]．系统仿真学报，2012，24 (9): 1950-1953.

〔5〕 Cao M, Zhang G, Wang M, et al. A method of emotion contagion for crowd evacuation[J]. Physica A: Statistical Mechanics and its Applications, 2017, 483: 250-258.

群疏散效率的影响。Ibrahim 等[1]结合传统的社会力模型和博弈论模型，研究了三种不同风险偏好的人员疏散过程中的合作策略行为演化及疏散效率。Gao 等[2]在原始社会力模型之上，提出了一种基于时距和碰撞时间的避碰机制并引入竞争性参数来研究不同人员密度下和不同模拟场景下行人不同竞争性对人员疏散效率的影响。Li 等[3]针对社会力模型中的自驱动力项进行改进，考虑了恐怖袭击中由威胁源引起的本能驱动和决策驱动的影响。Yang 等[4][5]、Ma 等[6][7]、Hou 等[8]引入引导者对行人运动方向引导的作用来研究引导者数量、位置、速度等多种因素对人员疏散效率的影响。Moussaïd 等[9]、Xu 等[10]、Guo 等[11]、Liu 等[12]引入群组成员的凝聚和交流等因素重现群组行为，来研究群组运动特征及其群组行为对人员疏散的影响。Han 等[13]对原始社会力模型进行了改进，引入了疏散中人员信息传播机制，并对实验数据进

[1] Ibrahim A M, Venkat I, De Wilde P. Uncertainty in a spatial evacuation model[J]. Physica A: Statistical Mechanics and its Applications, 2017, 479: 485-497.

[2] Gao Y, Chen T, Luh P B, et al. Modified social force model based on predictive collision avoidance considering degree of competitiveness[J]. Fire Technology, 2017, 53 (1): 331-351.

[3] Li S, Zhuang J, Shen S, et al. Driving-forces model on individual behavior in scenarios considering moving threat agents[J]. Physica A: Statistical Mechanics and its Applications, 2017, 481: 127-140.

[4] Yang X, Dong H, Yao X, et al. Necessity of guides in pedestrian emergency evacuation[J]. Physica A: Statistical Mechanics and its Applications, 2016, 442: 397-408.

[5] Yang X, Dong H, Wang Q, et al. Guided crowd dynamics via modified social force model[J]. Physica A: Statistical Mechanics and its Applications, 2014, 411: 63-73.

[6] Ma Y, Lee E W M, Shi M. Dual effects of guide-based guidance on pedestrian evacuation[J]. Physics Letters A, 2017, 381 (22): 1837-1844.

[7] Ma Y, Yuen R, Lee E W M. Effective leadership for crowd evacuation[J]. Physica A: Statistical Mechanics and its Applications, 2016: 333-341.

[8] Hou L, Liu J, Pan X, et al. A social force evacuation model with the leadership effect[J]. Physica A: Statistical Mechanics and its Applications, 2014, 400: 93-99.

[9] Moussaïd M, Perozo N, Garnier S, et al. The walking behaviour of pedestrian social groups and its impact on crowd dynamics[J]. Plos One, 2010, 5 (4): e10047.

[10] Xu S, Duh H B L. A simulation of bonding effects and their impacts on pedestrian dynamics[J]. IEEE Transactions on Intelligent Transportation Systems, 2009, 11 (1): 153-161.

[11] Guo N, Jiang R, Hu M, et al. Escaping in couples facilitates evacuation: Experimental study and modeling[J]. Physics, 2015.

[12] Liu B, Han Y, Zhang H, et al. Research of crowd evacuation simulation based on the machine learning[J]. Journal of Computational and Theoretical Nanoscience, 2017, 14 (1): 815-820.

[13] Han Y, Liu H. Modified social force model based on information transmission toward crowd evacuation simulation[J]. Physica A: Statistical Mechanics and its Applications, 2017, 469: 499-509.

行了对比。

2.2.2.2 离散模型

离散模型将物理空间按照一定的标准和需求划分为若干较小的网格，时间被划分成一个个时间步，每时间步行人只需按照设置的规则向邻居网格运动，因此离散模型相对连续模型在时间、空间等方面是连续的。离散模型行人运动规则简单，计算效率相对较高，且能较好地考虑个体异质性和个体间或个体和环境间主观的交互作用，得到了广泛的关注和应用。离散模型最具代表性的为元胞自动机模型和格子气模型。

元胞自动机模型中，模拟场景被划分成相同大小的网格，每个网格只有占用和空置两种状态。在每个离散的时间步长中，疏散人员按照转移概率选取邻域位置并进行状态的更新。常见的邻域主要有 Von Neumann 邻域和 Moore 邻域两种，常见的更新的规则主要包括同步更新和异步更新两种。下面主要对常用的场域元胞自动机模型进行介绍。

场域模型的建立主要受启发于动物在寻食过程中向其同伴释放信息素传递信息，而同伴会根据这种信息素寻找食源。场域模型中考虑影响行人运动的因素包括静态信息和动态信息两种。其中静态信息主要指建筑环境结构如出口或障碍物的位置信息，该类信息不随时间而变化。动态信息主要为行人在运动过程中所接受的来自其他行人在其自身运动过程中所释放的虚拟“信息素”，体现了行人的跟随行为。由于每个行人在运动过程中所释放的“信息素”是随时间不断扩散和衰弱的，因此每个网格或者说每个行人在不同位置的动态信息也是随时间变化的。在场域模型中，每时间步行人向其邻域网格运动的转移概率见公式（2.5），其中 S_{ij} 为静态场值，D_{ij} 为动态场值。k_S 和 k_D 分别为对应的衡量静态场和动态场的敏感性参数。n_{ij} 代表邻域网格被占用的状态，如果被占用，$n_{ij}=1$，否则 $n_{ij}=0$。N 为归一化系数。

$$p_{ij} = N\exp(k_D D_{ij} + k_S S_{ij})(1 - n_{ij}) \tag{2.5}$$

场域模型由 Kirchner 等[1]首先提出应用到人员疏散研究中，并在模型中

---

〔1〕 Kirchner A, Schadschneider A. Simulation of evacuation processes using a bionics-inspired cellular automaton model for pedestrian dynamics[J]. Physica Section A: Statistical Mechanics and its Applications, 2002, 312 (1-2): 260-276.

引入摩擦系数来定量表达同步更新时多人选择同一位置的冲突竞争强度。[1]之后受到国内外学者的大量关注并得到了进一步的发展。如郭玮[2]针对场域模型中“信息素”释放者所产生的玻色子对其自身路线选择的干扰问题提出了基于异质玻色子的动态场域模型，对现有场域模型进行了改进。Suma 等[3]在场域模型中引入预测场来反映疏散行人通过提前预测减少与其他人碰撞的能力，并通过实验对提出的模型进行进一步校验。Hrabák 等[4]考虑了行人的异质性，通过场域元胞自动机模型研究了个体不同竞争强度和不同空间占有敏感强度对人员疏散效率和出口流量的影响。Fu 等[5]基于速率比的方法建立了多速度场域元胞自动机模型，研究了具有不同运动能力的行人在房间的疏散过程。Li 等[6]通过场域模型研究从众行为和对出口的认知程度对人员疏散时间的影响。王晓璐等[7][8]在静态场域模型中引入信息场来研究疏散中引导

[1] Kirchner A, Klüpfel H, Nishinari K, et al. Simulation of competitive egress behavior: Comparison with aircraft evacuation data[J]. Physica A: Statistical Mechanics and its Applications, 2003, 324 (3-4): 689-697.

[2] 郭玮. 基于多因素集成的疏散场模型研究[D]. 北京化工大学，2015.

[3] Suma Y, Yanagisawa D, Nishinari K. Anticipation effect in pedestrian dynamics: Modeling and experiments[J]. Physica A: Statistical Mechanics and its Applications, 2012, 391 (1-2): 248-263.

[4] Hrabák P, Bukáček M. Influence of agents heterogeneity in cellular model of evacuation[J]. Journal of Computational Science, 2017, 21: 486-493.

[5] Fu Z, Zhou X, Zhu K, et al. A floor field cellular automaton for crowd evacuation considering different walking abilities[J]. Physica A: Statistical Mechanics and its Applications, 2015, 420: 294-303.

[6] Li D, Han B. Behavioral effect on pedestrian evacuation simulation using cellular automata[J]. Safety Science, 2015, 80: 41-55.

[7] Wang X, Guo W, Zheng X. Effects of evacuation assistant's leading behavior on the evacuation efficiency: Information transmission approach[J]. Chinese Physics B, 2015, 24 (7): 169-177.

[8] Wang X, Guo W, Zheng X. Information guiding effect of evacuation assistants in a two-channel segregation process using multi-information communication field model[J]. Safety Science, 2016, 88: 16-25.

员对人员疏散的作用。Müller 等[1]、Lu 等[2][3]、Pereira 等[4]、Vizzari 等[5]在场域元胞中引入群组场等信息重现群组行为，研究群组行为对疏散动力学的影响。

格子气模型是元胞自动机模型的具体化，实质上是一种特殊的元胞自动机模型，其主要利用元胞自动机的动态特性来模拟行人的运动，但规则相对元胞自动机更加简单灵活。目前，人员疏散研究中应用较多的为随机偏向行走格子气模型。在随机偏向行走格子气模型中，定义一个方向偏向强度 D，D 越大说明行人越期望向某一方向运动，因此 D 是决定行人向各个方向运动的转移概率的主要参数。例如，如果一行人个体的可能运动方向是向左、向右和向下，而行人对向下的方向具有偏向强度 D，那么行人向三个方向运动的转移概率则分别为 $(1-D)/3$、$(1-D)/3$ 和 $D+(1-D)/3$。格子气模型被广泛应用到人员疏散的研究中。如 Helbing 等[6]通过格子气模型研究了教室内人员疏散过程，对人员逃生时间和出口流量进行了分析。邹游[7]和 Fu 等[8]基于格子气模型探究了人员恐慌行为和恐慌情绪传播对人群疏散的影响。丁宁[9]基于格子气模型引入了人员楼梯疏散中行人偏好因素，研究了人员楼梯

[1] Müller F, Wohak O, Schadschneider A. Study of influence of groups on evacuation dynamics using a cellular automaton model[J]. Transportation Research Procedia, 2014, 2: 168-176.

[2] Lu L, Ren G, Wang W. Modeling walking behavior of pedestrian groups with floor field cellular automaton approach[J]. Chinese Physics B, 2014, 23 (8): 654-660.

[3] Lu L, Chan C , Wang J, et al. A study of pedestrian group behaviors in crowd evacuation based on an extended floor field cellular automaton model[J]. Transportation Research Part C: Emerging Technologies, 2017, 81: 317-329.

[4] Pereira L A, Burgarelli D, Duczmal L H, et al. Emergency evacuation models based on cellular automata with route changes and group fields[J]. Physica A: Statistical Mechanics and its Applications, 2017, 473: 97-110.

[5] Vizzari G, Manenti L, Crociani L. Adaptive pedestrian behaviour for the preservation of group cohesion[J]. Complex Adaptive Systems Modeling, 2013, 1 (1): 1-29.

[6] Helbing D, Isobe M, Nagatani T, et al. Lattice gas simulation of experimentally studied evacuation dynamics[J]. Physical Review E, 2003, 67 (6): 067101.

[7] 邹游. 集群运动同步与恐慌人群疏散研究[D]. 中国科学技术大学，2016.

[8] Fu L, Song W, Lv W, et al. Simulation of emotional contagion using modified SIR model: A cellular automaton approach[J]. Physica A: Statistical Mechanics and its Applications, 2014, 405: 380-391.

[9] 丁宁. 高层建筑火灾中人群的多模式协同疏散研究[D]. 清华大学，2015.

疏散过程。Song 等[1]在格子气模型中融合社会力模型中的行人互相作用力的思想，通过改进的模型重现了单出口房间内人员疏散中的典型自组织现象。同时，其课题组考虑现有模型的精度不足等问题进一步对格子气模型改进，提出了多格子模型[2]，并基于改进的模型对人员视野受限的房间疏散[3]、通道内行人流[4][5]等多种场景进行了模拟研究。

---

〔1〕 Song W，Yu Y，Wang B，et al. Evacuation behaviors at exit in CA model with force essentials：A comparison with social force model[J]. Physica A：Statistical Mechanics and its Applications，2006，371（2）：658-666.

〔2〕 Song W，Xu X，Wang B，et al. Simulation of evacuation processes using a multi-grid model for pedestrian dynamics[J]. Physica A：Statistical Mechanics and its Applications，2006，363（2）：492-500.

〔3〕 Cao S，Song W，Lv W，et al. A multi-grid model for pedestrian evacuation in a room without visibility[J]. Physica A：Statistical Mechanics and its Applications，2015，436：45-61.

〔4〕 Fu L，Song W，Lv W，et al. Multi-grid simulation of counter flow pedestrian dynamics with emotion propagation[J]. Simulation Modelling Practice and Theory，2016，60：1-14.

〔5〕 马剑，宋卫国，廖光煊. Multi-grid simulation of pedestrian counter flow with topological interaction[J]. Chinese Physics B，2010，19（12）：586-594.

第3章

应急疏散中的追随行为与领导者行为

3.1 应急疏散中的追随行为

在应急疏散行为的研究成果中，很多人发现稳定的社会关系（比如夫妻、朋友、亲属等）在疏散行为中具有不同的表现形式。比如，袁启萌等发现在上海“11·15”火灾疏散过程中，一位老人为了等他的老伴一直按着电梯门，导致电梯里的其他人不得不跟他一起等待电梯。[1] 国外也有类似的发现。可见，常态中的社会关系会影响应急中的疏散行为。目前研究成果对社会关系对人员疏散行为的影响只是作定性的描述，缺乏定量的分析，常态中社会关系对紧急状态下疏散行为的影响、常态中社会关系与群体疏散过程中追随行为的关联等问题尚不明确。中国人的从众心理普遍，尤其是在紧急状态下，如果能深入挖掘出群体中社会关系对疏散追随行为的影响，对于修正疏散仿真模型、科学制定疏散方案都将具有重要意义。

社会网络分析方法（Social Network Analysis Method，SNA）是一种基于图论的整体网络分析方法，可以实现疏散者之间社会关系的可视化，清晰地追踪紧急状态下追随关系网络变化的过程。把社会网络分析方法引入紧急状态下的疏散行为研究是一种方法上的创新。本章将使用社会网络分析方法，结合问卷调查法和疏散演习实验，对典型群体即不同阶段学生群体、办公室群体和家庭关系群体进行疏散中的追随行为和领导行为研究，定量分析社会关系对人群疏散行为的影响。分析社会关系类型对疏散中追随行为的影响，对于管理者分析疏散者的社会行为，提高疏散团体的凝聚力，进一步改善疏散方案，具有重要意义。

---

〔1〕 袁启萌，翁文国．基于幸存者调查的高层建筑火灾疏散行为研究[J]．中国安全科学学报，2012，22（10）：41-46.

3.1.1 研究方法

采用楼梯疏散实验、问卷调查和社会网络分析相结合的研究方法。其中楼梯疏散实验旨在通过真实演习来呈现具有不同社会关系的典型群体在紧急状态下的个体和群体行为；问卷调查方法用来调研人员常态下的社会关系、疏散中的追随关系及人员个体的性格等特征；社会网络分析方法是分析疏散行为的核心方法，主要根据前两种方法获得的基础数据，来探究社会关系对人员疏散中追随行为的影响，并进一步探究人员疏散过程中的典型行为。

3.1.1.1 楼梯疏散实验设计和问卷调查

为了研究不同典型群体中个体间的社会关系和疏散中的行为，研究人员选取某小学建筑楼和清华大学刘卿楼开展了共10组楼梯疏散实验。为了尽可能保障实验结果的真实性和可信性，采用金钱奖励机制提高参与学生的积极性，每组实验至少重复两次，且每次实验间隔半个小时，以减少两次实验中参与者的学习效应。实验的群体对象分别包括：以某实验室研究生及其家属为成员的研究生群体，其中25人是同实验室人员，另外5人是其中实验室人员的朋友或情侣，他们之间的稳定社会关系表现为同学关系、朋友关系、办公室同事（同一实验室成员）和情侣关系，同时该类群体学历较高、文化素养高、熟悉办公场所，他们在一定程度上也能代表写字楼中的白领群体。以家庭成员为主要构成的家庭亲属关系群体，基本可以代表一般居民楼中的家庭群体。某大学经管专业本科生30人及某大学工物系本科生23人，他们之间的稳定社会关系主要表现为同学关系、朋友关系、舍友关系和情侣关系。某小学一年级、二年级和五年级的小学生共143人，他们之间的稳定社会关系主要表现为同学关系。某初中的九年级学生70人，他们之间的稳定社会关系也主要表现为同学关系。实验群体对象其他部分具体信息和实验具体设计方案如表3.1所示。图3.1为所开展的某次实验场景图。

表3.1 楼梯疏散实验设计方案

实验编号	实验对象	人数/人	疏散方式	男女比例	疏散楼层
1	同实验室研究生群体及其男女朋友群体 G1	30	楼梯疏散	21：9	10~1
2	家庭亲属关系群体 G2	30	楼梯疏散	17：13	10~1
3	大学生（经管）群体 G3	30	楼梯疏散	11：19	10~1

续表

实验编号	实验对象	人数/人	疏散方式	男女比例	疏散楼层
4	大学生（经管）群体 G3	30	楼梯疏散	11：19	10~7
5	大学生（工物）群体 G4	23	楼梯疏散	3：20	10~7
6	一年级小学生群体 G5	36	楼梯疏散	17：19	3~0
7	二年级小学生群体 G6	38	楼梯疏散	17：21	3~0
8	五年级小学生群体 G7	69	楼梯疏散	39：30	3~0
9	九年级初中生-1 群体 G8	35	楼梯疏散	19：16	3~0
10	九年级初中生-2 群体 G9	35	楼梯疏散	19：16	3~0

(a) 某小学建筑楼某次疏散实验情景

(b) 刘卿楼某次疏散实验情景

图 3.1　疏散实验场景图

为了定义常态中和紧急状态下的社会关系，每次疏散实验前后都发放相应的问卷。实验前发放的问卷旨在考察不同群体中实验参与者在常态下的社会关系以及计划追随对象，实验后发放的问卷用来调查不同群体在疏散过程中个体间的追随行为。

（1）实验前问卷部分内容：如果突发火灾、爆炸等紧急事件，您愿意跟随谁一起疏散？（排名有先后）

（2）实验后问卷部分内容：在本次疏散过程中，您实际是跟随谁一起疏散的？（排名有先后）

3.1.1.2　社会网络分析方法

社会网络分析方法是一种基于图论的整体网络分析方法，是研究一组行动者与行动者之间关系的研究方法。社会网络指的是社会中的行动者及他们之间的结构，具体来说，一个团体、社会群体、组织、市场、社会或世界体系，都有其自身的关系模式和结构，可以说，这些结构是由各种人际关系构成的，所以称之为社会网络。换句话说，一个社会网络是由多个点（社会行动者）和各点之间的连线（行动者之间的关系）组成的集合。社会网络分析可以看作分析社会关系的手段和方法，它能够指导如何描述和分析各种网络概念。对于高层建筑应急疏散的群体，他们也是具有一定社会关系的行动者，可以使用社会网络分析方法定量化研究疏散群体在常态中的社会关系。以下是社会网络分析方法中的重要概念：

1. 关系矩阵

社会网络分析方法的社群图示法起源于1930年美国心理学家莫雷诺创立的社会计量法。这种方法主要用于对小群体中人际关系与群体结构的研究，主要方法是借用图论中的图示法直观、定量地显示群体内部人际关系的亲疏、远近程度，揭示群体、组织或社会内部的结构特征。

从社会网络的角度出发，人在社会等环境中的相互作用可以通过关系模式或规则来表现，而这种关系就反映了社会中的结构，对社会、组织或群体的结构进行量化是社会网络分析的最重要目标。

度量某一个群体、社会或集合中个体之间关系紧密程度，最简单的方式就是利用关系矩阵来表示。如果某集合中有 n 个个体，该集合中的关系与结构表现在任意两个个体间的关系度。用 v_{ij} 表示集合中 i 与 j 的关系程度，那么 V 就是集合的关系矩阵，如公式（3.1）所示：

$$V=\begin{bmatrix} v_{11} & v_{12} & \cdots & v_{1n} \\ v_{21} & v_{22} & \cdots & v_{2n} \\ \vdots & \vdots & \ddots & \vdots \\ v_{n1} & v_{n2} & \cdots & v_{nn} \end{bmatrix} \tag{3.1}$$

2. 社群图

社群图（sociogram）是用图像形式来描述某一群体、集合或社会的网络结构。社群图用节点代表关系的传递者和接受者，箭头表示关系的方向，连线的粗细表示关系的强弱程度，整体反映了组内成员之间关系的统计特征。社会网络图涉及的节点越多，社群图像就越复杂，社会网络中的结构就越难以分析，在这种情况下，可以用关系矩阵方法来描述社会关系网络，Pajek、UCinet、Gephi等软件是常用的能够根据社会关系矩阵使社会关系可视化的社会网络分析工具。例如，图3.2就是利用Pajek软件展示的基于社会关系矩阵得到的某疏散群体在常态中的社会关系社群图。

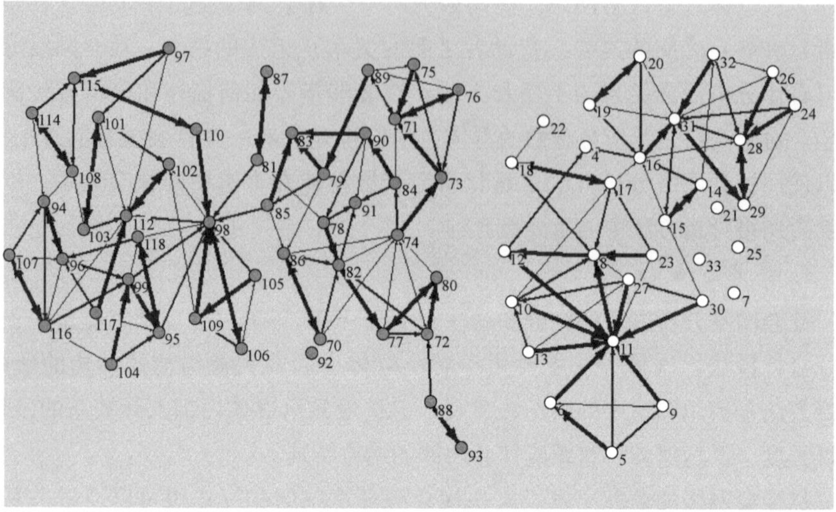

图 3.2 基于社会关系矩阵得到的某群体社群图

3. 中心度（中心性）

中心度是社会网络分析中对个体在社会网络中的地位和影响力进行形式化定义和量化分析的指标。为了描述行动者在整个网络中的重要程度及其对其他行动者的影响程度，在社会网络分析方法中引入了“中心度”这一指标。中心度可以反映出节点（个人或组织）在所依附的社会网络中的“权力”地位及影响力。中心度越高的节点越处于核心地位，该节点能够有效控制并影响网络中其他行动者之间的活动；相反，中心度越低的节点越处于边缘地位，对其他节点的影响很小。

目前，社会网络分析法中常用的中心度指标有以下几种方式：

(1) 度中心度

在一个社会网络中，如果一个行动者与越多的其他行动者在网络中有直接相连的关系，说明该行动者在该网络中拥有较大的“权力”，也就是居于中心地位。网络中节点的度中心度（degree centrality），可以直接通过网络中与该点有直接联系的点的数目来衡量，用 $d(n_i)$ 表示。点度中心度分为绝对点度中心度 C_{AD_i} 和相对点度中心度 C_{ND_i}，具体计算公式如下：

$$C_{AD_i} = d(n_i) \tag{3.2}$$

$$C_{ND_i} = \frac{d(n_i)}{n-1} \tag{3.3}$$

（2）中间中心度

如果一个行动者处在许多小网络的路径上，可以认为此人处于重要地位，因为该人具有控制他人交往的能力，其他人的交往需要通过该人才能进行。这种度量方式称为“中间中心度”（betweenness centrality）。中间中心度指某个节点在社会网络中担任潜在“中介”功能的程度，因为该节点行动者与其他节点行动者相连，并在所构成的最短路径上占据中间人的位置，因而中间中心度也叫作中介性。

中间中心度能够反映节点对其他节点之间进行控制的能力。如果有很多节点之间的最短路径（也叫作捷径）要通过该点进行连接，我们就认为该节点在对其他节点进行关联的过程中起到了重要作用。某节点中间中心度越高，说明该节点在群体中的地位越高，而中间中心度为0的成员，说明他们无法控制社会网络中的任何关系和资源。

中间中心度定义为经过点 Y 连接两点的捷径线占这两点之间的捷径线总数之比。假设 g_{jk} 表示点 j 和 k 之间存在的最短路径的数据，b_{jk}（i）表示第三个点 i 能够控制此两点的交往的能力，即 i 处于点 j 和 k 之间的捷径上的概率，g_{jk}（i）表示点 j 和 k 之间存在的经过点 i 的最小路径的数目，则点 i 的绝对中间中心度 C_{AB_i} 的计算公式如下：

$$C_{AB_i} = \sum_{j}^{n} \sum_{k}^{n} b_{jk}(i),\ j \neq k \neq i \tag{3.4}$$

$$b_{jk}(i) = \frac{g_{jk}(i)}{g_{jk}} \tag{3.5}$$

个体间的社会关系是构成网络的基础。根据魁克哈特在1995年所述的社会网络理论[1]，个体在群体组织中与他人的社会关系可以分为四类：基于情感的关系、基于咨询的关系、基于信任的关系和基于情报的关系。典型群体日常活动决策时，个体之间的信任关系占据了主导位置，因此我们将这种关系决定的网络统称为常态社会关系网络。疏散中个体间的追随行为也可以看作是疏散过程中个体间某种连接关系作用的结果，我们将这种关系称作追随

---

〔1〕 黄翠银，任秋丽，罗苗．社会网络分析在班级管理中的应用[J]．现代教育技术，2010，20（4）：28-32.

关系，因此提出将疏散中基于追随关系的网络称为追随关系网络图。

不管是常态社会关系网络中的个体间的信任关系，还是疏散中追随关系网络中个体间的追随关系，不同个体间各种关系的紧密程度不同。可以用关系矩阵定量化表达整个关系网络中个体间的关系紧密程度，关系紧密程度越大，对应的矩阵元素值越大。在本章研究中，假如某个群体有 m 个人员，个体 i 对个体 j 的信任程度用 x_{ij} 表示，个体 i 对个体 j 的追随程度用 y_{ij} 表示，则常态下信任关系矩阵 B 和紧急疏散中的追随关系矩阵 F 分别可以用公式（3.6）和（3.7）表示。

信任关系矩阵：

$$B = \begin{pmatrix} x_{11} & x_{12} & \cdots & x_{1m} \\ x_{21} & x_{22} & \cdots & x_{2m} \\ \vdots & \vdots & \ddots & \vdots \\ x_{m1} & x_{m2} & \cdots & x_{mm} \end{pmatrix} \tag{3.6}$$

其中 $x_{ij} \in X$，$X = \{0, 1, 3, 7\}$。

追随关系矩阵：

$$F = \begin{pmatrix} y_{11} & y_{12} & \cdots & y_{1m} \\ y_{21} & y_{22} & \cdots & y_{2m} \\ \vdots & \vdots & \ddots & \vdots \\ y_{m1} & y_{m2} & \cdots & y_{mm} \end{pmatrix} \tag{3.7}$$

其中 $x_{ij} \in Y$，$Y = \{0, 1, 3, 7\}$。

在本章研究中，个体间的信任关系是基于实验前问卷中的问题“如果突发火灾、爆炸等紧急事件，您愿意跟随谁一起疏散？（排名有先后）”获得的，每个人最多可以选择 3 位其他同学。如果个体 i 愿意跟随个体 j 一起疏散，说明个体 i 信任个体 j，而个体 j 被个体 i 选择的前后顺序，则代表了个体 i 对个体 j 的信任程度的大小，个体 j 的排位越靠前，说明个体 i 对个体 j 的信任程度越大。因此，如果个体 j 排在个体 i 愿意跟随一起疏散的同学中的第一、第二、第三位，则被个体 i 信任的程度 x_{ij} 分别取值为 7、3、1；如果其没有被个体 i 选择，则 $x_{ij} = 0$。同理，个体间的追随关系是由实验后问卷中的问题“在本次疏散过程中，您实际是跟随谁一起疏散的？（排名有先后）”获得的，每个学生同样最多可以选择 3 位其他同学。按照个体 j 被个体 i 选择的前后顺序，

y_{ij} 依次定义为7、3、1，如果其没有被个体 i 选择，则 $y_{ij}=0$。

通过定义信任关系矩阵和追随关系矩阵，采用社会网络可视化软件可以进一步获得常态下的社会关系网络图和疏散中的追随关系网络图。为了更多元化地使用相关软件，本章分别采用 Pajek 和 Gephi 两种软件来展示不同典型群体的关系网络图。其中基于 Gephi 软件的关系网络图的示例如图 3.3 所示。节点代表实验参与者，节点的颜色代表实验参与者的性别，其中灰色节点代表男生，无色节点代表女生。节点的大小代表其被其他人选择的次数的多少，被其他人员选择的次数越多，节点越大。连接节点的边代表节点间的关系，边的箭头代表关系方向，箭头指向的目标点则为源点选择的对象，而边的粗细代表源点人员对其选择个体对象的信任或追随的强弱程度。为了便于对不同群体结果进行对比，下文中所有使用 Gephi 软件绘制的群体关系网络图节点及边的属性都如上所述。采用 Pajek 展示的关系图中各节点和边的属性所代表的含义相同，但不同群体的关系图中点的颜色有所不同，在分析中会有具体介绍。鉴于表 3.1 所示的部分实验群体的社会关系具有相似性，主要选择群体 G1、G2、G3、G6、G7 和 G8 作为分析对象。其中使用 Gephi 软件展示的群体关系图包括两个年级的小学生群体 G6、G7 和一个年级的初中生群体 G8，使用 Pajek 软件展示的对象包括大学生 G3、以实验室成员为主的研究生群体 G1 以及以家庭关系为主的群体 G2。

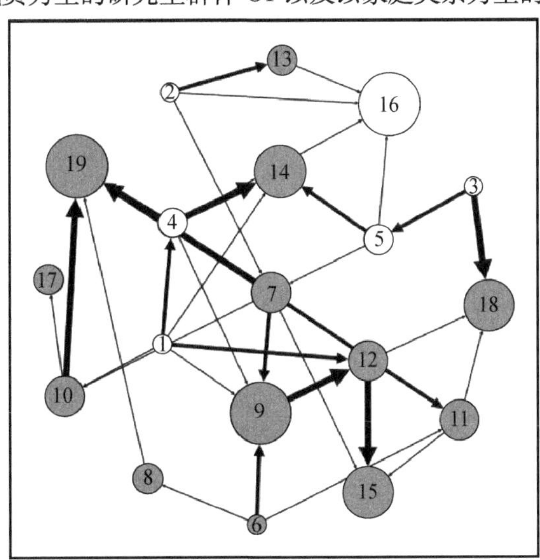

图 3.3 基于 Gephi 的关系网络示例图

3.1.2 典型群体常态社会关系网络图与疏散追随关系网络图

3.1.2.1 低年级小学生常态社会关系和疏散追随关系网络图

图 3.4（a）和图 3.4（b）分别是采用 Gephi 软件得到的低年级小学生 G6 常态下的社会关系网络图和疏散中的追随关系网络图。本次低年级小学生群体实验中共有 38 位参与者，因此各图中共有 38 个节点。可以明显看出，在各个关系网络中，群体基于性别不同都形成了两大子群，不同性别间的互融关系很少。

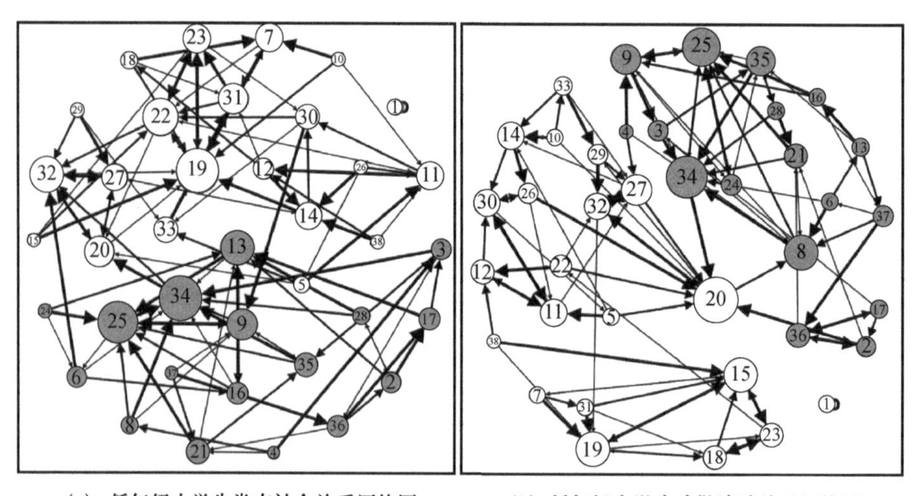

(a) 低年级小学生常态社会关系网络图　　(b) 低年级小学生疏散追随关系网络图

图 3.4 低年级小学生常态社会关系网络图和疏散追随关系网络图

在图 3.4（a）常态社会关系网络图中，共形成 110 条有向边，说明个体间共形成了 110 条信任关系，其中以男生为源点的边有 50 条，以女生为源点的边有 60 条。同时可以看出，信任网络关系图中的个体成员被他人信任程度和被选择的次数也有不同。男生同学中，34 号同学、25 号同学、13 号同学、9 号同学被选择的次数较多；女生同学中，19 号、22 号、32 号和 31 号等同学被选择的次数较多；同时 4 号同学、10 号同学、15 号同学、24 号同学、26 号同学和 29 号同学选择他人却没有被他人选择。此外，在信任关系网络中还出现了孤立点 1 号同学，其没有选择他人也没有被他人选择。

在图 3.4（b）实际疏散人员追随关系网络图中，共形成了 111 条有向边，其中以女生为源点的边为 50 条，以男生为源点的边为 61 条。追随关系网络图中的个体成员被他人追随程度和被选择的次数同样不同。男生同学中，34 号同学、25 号同学和 8 号同学被选择的次数较高；而女生同学中，20 号同学被其他同学选择的次数明显高于他人，15 号同学和 19 号同学被选择次数也相对较多。值得注意是，在追随关系网络中完全没有被其他同学选择的人数明显下降，只有 4 号同学没有被选择。同时可以发现，在追随关系网络中也出现了孤立者 1 号同学。

3.1.2.2 高年级小学生常态社会关系和疏散追随关系网络图

图 3.5 是高年级小学生群体 G7 常态社会关系网络图和疏散追随关系网络图。各图中都有 69 个节点，同低年级小学生关系图一样，高年级小学生不管是在常态下还是在疏散中都基于性别形成了两大子群。图 3.5（a）是高年级小学生常态下社会关系网络图，共形成了 199 条有向边，其中以男生为源点的边 109 条，以女生为源点的边 90 条。被选择次数较多的有男生同学 58 号和 48 号，女生同学 4 号、8 号、50 号和 59 号等。同时在高年级小学生信任关系网络中，出现了孤立者 40 号。图 3.5（b）是高年级小学生疏散过程中追随关系网络图，共形成 200 条有向边，其中以男生同学为源点的边有 111 条，以女生同学为源点的边有 89 条。被选择次数明显较多的有男生同学 45 号和女生同学 4 号，没有出现孤立者和自主决策者。

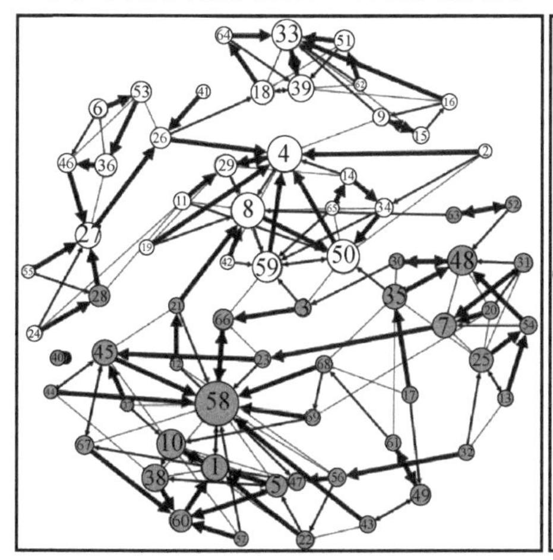

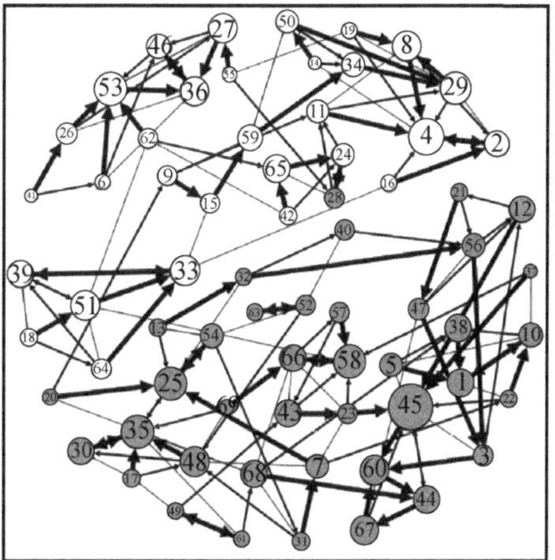

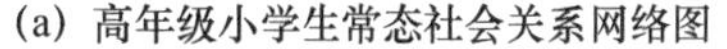

（a）高年级小学生常态社会关系网络图　（b）高年级小学生疏散追随关系网络图

图 3.5 高年级小学生常态社会关系网络图和疏散追随关系网络图

3.1.2.3 初中生常态社会关系和疏散追随关系网络图

图 3.6 是初中生群体 G8 常态下的社会关系网络图和疏散中的追随关系网络图。实验中共有 35 位参与者，因此各关系图中都有 35 个节点。与小学生不同的是，初中生在常态下朋友交际过程中不同性别的个体互融相对较多，但总体来讲仍以性别不同形成了不同的群体，在信任关系网络中和疏散追随关系网络中，不同性别个体间互融仍然较少，基于性别形成的两大子群十分明显。

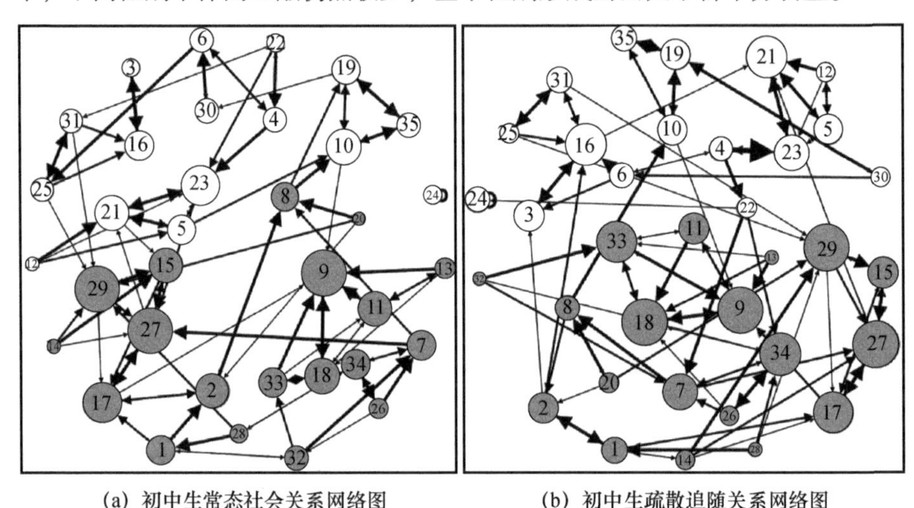

(a) 初中生常态社会关系网络图　　(b) 初中生疏散追随关系网络图

图 3.6 初中生常态社会关系网络图和疏散追随关系网络图

在图 3.6（a）常态社会关系网络中，共形成了 95 条有向关系边，其中以男生为源点的有向关系边有 57 条，以女生为源点的有向关系边有 38 条。被选择次数较多的男生同学有 9 号、27 号、29 号和 17 号等，女生同学有 23 号、21 号和 10 号等，同时出现了孤立点 24 号。在图 3.6（b）疏散追随关系网络图中，共形成了 98 条有向关系边，其中以男生为源点的有向关系边有 57 条，以女生为源点的有向关系边有 41 条。被选择次数较多的男生同学有 9 号、29 号和 27 号等，女生同学有 21 号、16 号和 23 号等，同时出现了自主决策者女生同学 24 号。

3.1.2.4 大学生常态社会关系和疏散追随关系网络图

以 G3 群体为代表来分析大学生群体常态下的社会关系网络图和疏散中的追随关系网络图，如图 3.7 和图 3.8 所示。其中图 3.7 是采用 Pajek 软件展示的基于实验 3 获取的关系网络图，图 3.8 是采用 Pajek 软件展示的基于实验 4 获取的关系网络图，其中灰色节点代表男生，无色节点代表女生。由图同样可以明显看出，大学生在常态下和疏散中都以性别不同形成了两大子群，只有少数不同性别的同学具有互融关系。以图 3.8（a）常态社会关系网络中，共形成了 57 条有向关系边，其中以男生为源点的有向关系边有 30 条，以女生为源点的有向关系边有 27 条。被选择次数较多的男生同学有 22 号、4 号等，女生同学有 17 号、15 号等，同时出现了孤立子群 3 号和 6 号。在图 3.8（b）疏散追随关系网络中，共形成了 55 条有向关系边，其中以男生为源点的边 21 条，以女生为源点的边 34 条。被选择次数较多的男生同学有 22 号和 4 号，女生同学有 5 号，同时出现了孤立点 18 号和自主决策者 2 号和 22 号。

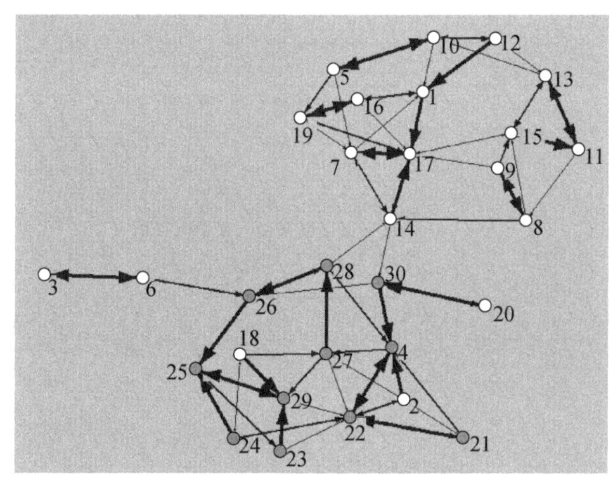

(a) 大学生常态社会关系网络

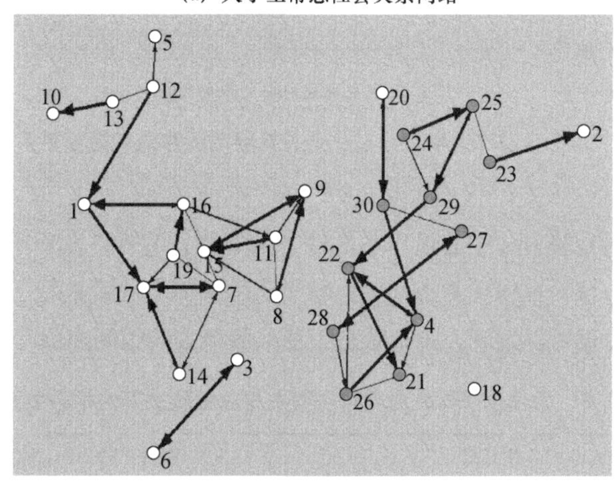

(b) 大学生疏散追随关系网络

图 3.7 基于实验 3 大学生常态社会关系网络图和疏散追随关系网络图

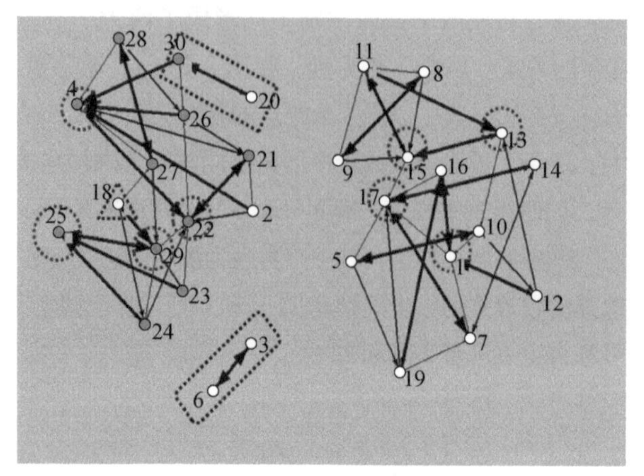

(a) 大学生常态社会关系网络图

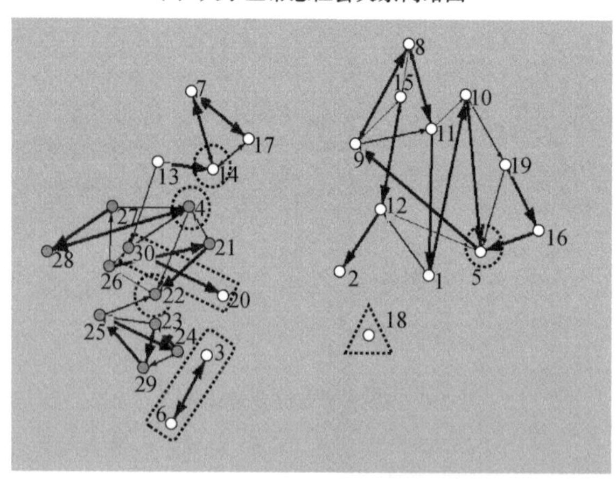

(b) 大学生疏散追随关系网络图

图 3.8　基于实验 4 大学生常态社会关系网络图和疏散追随关系网络图

3.11.2 部分已阐述了中心度（中心性）的概念，笔者借助于整体网络中的中心性概念，进一步对群体在常态和紧急状态下的中间中心度进行了分析，具体结果见表 3.2。由表可以发现，紧急状态下基本每个人的中间中心度都在减小。

表 3.2　大学生群体社会网络在常态与应急状态下的中心中间度

实验 3 的中心中间度			实验 4 的中心中间度		
序号	常态	应急	序号	常态	应急
1	0.144499	0.0215517	1	0.0712233	0.0110837

续表

实验3的中心中间度			实验4的中心中间度		
序号	常态	应急	序号	常态	应急
2	0. 052956	0. 0000000	2	0. 0000000	0. 0000000
4	0. 000000	0. 0000000	4	0. 0000000	0. 0000000
5	0. 157574	0. 0073892	5	0. 0072865	0. 0246305
7	0. 018473	0. 0000000	7	0. 0100575	0. 0414614
8	0. 034483	0. 0000000	8	0. 0000000	0. 0000000
9	0. 160304	0. 0110837	9	0. 0365353	0. 0000000
10	0. 072044	0. 0000000	10	0. 0147783	0. 0028736
11	0. 000411	0. 0006158	11	0. 0006158	0. 0209360
12	0. 056650	0. 0000000	12	0. 0453612	0. 0318144
13	0. 075739	0. 0080049	13	0. 0309934	0. 0133415
14	0. 042282	0. 0110837	14	0. 0640394	0. 0250411
15	0. 057471	0. 0049261	15	0. 0706076	0. 0295567
16	0. 520731	0. 0000000	16	0. 0246305	0. 0000000
17	0. 156404	0. 0178571	17	0. 0287356	0. 0098522
18	0. 028530	0. 0209360	18	0. 0110837	0. 0000000
19	0. 272989	0. 0061576	19	0. 0268883	0. 0000000
21	0. 047414	0. 0000000	21	0. 0000000	0. 0000000
22	0. 004310	0. 0000000	22	0. 0028736	0. 0098522
23	0. 000000	0. 0000000	23	0. 0000000	0. 0000000
24	0. 011823	0. 0000000	24	0. 0004105	0. 0067734
25	0. 082697	0. 0110837	25	0. 0166256	0. 0000000
26	0. 003305	0. 0036946	26	0. 0016420	0. 0000000
27	0. 063957	0. 0000000	27	0. 0042077	0. 0006158
28	0. 120751	0. 0049261	28	0. 0110837	0. 0036946
29	0. 214902	0. 0073892	29	0. 0036946	0. 0184729
30	0. 236453	0. 0024631	30	0. 0084154	0. 0018473
平均	0. 097672	0. 0051541	平均	0. 0173022	0. 0102400

通过以上对各类学生群体常态社会关系网络图和疏散追随关系网络图的分析，可以发现：首先，各类学生群体疏散中的追随关系网络结构与常态下的社会关系网络结构具有一定的相似性，低年级小学生、高年级小学生、初中生和大学生在日常决策和疏散中都主要基于性别形成了两大子群，不同性别的个体之间互融较少。在每个关系网络中，一些同学被其他同学选择的次数明显较多，这些同学对他人的决策或行动可能起到较强的影响，可以认为这些同学成为网络中的子群中心，其他个体围绕子群中心会进一步形成一定规模的子群体。同时，在常态社会关系网络和疏散追随关系网络中，可能会形成自主决策者、孤立者和孤立子群。前两种人员在决策和疏散时不受他人影响；孤立子群成员间互相信任、互相追随，且成员不受外界他人的影响。值得注意的是，追随关系网络中与常态下社会关系网络中出现的孤立者（群组）和自主决策者可能有所不同。其次，各类学生疏散中的追随关系网络与常态下的社会关系网络具有一定的相关性。可以明显发现，疏散中某些个体选择跟随的对象与常态社会关系网络中选择的对象一致，这说明固定群体疏散中的追随行为受常态下的社会关系的影响。但同一个体在不同的关系网络中被信任、被欢迎和被追随的程度和频次不同，说明个体在不同关系网络中所占据的决策地位或发挥的作用有所不同。

3.1.2.5 以实验室研究生为代表群体的常态社会关系和疏散追随关系网络图

图 3.9 是利用 Pajek 软件得到的以实验室研究生群体 G1 为代表的常态中的社会关系网络图。这次成员中，25 人是来自某大学实验室的在读硕士和博士研究生，5 人是这些同学的家属（男女朋友），该类人群与上面的学生群体有所不同，可以一定程度上代表现实中的白领等办公室群体，成员的编号是 4~33。由图可以看出，群体 G1 在常态中基本以实验室（办公室）为单位形成两大阵营，比如，根据问卷可知，编号为 14、15、16、17、19、20、21、26、27、28、31 的同学属于同一个实验室；同时因为这两个实验室的同学在学习和生活中均有交集，所以该群体形成的两大子群又有部分交叉。此外，可以看到群体 G1 中有明显的子群中心，比如 11 号同学、28 号同学和 31 号同学。

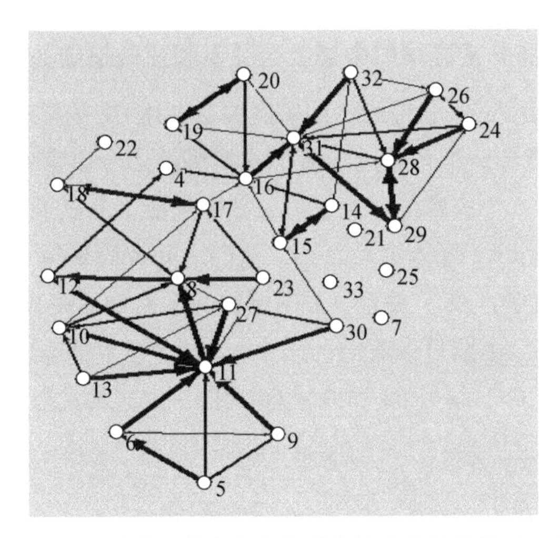

图 3.9　以实验室研究生为代表群体的常态社会关系网络图

图 3.10 是利用 Pajek 软件绘制的以实验室研究生为代表群体的疏散追随关系网络图。其中灰色节点代表男性疏散者，无色节点代表女性疏散者。相比前面的四类学生群体，可以看出实验室研究生群体的男性与女性在疏散追随行为中具有更多的交互作用。但与学生群体类似，其常态社会关系和疏散追随关系同样有一定的相似性，比如 28 号和 29 号，不管在常态情景下还是在疏散过程中，两人都有较强的相互信任关系。据了解，二人是一对情侣，这说明常态的这类社会关系影响个体间的疏散追随行为。

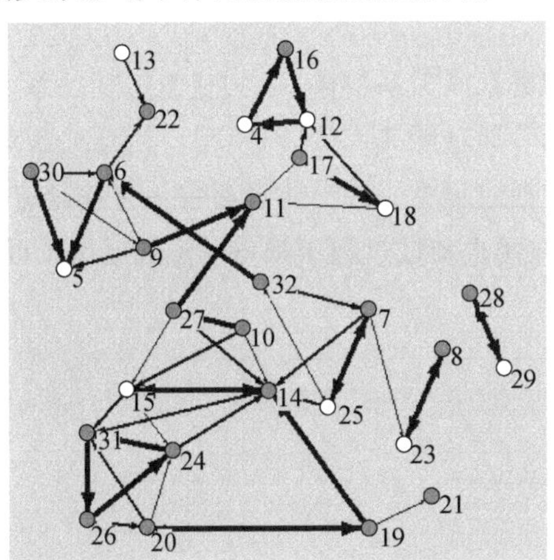

图 3.10　以实验室研究生为代表群体的疏散追随关系网络图

3.1.2.6　家庭关系群体的常态社会关系和疏散追随关系网络图

图 3.11 是采用 Pajek 软件绘制的家庭关系群体 G2 的常态中的社会关系网络图。G2 群体非常特殊，是通过广播形式招募的多个以家庭亲属关系为基础的群体，他们包括 5 个家庭的所有成员，其中包括 7 个孩子（3 个女孩和 4 个男孩）和 1 位老人；G2 群体关系复杂，他们之间有同事关系、夫妻关系、父子（女）关系、母子（女）关系、兄弟姐妹关系和爷孙关系等，共 30 人，成员的编号是 40~69。由图可以看出，群体 G2 在常态中基本以家庭为单位形成阵营，比如，编号 64、编号 65 和编号 66 为同一家庭的父母和孩子。

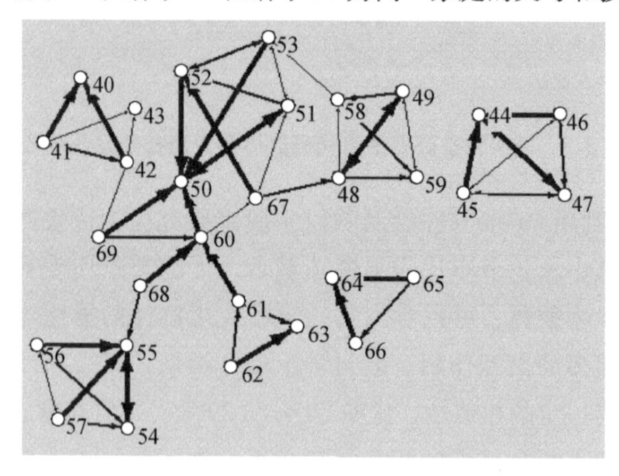

图 3.11　家庭亲属关系群体的常态社会关系网络图

图 3.12[1] 为家庭亲属关系群体 G2 的疏散追随关系网络图，具体家庭亲属关系如表 3.3 所示。通过图 3.12 可以发现，社会关系对疏散中追随行为的影响非常巨大。在疏散过程中，成员几乎都在一起进行疏散。比如小群体 40、41、42 和 43，他们在两次疏散过程中都自动形成凝聚子群。

[1] 原实验关系图为彩色图片，采用多种颜色进行区分，此处仅作为示意图。

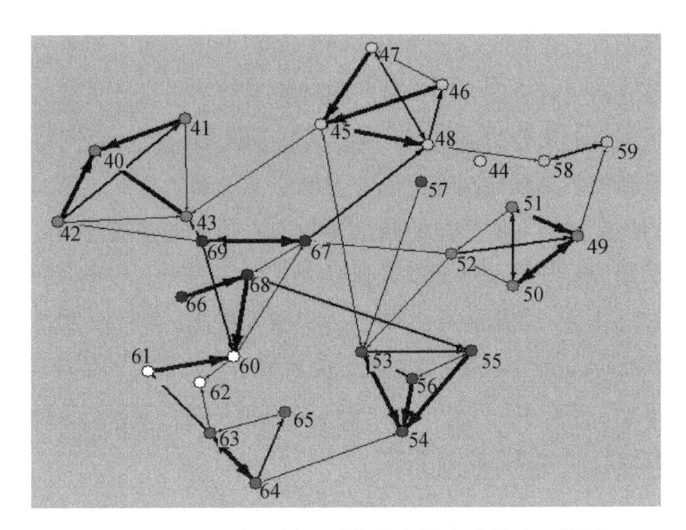

图 3.12 家庭亲属关系群体的疏散追随关系网络图

表 3.3 G2 疏散群体的关系和颜色表

关系	成员编号	节点颜色
家庭关系	53，54，55，56，57	红色
	40，41，42，43	蓝色
	44，45，56，47，48	黄色
	66，67，68，69	紫色
	49，50，51，52	绿色
同事关系（相同颜色代表来自同一部门）	63，64，65	橙色
	60，61，62	白色
	58，59	粉色

3.1.3 常态中社会关系对疏散追随行为的影响

3.1.3.1 不同群体常态社会关系对追随行为影响的定量分析

由上文分析可知，各类典型群体常态下的社会关系对实际紧急疏散过程中人员间的追随行为具有一定影响。那么常态下的社会关系对群体疏散中追随行为到底有多大程度的影响呢？如果疏散中的追随行为受到常态社会关系的影响，那么人员在疏散中的追随关系和常态下的社会关系必有相关性。而在关系网络中，不同个体之间的关系是由有向边表示的。如果追随关系网络中某条有

向边的源点和终点与常态社会关系网络中某条有向边的源点和终点一样，则说明疏散中这条有向边对应的两个个体的追随关系受常态社会关系的影响，这条边为两个关系网络的重合边。笔者认为，可以用疏散追随关系网络和常态社会关系网络中重合关系边数与疏散追随关系网络总关系边数的比值，来量化整个群体常态下的社会关系对实际紧急疏散过程中人员间的追随行为的影响度。用数学方法表示则为：某个群体的疏散追随关系网络 $F=(V, E_1)$，常态社会关系网络 $B=(V, E_2)$，如果有 $A=\{(u, v) \mid u \in V, v \in V, (u, v) \in E_1, (u, v) \in E_2\}$，那么 $m_{F \cap B}=|A|$ 则为常态社会关系网络和疏散追随关系网络的重合关系边数。基于此，笔者引入了 $FB\text{inf}$ 来表示常态信任关系对人员追随行为的影响度，各个参数对应的计算公式如下：

$$FB\text{inf} = \frac{m_{F \cap B}}{n_F} \times 100\% \tag{3.8}$$

其中，n_F 表示追随关系网络 F 的总边数，$m_{F \cap B}$ 代表追随关系网络 F 与信任关系网络 B 重合的边数。

基于公式（3.8），对各类群体常态社会关系对疏散追随行为的影响度的计算结果如表 3.4 和表 3.5 所示。其中，表 3.4 是部分群体从清华大学刘卿楼 10 楼疏散至 1 楼的结果，表 3.5 是部分群体疏散 3 层楼的结果。

表 3.4 常态社会关系网络对疏散时人员追随行为的影响度（疏散 10 层）

影响度	大学生群体	实验室研究生为代表的群体	家庭亲属关系群体
*FB*inf	83.70%	66.40%	90.40%

表 3.5 常态社会关系网络对疏散时人员追随行为的影响度（疏散 3 层）

影响度		低年级小学生	高年级小学生	初中生	大学生
*FB*inf	总	45.05%	51.50%	78.57%	74.30%
	男	21.62%	26.50%	51.02%	35.87%
	女	23.43%	25.00%	27.55%	38.43%

由表 3.4 知，三类群体常态社会关系网络对疏散时人员追随行为的影响度有所不同，家庭亲属关系构成的群体常态社会关系对疏散追随行为影响最大，同学关系次之，办公室关系最小，这说明社会关系类型的不同影响紧急疏散过程中的行为，社会关系亲密程度越大，影响越大。由表 3.5 知，常态信任关系对低年级小学生、高年级小学生、初中生和大学生疏散追随行为的影响分

别为45.05%、51.50%、78.57%和74.30%，因此可以说明常态下的社会关系对初中生的追随行为影响最大，对大学生的影响次之，对小学生的影响最小，且对高年级小学生的影响高于对低年级小学生的影响。这可能与不同年级学生群体的年龄、疏散中心理变化、性格等因素有关。

3.1.3.2 社会关系对不同性别人员追随行为影响的定量分析

根据上文常态社会关系对疏散追随行为影响度的定义，可以进一步探究社会关系对不同性别人员追随行为的影响，分别对常态社会关系网络和疏散追随关系网络中不同性别人员的关系边数进行统计，同公式（3.8）类似，用常态社会关系网络和疏散追随关系网络中某一性别人员的重合关系边数与疏散追随关系网络中相应性别的总关系边数的比值代表常态社会关系对该性别人员追随行为的影响度。以四类学生群体为例，表3.6展示了其常态社会关系对不同性别人员追随行为的影响度。

表3.6 常态社会关系对不同性别人员追随行为的影响度

对象	性别	总边数/条	重合边数/条	影响度
低年级小学生	男	51	24	47.06%
	女	60	26	43.33%
高年级小学生	男	108	53	49.07%
	女	92	50	54.35%
初中生	男	57	50	87.72%
	女	42	27	64.29%
大学生	男	21	16	76.19%
	女	34	18	52.94%

由表3.6可知，不管对于低年级小学生、初中生还是大学生群体，其常态下的社会关系对男生同学的影响大于其对女生同学的影响。而高年级小学生常态下的社会关系对男生同学的影响小于其对女生同学的影响。对比不同学生群体常态社会关系对同性别学生追随行为的影响，可以发现常态社会关系对男生同学追随行为影响程度的大小为：初中生>大学生>高年级小学生>低年级小学生；常态社会关系对女生同学追随行为影响程度的大小为：初中生>高年级小学生>大学生>低年级小学生。

3.2　应急疏散中的领导行为

Low[1]研究发现，在紧急疏散情况下，群体行为会出现从众行为，而且群体中的领导者对从众行为具有重要影响，并且特别指出，在风险与紧急情况下，这种由领导因素带来的从众行为更加强烈。很多研究文献都已经说明，群体疏散中会出现领导者与追随者，而且领导者对整体疏散效率的影响非常巨大。本章第1小节借助社会网络分析方法实现了对典型群体疏散过程中追随行为的可视化，并对其特征进行了详细分析。从第1小节的典型群体疏散追随关系网络图中可以看到，很多人会选择追随其他人进行疏散，也就是成为疏散过程中的追随者，那么哪些人能成为疏散过程中的领导者呢？换句话说，具有什么特性的人更容易成为被追随对象？领导者是否具有稳定性呢？这些问题都是本小节试图解决的问题。

本小节通过定义被信任度和被追随度，提出了常态中群体的意见领袖和疏散中的领导者两个概念和提取方法；同时研究疏散中的领导者与性别、智商、脑结构、常态中的社会关系等因素的相关性；此外，为了验证疏散中的领导者是否具有稳定性，课题组对同一组疏散群体进行了为期两年的追踪研究，发现领导者具有相对稳定的特点。

3.2.1　常态意见领袖与疏散领导者的定义

在上一节的研究中发现常态下的社会关系对疏散中个体的追随行为有重要影响。个体间的互相追随行为是疏散中群组或者子群体形成且成员间协同共进的原因。但从前述各个群体的常态社会关系网络图和疏散追随关系网络图中不难发现，不同的个体在群体中被信任和被跟随的程度以及被选择的频次皆有不同，也就是说在关系或结构稳定的群体中，不同个体承担或者说发挥的角色作用或许不同。这正如在人际传播网络中，网络中的个体可以分为意见领袖和非意见领袖，意见领袖常常被定义为能够经常为他人提供和传播信息并影响他人态度或选择的个体，而非意见领袖则会受到意见领袖信息或决策的影响。意见领袖并不是存在于某一特定社会阶层或群体，而是散布在人群中并与他人处于

[1] Low D J. Following the crowd[J]. Nature，2000，407（6803）：465-466.

平等的地位。借助社会学和传播学中意见领袖的定义，我们同样可以认为对于某一固定群体，常态中被他人信任度越高的个体越可能成为意见领袖；相应地，在紧急疏散中被他人追随度越高的个体越可能成为领导者。

基于此，为定义常态意见领袖和疏散领导者，我们首先提出了两种计算每个典型群体中个体的被信任度和被追随度的方法，方法一为公式（3.9）和（3.10），方法二为公式（3.11）和（3.12）。其中 BS_j 和 FS_j 分别代表个体 j 的被信任度和被追随度。在公式（3.9）和（3.10）中，个体 j 的被信任度和被追随度由其在常态和疏散中与信任者的信任关系决定。而在公式（3.11）和（3.12）中，常态中个体的被信任度由信任该个体的人员数量和该个体与其信任者的信任关系共同决定；同理，疏散中个体的被追随度也由追随该个体的人员数量和该个体与其追随者的追随关系共同决定。信任（追随）某一个体的人员越多，则代表该个体的影响范围越广；个体被他人信任（追随）程度越高，则说明该个体影响他人的程度越强。在下文中，我们将通过两个公式针对不同群体分别计算。个体 j 的被信任度 BS_j 和被追随度 FS_j 的两种具体计算公式如下：

$$BS_j = \sum_{i=1}^{n} x_{ji} /100 \tag{3.9}$$

$$FS_j = \sum_{i=1}^{n} y_{ji} /100 \tag{3.10}$$

$$BS_j = \frac{\left\{\varepsilon \sum_{i=1}^{n} x_{ji} + (1+\varepsilon)n\right\}}{\rho},\ \rho = \sum_{j=1}^{m} \left\{\varepsilon \sum_{i=1}^{n} x_{ji} + (1+\varepsilon)n\right\} /m \tag{3.11}$$

$$FS_j = \frac{\left\{\varepsilon \sum_{i=1}^{n} y_{ji} + (1+\varepsilon)n\right\}}{\rho},\ \lambda = \sum_{j=1}^{m} \left\{\varepsilon \sum_{i=1}^{n} y_{ji} + (1+\varepsilon)n\right\} /m \tag{3.12}$$

其中，n 是信任（追随）个体 j 的人数，x_{ji} 和 y_{ji} 分别为个体 i 对个体 j 的信任和追随程度，m 为某个群体的总人数，ε 为调节参数，在此处 $\varepsilon=0.5$。

根据意见领袖和领导者的特征，笔者将成员 j 在常态中被信任度 BS_j 大于该群体平均值的两倍的个体称作常态中的意见领袖，将被追随度 FS_j 大于该群体平均值两倍的人员称作疏散中的领导者。即对于公式（3.11）来讲，将 BS 值大于 2 的个体称为常态中的意见领袖；对于公式（3.12）来讲，将 FS 值大于 2 的人员称作疏散中的领导者。

3.2.2 典型群体中的意见领袖和领导者

3.2.2.1 小学生和初中生群体的意见领袖和领导者统计

根据公式（3.11）和（3.12），对两个年级小学生群体 G6 和 G7 以及初中生群体 G8 中个体的被信任度 *BS* 和被追随度 *FS* 进行了统计计算。表 3.7 和图 3.13 为实验中低年级小学生个体的被信任度和被追随度的统计结果，其中 F 代表女生，M 代表男生。由上文常态意见领袖和领导者的定义可以发现，低年级小学生中常态意见领袖为个体 13 号、19 号、22 号、25 号、32 号和 34 号，共 6 位；而疏散中的领导者有个体 15 号、20 号、25 号和 34 号，共 4 位。对比同一个体在常态下的 *BS* 值和疏散中的 *FS* 值，不难发现同一个体在群体中的被信任度和被追随度存在不同。特别是意见领袖 13 号和 22 号，疏散领导者 15 号，其相应的 *BF* 值和 *FS* 值有很大差别，这说明常态下的意见领袖和疏散中的领导者存在不同。

表 3.7 低年级小学生群体 G6 的 *BS* 值和 *FS* 值统计表

ID	性别	*BS*	*FS*	ID	性别	*BS*	*FS*
1	F	0.58	0.58	20	F	1.45	3.18
2	M	0.44	0.87	21	M	0.58	0.87
3	M	0.87	0.72	22	F	2.03	0.29
4	M	0.00	0.00	23	F	1.89	1.30
5	F	0.15	0.14	24	M	0.00	0.43
6	M	0.29	0.14	25	M	3.34	2.75
7	F	1.60	0.14	26	F	0.00	0.87
8	M	0.29	1.59	27	F	1.60	1.44
9	M	1.31	1.73	28	M	0.15	0.29
10	F	0.00	0.14	29	F	0.00	0.72
11	F	1.16	1.88	30	F	0.73	1.44
12	F	0.87	1.16	31	F	1.31	0.29
13	M	2.47	0.29	32	F	2.61	1.88
14	F	1.89	1.16	33	F	0.58	0.29
15	F	0.00	2.17	34	M	3.34	2.89
16	M	0.58	0.58	35	M	0.73	0.72
17	M	1.16	0.29	36	M	0.73	1.44
18	F	0.29	1.01	37	M	0.00	0.43
19	F	3.05	1.88	38	F	0.00	0.00

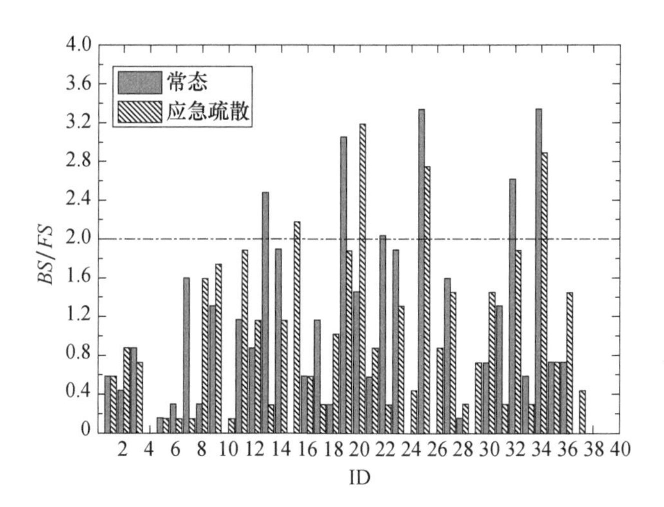

图 3.13 低年级小学生群体 G6 的*BS* 值和*FS* 值统计图

图 3.14 为根据公式（3.11）和（3.12）计算得到的高年级小学生群体 G7 各个体常态下的 *BS* 值和疏散中 *FS* 值，同样可以看出个体在常态下的被信任度和在疏散中的被追随度不同。在该群体中，成员数量较多，因此产生的意见领袖和疏散中的领导者也随之增多。常态下的意见领袖为个体 1 号、4 号、8 号、27 号、33 号、48 号、50 号、58 号、59 号和 60 号，共 10 位；疏散中的领导者为个体 4 号、25 号、33 号、35 号、36 号、45 号、53 号、58 号和 60 号，共 9 位。

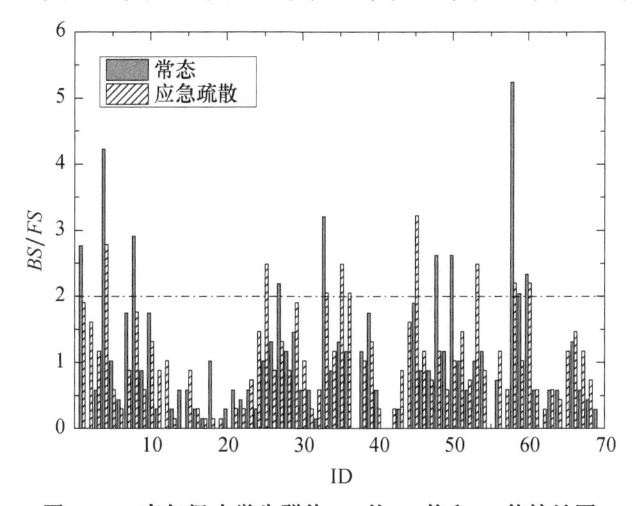

图 3.14 高年级小学生群体 G7 的*BS* 值和*FS* 值统计图

进一步统计两个年级不同性别学生的被信任度和被追随度，如图 3.15 和图 3.16 所示，可以发现，群体中不同性别学生在常态和应急状态下的影响力有所不同，同性别的学生在同一状态下的影响力会出现一定的分化现象。

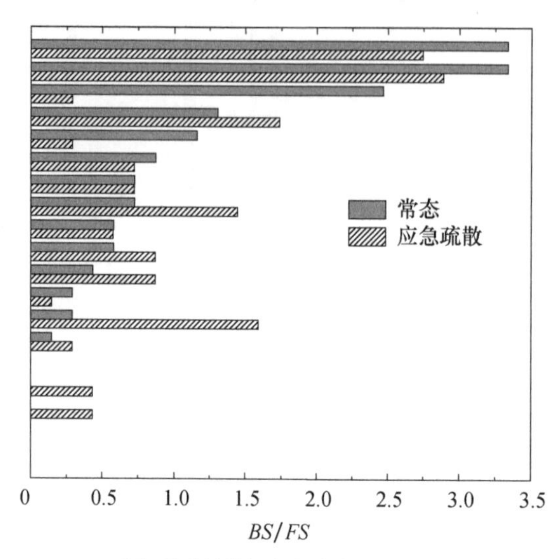

(a) 男生被信任度和被追随度统计图

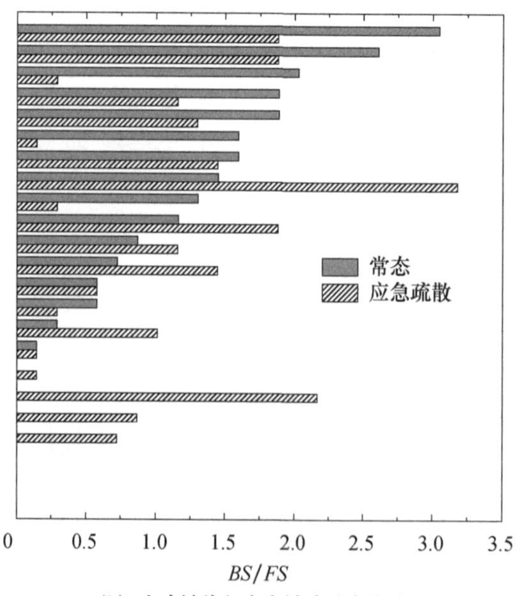

(b) 女生被信任度和被追随度统计图

图 3.15　不同性别低年级小学生群体 G6 的 *BS* 值和 *FS* 值统计图

注：本图中（a）（b）图均以常态被信任度 BS 值从大到小排列。

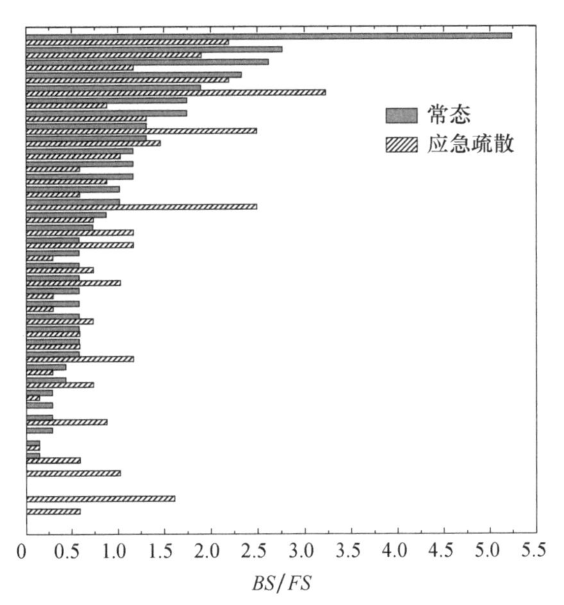

(a) 男生被信任度和被追随度统计图

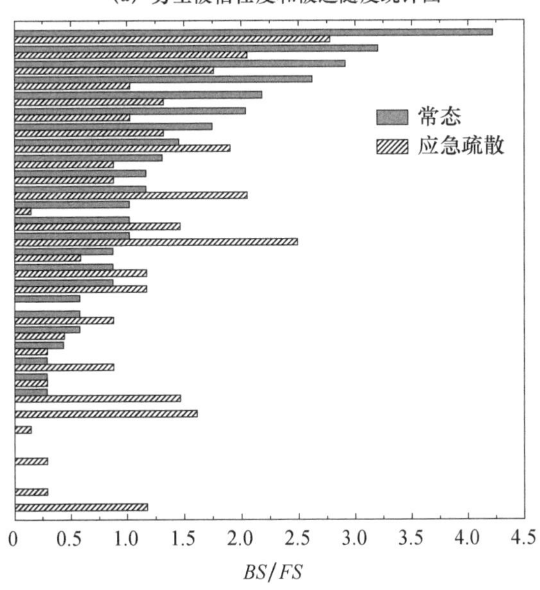

(b) 女生被信任度和被追随度统计图

图 3.16 不同性别高年级小学生群体 G7 的*BS* 值和*FS* 值统计图

注：本图中（a）（b）图均以常态被信任度 BS 值从大到小排列。

两个年级小学生不同性别学生平均信任度和平均追随度，见表 3.8。可以看出，两个年级的男生同学在常态和应急状态下的平均影响力都小于女生同学，且女生同学相对男生同学在常态和应急状态下的影响力差异性更大，这也可以由图 3.15 和图 3.16 所示的部分数据看出（如图 3.16 中部分女同学在应急状态时，其在所在班级中的影响加大幅度提高）。这说明在小学生群体中，女生对群体决策的平均影响力更大，且个体在应急疏散中相对其在常态中会表现出更大的差异性。对不同年级来说，高年级小学生和低年级男同学在应急状态下的个体平均影响力都有所下降，但低年级女同学的个体平均影响力有略微上升。这可能是因为处于小学阶段的孩子，女生在生理、心理、认知等各方面发育稍早于男生，女生在班级决策或活动中表现的影响力更大，特别是对于低年级女性小学生来说，其在紧急情况下所表现出的决策平均引导作用更强。

表 3.8 不同性别学生平均信任度和平均追随度

影响度		低年级小学生	高年级小学生
平均被信任度	男	0.96	1.01
	女	1.04	1.06
平均被追随度	男	0.94	0.77
	女	1.05	1.03
平均差异度	男	0.50	0.60
	女	0.76	0.64

同理，基于公式（3.11）和公式（3.12），可以得出初中生群体 G8 各个体常态下的 *BS* 值和疏散中的 *FS* 值，如图 3.17 所示。群体常态下的意见领袖为个体 9 号、21 号和 27 号，共 3 位；疏散中的领导者为个体 9 号、16 号、18 号、21 号和 27 号，共 5 位。

3.2.2.2 大学生群体的意见领袖和领导者

针对大学生群体，我们选择实验 3 中获得的数据，采用公式（3.9）和公式（3.10），计算了各个体常态下的 *BS* 值和疏散中的 *FS* 值，如表 3.9 所示，由于编号为 3、6、20 的 3 位同学在群体 G3 中表现出较明显的游离特性，21 号同学的数据不慎遗失，这 4 位同学的 *BS* 值和 *FS* 值不在表中列出。由意见领袖和疏散领导者的定义可知，大学生群体 G3 在常态中的意见领袖包括编号为 4、17、22、25 和 29 的同学；大学生群体 G3 在疏散过程中的领导者包括编号为 4、5、9、17 和 22 的同学。

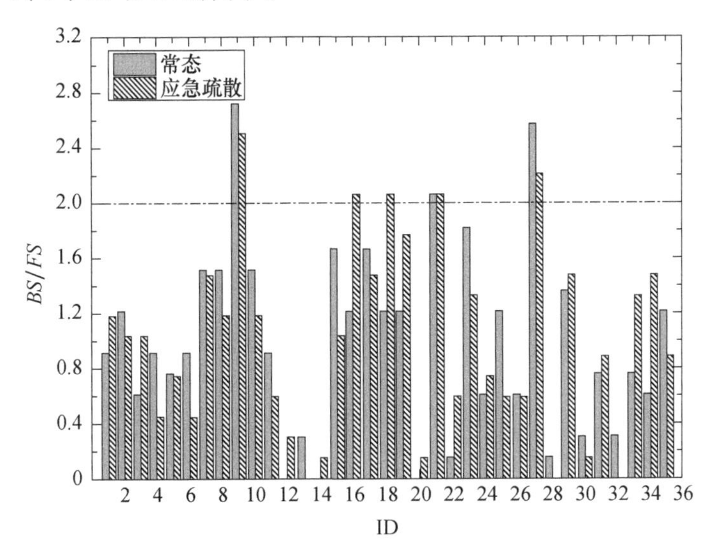

图 3.17 初中生群体 G8 的BS 值和FS 值统计图

表 3.9 大学生群体 G3 的 BS 值和 FS 值统计表

ID	性别	*BS*	*FS*	ID	性别	*BS*	*FS*
1	F	0.46	0.30	16	F	0.39	0.34
2	F	0.03	0.17	17	F	0.64	0.56
4	M	0.81	0.49	18	F	0.01	0
5	F	0.21	0.40	19	F	0.22	0.07
7	F	0.38	0.32	22	M	0.74	0.41
8	F	0.24	0.24	23	M	0.02	0.15
9	F	0.21	0.42	24	M	0.22	0.20
10	F	0.29	0.24	25	M	0.60	0.29
11	F	0.41	0.31	26	M	0.14	0.28
12	F	0.14	0.18	27	M	0.32	0.26
13	F	0.35	0.12	28	M	0.27	0.24
14	F	0.22	0.30	29	M	0.65	0.35
15	F	0.42	0.25	30	M	0.24	0.22

3.2.2.3 以实验室研究生为代表群体的意见领袖和领导者

以实验室研究生为代表的群体 G1 包括 30 人，成员的编号是 4~33，根据实验数据，采用公式（3.9）和公式（3.10）计算了该群体各个体常态下的 *BS* 值和疏散中的 *FS* 值，如表 3.10 所示（因 6 号和 20 号人员数据丢失，在表中未列出）。根据意见领袖和疏散领导者的定义，该群体在常态中的意见领袖包括编号为 8、11、28 和 31 的研究生；在疏散过程中的领导者包括编号为 8、11、14 和 31 的研究生。

表 3.10 以实验室研究生 G1 为代表群体的 *BS* 值和 *FS* 值统计表

ID	性别	*BS*	*FS*	ID	性别	*BS*	*FS*
4	F	0.22	0.20	19	M	0.03	0.23
5	F	0.13	0.24	21	M	0.03	0.10
7	M	0.00	0.19	22	M	0.32	0.13
8	M	0.66	0.42	23	F	0.02	0.01
9	M	0.13	0.09	24	M	0.22	0.13
10	M	0.39	0.11	25	F	0.00	0.15
11	M	0.73	0.42	26	M	0.14	0.23
12	F	0.04	0.28	27	M	0.32	0.12
13	F	0.30	0.33	28	M	0.67	0.12
14	M	0.13	0.56	29	F	0.35	0.12
15	F	0.42	0.39	30	M	0.12	0.22
16	M	0.09	0.15	31	M	0.61	0.44
17	M	0.34	0.24	32	M	0.14	0.12
18	F	0.11	0.19	33	M	0.00	0.24

3.2.2.4 家庭关系群体的意见领袖和领导者

家庭亲属关系组成的群体 G2 共包括 30 人，成员的编号是 40~69，包括 5 个完整的家庭。为了更好地体现家庭属性，将家庭中的孩子性别标注为“Child”。根据实验数据，采用公式（3.11）和公式（3.12）计算该群体各个体常态下的 *BS* 值和疏散中的 *FS* 值，如表 3.11 所示。由该表可以看出，编号 50 和 60 的人员在该群体常态社会关系中被信任程度相对较高，但是该群体在疏散过程中平均 $FS \approx 0.15$，而按照领导者的定义，两人的追随度没有大于 2 倍的平均追随度，可见该群体在疏散过程中没有形成领导者。综合考虑该群体在疏散实验中的追随关系网络图可以发现，该群体在疏散过程中几乎都以家庭为单位进行疏散，追随行为只在家庭内部成员间发生，每个家庭都形成了一个小团体，这种情况下，难以形成领导者。

表 3.11　家庭关系群体 G2 的 *BS* 值和 *FS* 值统计表

ID	性别	*BS*	*FS*	ID	性别	*BS*	*FS*
40	M	0.20	0.09	55	F	0.30	0.02
41	Child	0.08	0.26	56	Child	0.07	0.02
42	F	0.10	0.16	57	Child	0.06	0.00
43	Child	0.09	0.24	58	M	0.14	0.10
44	F	0.28	0.00	59	M	0.24	0.02
45	Child	0.24	0.32	60	M	0.42	0.17
46	Child	0.13	0.10	61	M	0.10	0.21
47	M	0.24	0.02	62	F	0.02	0.00
48	M	0.17	0.27	63	M	0.17	0.16
49	M	0.08	0.30	64	M	0.21	0.24
50	F	0.52	0.10	65	F	0.05	0.30
51	Child	0.09	0.02	66	Child	0.17	0.07
52	M	0.26	0.17	67	F	0.12	0.26
53	M	0.16	0.21	68	F	0.00	0.16
54	M	0.24	0.32	69	M	0.00	0.24

3.2.3　疏散中领导者的特点

根据组织行为学理论，一个人是否能够成为领导或者说他的组织能力如何，与他本身的生理、心理、性格等特性相关。为了进一步研究疏散中的领导者是否与个体的性别、心理、生理特点以及个体在常态中的社会关系等因素有关，笔者将对疏散中的领导者与常态中意见领袖、智商、性别以及疏散速度的关系进行分析。

3.2.3.1　领导者与意见领袖

上文对各个典型群体常态下的意见领袖和应急疏散中的领导者进行了识别，这让人很容易提出一个问题：二者是否有关联？接下来我们对各个典型群体中的意见领袖和疏散中的领导者的特征及其两者的关系进行了统计分析，如表 3. 12 和表 3. 13。

表 3. 12 不同群体常态中的意见领袖和疏散中的领导者统计

对象	人数比例（男：女）	常态意见领袖 ID		疏散领导者 ID	
		男	女	男	女
低年级小学生群体 G6	17：21	34，25，13	19，22，32	34，25	20，15
高年级小学生群体 G7	38：31	1，48，58，60	4，8，27，33，50，59	25，35，45，58，60	4，33，36，53
初中生群体 G8	19：16	9，27	21	9，27，18	16，21
大学生群体 G3	11：19	4，22，25，29	17	4，22	5，9，17
实验室研究生群体 G1	11：19	8，11，28，31	无	8，11，31	14
家庭亲属群体 G2	17：13	60	50	无	无

表 3. 13 不同群体意见领袖和领导者比例统计

对象	人数比例（男：女）	意见领袖（男：女）	领导者（男：女）	领导者/总人数
低年级小学生群体 G6	17：21	1：1	1：1	2/19
高年级小学生群体 G7	38：31	2：3	5：4	9/69
初中生群体 G8	19：16	2：1	3：2	1/7
大学生群体 G3	11：19	4：1	2：3	1/6
实验室研究生群体 G1	11：19	4：0	3：1	2/15
家庭亲属群体 G2	17：13	1：1	无	无

由上表可以看出，除了家庭亲属关系组成的群体，其他典型群体在常态和疏散中都会有相应的意见领袖和领导者产生。由于家庭亲属关系的特殊性，我们对其领导者和意见领袖的特征不作分析。对于小学生群体和初中生群体，可以看出常态和疏散中都会有相应的男女意见领袖和男女领导者产生。低年级小学生和初中生男女意见领袖的比例大于其固定群体总人员的男女比例，说明这两类学生群体中男生意见领袖产生的可能性大于女生意见领袖。而高年级小学生与之相反，女生意见领袖出现的可能性更大。对于疏散中的领导者，可以发现各类学生群体中男女领导者比例都略高于其固定群体总人员的男女比例，说明三类学生群体疏散中的领导者都更容易在男同学中产生。而对比三类学生群体中产生的领导者的个数与相应群体总人数，可以发现相同学生人数下，固定学生群体中产生的领导者个数，初中生>高年级小学生>低年级小学生。但总体而言，学生群体出现的领导者占比在 10%～14. 5%。对于大学生群体，

可以发现不管常态意见领袖还是疏散领导者，男生比例都要大于女生比例，同时相对前面几类学生，在相同人数下可能会出现更多的领导者。对于以实验室研究生为主的群体，男意见领袖占100%，男领导者相对占比更大。由以上分析说明，具有稳定社会关系的群体在疏散过程中更容易出现男性领导者。同时，由表3.12可以明显看出，各类群体在疏散中的领导者与常态下的意见领袖具有部分重合性，说明疏散中的领导者部分来自常态下的意见领袖。

3.2.3.2 领导者与速度

结合疏散演习实验中的视频数据分析，可以得到各次疏散实验中疏散者的速度，下面重点分析除由意见领袖转化成疏散中的领导者之外，新产生的领导者与其速度的关系，重点选择表3.1中的大学生群体G3实验3以及以实验室研究生为代表的群体G1实验1来具体分析。

由表3.12和表3.13可以得知，大学生群体G3在疏散过程中形成的领导者有4号、5号、9号、17号和22号，其中4号、17号和22号是常态中的意见领袖，除此之外5号和9号是在疏散过程中新产生的领导者。我们对G3中所有的意见领袖和领导者的疏散速度进行了分析，并与群体平均速度进行了对比，具体如图3.18所示。其中，图中圈出的编号5和9是疏散过程中新产生的领导者，很明显可以看出，两位领导者的速度都大于1.1m/s，远远大于平均值，且都是该群体中速度较快的人员。表3.14是大学生群体G3在实验中平均速度较快的人员统计排名。

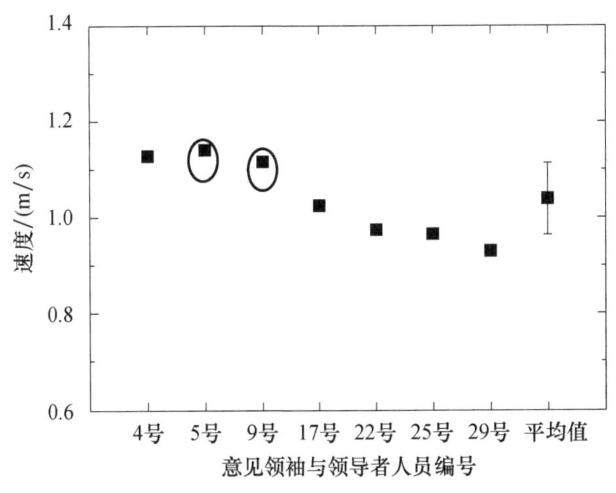

图3.18 大学生群体G3中意见领袖与领导者的疏散速度

表 3.14 大学生群体 G3 在实验中平均速度位于前列的人员统计

实验对象	第一名	第二名	第三名
大学生群体 G3 人员编号	5	4	9

以实验室研究生为代表的群体 G1 在疏散过程中形成的领导者有 8 号、11 号、14 号和 31 号，其中 8 号、11 号和 31 号是常态中的意见领袖，除此之外 14 号是在疏散过程中新产生的领导者。我们对 G1 中所有的意见领袖和领导者的疏散速度进行了分析，并与群体平均速度进行了对比，具体如图 3.19 和表 3.15 所示。图中圈出的编号 14 是疏散过程中新产生的领导者，很明显可以看出，编号 14 的速度远远大于平均值，且由表 3.15 可知，14 号人员速度在 G1 群体疏散过程中最快。

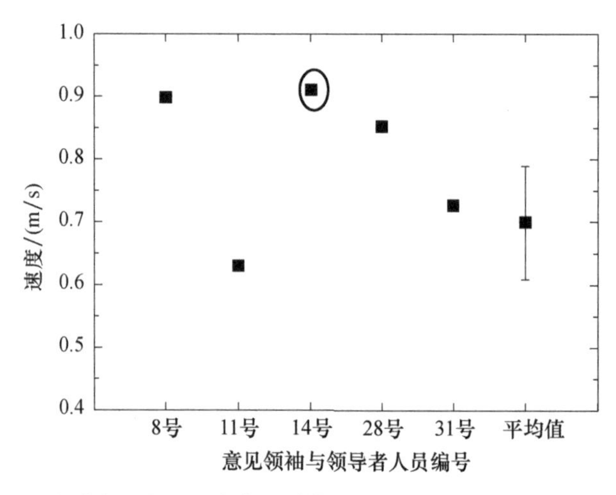

图 3.19 以实验室研究生为代表的群体 G1 中意见领袖与领导者的疏散速度

表 3.15 以实验室研究生为代表的群体 G1 在实验中平均速度位于前列的人员统计

实验对象	第一名	第二名	第三名
实验室研究生群体 G1 人员编号	14	8	28

通过对 G1 和 G3 中领导者与速度的分析可以得出如下结论：除由常态中的意见领袖转化成疏散中的领导者之外，新产生的领导者可能来自疏散过程中速度较快的人。

3.2.3.3 领导者与智商

为了进一步研究大学生群体G3中个体的领导力与智商之间的关系，笔者同时对30名被试人员进行了智商测试。智商测试选择了国际通用的“斯坦福-国际标准智商测试”，包括60道题，在45分钟之内完成。每位人员完成测试后网上会自动生成结果（IQ），同时被试人员的左脑智商（IQ_L）和右脑智商（IQ_R）也会一并生成。实验前没有提前通知被试人员相关信息，通过事后访问得知，大学生群体G3中所有个体都是第一次进行此类智商测试，测试结果有效。

结合前述分析和介绍，笔者具体分析了30位被试人员被信任度（*BS*）和被追随度（*FS*）与智商（IQ）之间的关系。图3.20、图3.21和图3.22分别表示大学生群体G3中个体在常态中的被信任程度与IQ、IQ_L和IQ_R的关系；图3.23、图3.24、图3.25分别表示大学生群体G3中个体在疏散中的被追随程度与IQ、IQ_L和IQ_R的关系。其中方块表示女性被试人员，三角表示男性被试人员。

从图3.20、图3.21和图3.22可以得出以下结论：①常态下群体中个体的领导能力与智商没有直接关系；②群体G3常态中的意见领袖更容易在男性中产生，而且男性意见领袖智商都比较高，女性意见领袖反而智商相对偏低。从图3.23、图3.24、图3.25可以得到：群体G3在紧急疏散中产生的领导者受性别影响较小，男女比例均等，能否成为领导者与智商没有直接关系。

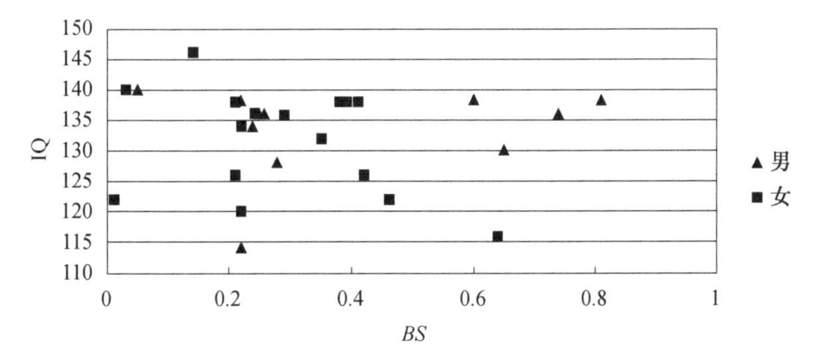

图3.20 大学生群体G3中个体在常态中的被信任度（*BS*）与智商（IQ）的关系

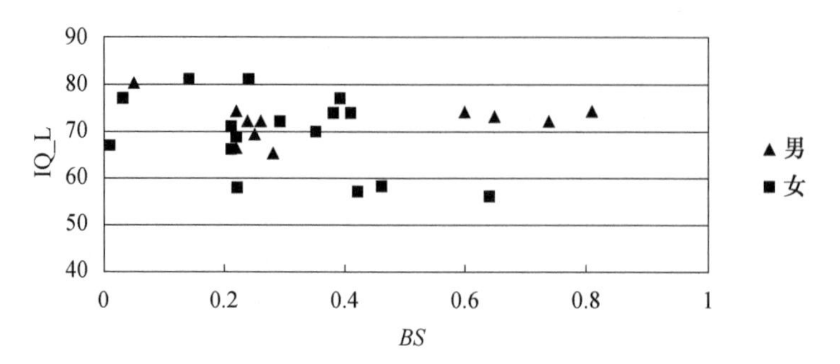

图 3.21 大学生群体 G3 中个体在常态中的被信任度（*BS* ）与左脑智商（IQ_L）的关系

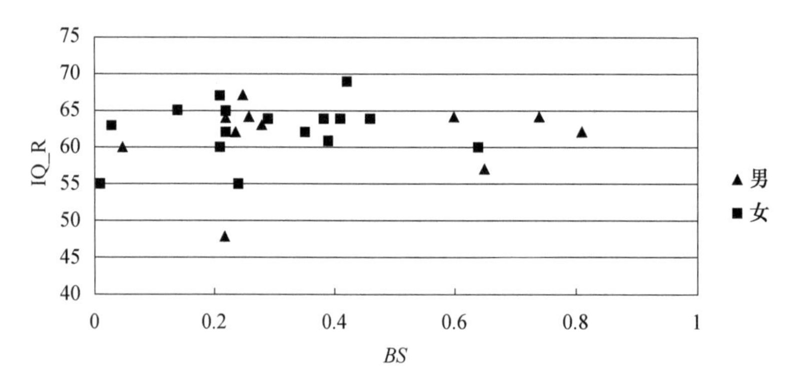

图 3.22 大学生群体 G3 中个体在常态中的被信任度（*BS* ）与右脑智商（IQ_R）的关系

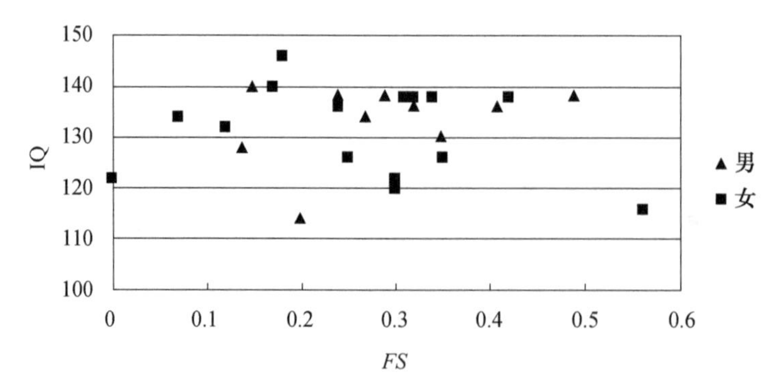

图 3.23 大学生群体 G3 中个体在疏散过程中的被追随程度（*FS* ）与智商（IQ）的关系

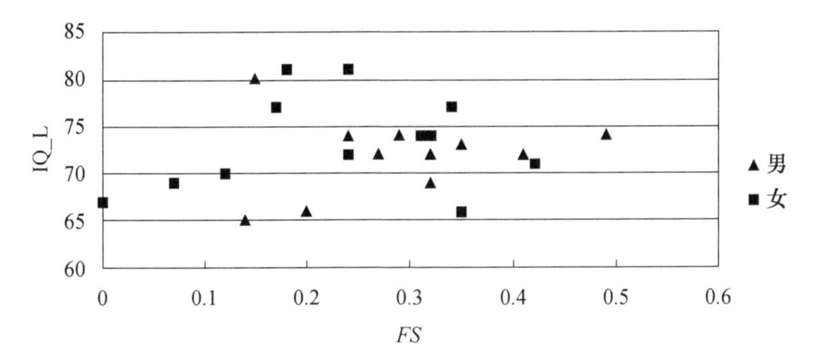

图 3.24 大学生群体 G3 中个体在疏散过程中的被追随程度（*FS*）与左脑智商（IQ_L）的关系

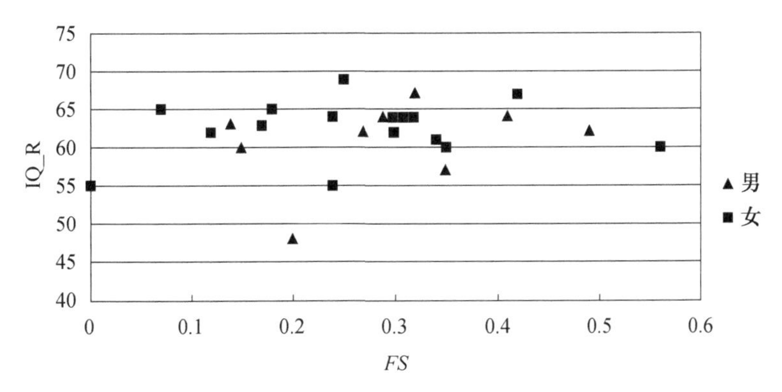

图 3.25 大学生群体 G3 中个体在疏散过程中的被追随程度（*FS*）与右脑智商（IQ_R）的关系

此外，经过分析与统计，大学生群体 G3 中的 30 名被试人员在进行整套测试中，完成的最短时间是 37 分钟，最长时间是 46 分钟。G3 中群体的智商范围在 113~147，平均智商是 130，远高于我国青年人口的平均智商 105。该群体是国内知名高校的在校大学生，他们代表了同龄青年人中的佼佼者，分析结果可能具有一定的片面性。

3.2.4 疏散中领导者的稳定性

前面我们主要分析了疏散领导者的心理、生理等特点，而具有稳定关系的群体中的领导者是否具有稳定性呢？这对制定疏散策略具有十分重要的意义。基于此，为了研究具有稳定社会关系的同一群体中的领导者是否具有稳定性，笔者选择大学生群体 G3 进行了跟踪研究，在一年之后对大学生群体 G3 进行了相同条件下的疏散实验，通过对比两次疏散实验的结果来分析该疏散群体的追随行为和领导行为的变化情况。两次实验相隔时间较长，排除了人员学习效应，实验数据具有可信性。在后一年实验中，个别同学由于自身和外界原因，不能参加实验，因此共有 22 位同学志愿者。后一年实验的其他设计细节在这里不作详细阐述。

3.2.4.1 后一年大学生群体的常态社会关系网络和疏散追随关系网络

与前文类似，同样采用社会网络分析方法获取后一年实验的大学生群体 G3 的常态信任关系矩阵和疏散追随关系矩阵，采用 Pajek 软件得到大学生群体 G3 常态下的社会关系网络图和疏散中追随关系网络图。为了对比分析两次实验群体 G3 疏散行为的变化，考虑到学生群体 G3 中另外一种重要的关系——宿舍关系，G3 群体中学生的宿舍关系如表 3.16 所示，我们进一步基于宿舍关系和性别关系展示了大学生群体 G3 常态社会关系网络和疏散追随关系网络，如图 3.26 和图 3.27 所示。[1]

表 3.16 G3 疏散群体的宿舍关系和颜色表

宿舍序号	成员编号	节点颜色
1	8，9，11，14，15	黄色
2	1，5，7，16，17，19	绿色
3	10，12，13，18	红色
4	25，26，28	宝蓝色
5	4，21，22，27	淡粉色
6	23，24，29	白色
7	2	橘红色
8	30	紫色
9	20，3，6（另一班级）	天蓝色

[1] 原实验关系图为彩色图片，采用多种颜色进行区分，此处仅作为示意图。

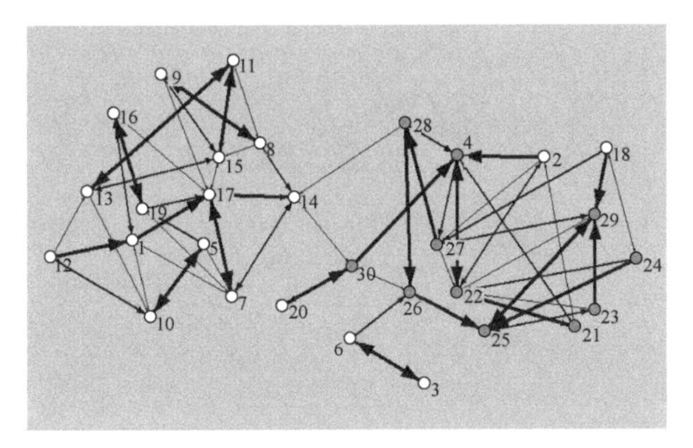

(a) 基于性别的常态社会关系网络图

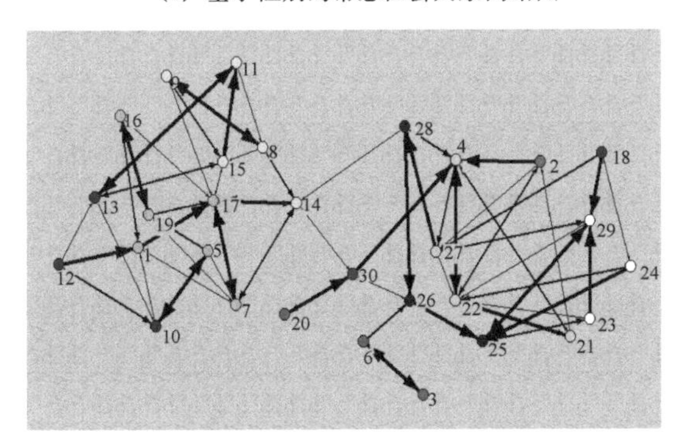

(b) 基于宿舍的常态社会关系网络图

图 3.26 前一年大学生群体 G3 的常态社会关系网络图

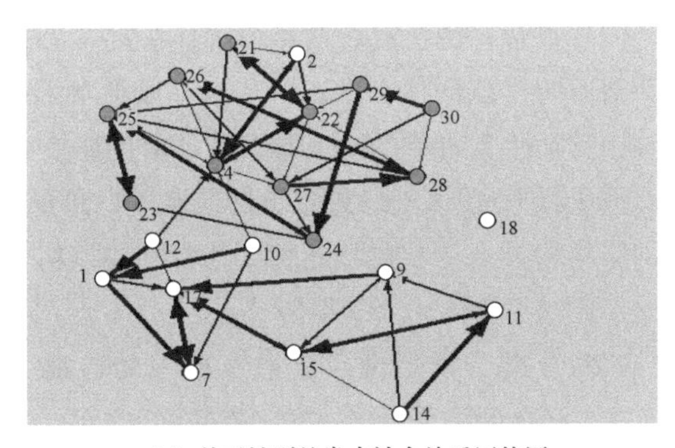

(a) 基于性别的常态社会关系网络图

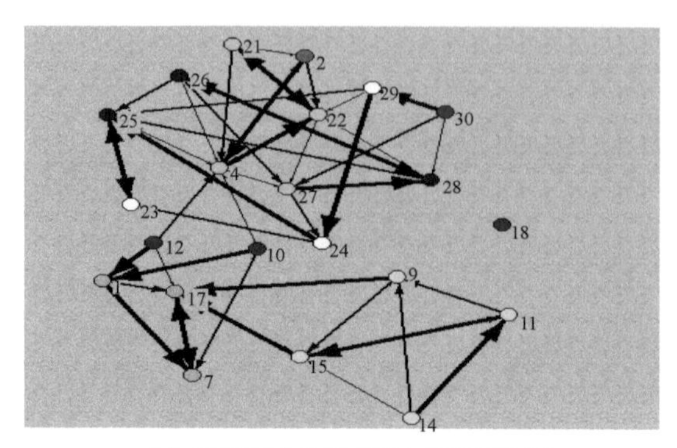

(b) 基于宿舍的常态社会关系网络图

图 3.27 后一年大学生群体 G3 的社会关系网络图

图 3.26 是前一年大学生群体 G3 的常态社会关系网络图，图中共有 30 个节点；图 3.27 是后一年大学生群体 G3 的常态社会关系网络图，共有 22 个节点。图中的每个节点代表了群体中的个体，比如图 3.26 中的节点 24 与图 3.27 中的节点 24 表示前一年实验和后一年实验的同一人，均指群体中编号为 24 的同学。图 3.26（a）和图 3.27（a）表示群体基于性别的常态社会关系网络，图中无色节点表示女性疏散者，灰色节点代表男性疏散者，图 3.26（b）和图 3.27（b）表示群体基于宿舍的常态社会关系网络，同一种颜色的节点表示同属一个宿舍，比如绿色节点 1、7 和 17 是舍友关系，具体宿舍情况见表 3.16。通过分析可以得到：①图 3.27（a）中一共有 60 条边（双向箭头算两条），其中 42 条边与图 3.26（a）重合，说明前后两年该群体中的常态社会关系变化很小，相对稳定。②前后两年该群体在常态中基本都以男女形成两大子群，并且其中前一年实验中的女性 2 和 14 在该班级男女子群的连接中起到关键作用，后一年实验中的女性 2 和 12 在该班级男女子群的连接中起到关键作用，说明该群体社会关系网络结构具有一定的稳定性。③有一些以宿舍成员为单位的小团体具有稳定性，比如小团体 4、22 和 27 等。

图 3.28 和图 3.29 分别为前后两年疏散实验中的追随关系网络图。同图 3.26 和图 3.27 常态社会网络关系图一样，我们可以发现，不管是基于性别还是基于宿舍关系，前后两年大学生群体 G3 的追随关系结构和追随关系都具有一定的相似性，说明稳定社会关系的大学生群体在一定时间内疏散行为具有一定的稳定性。

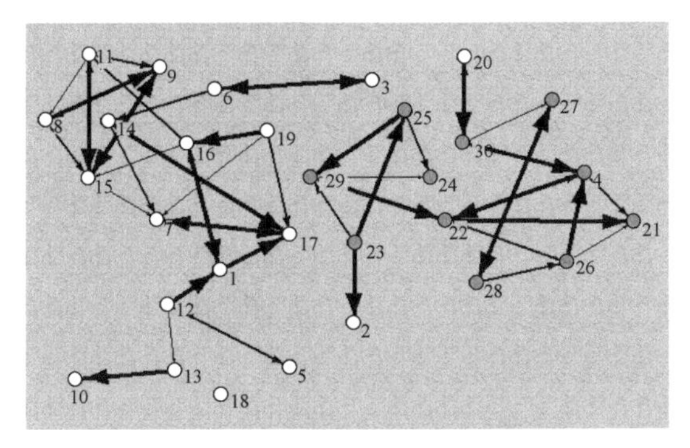

(a) 基于性别的疏散追随关系网络图

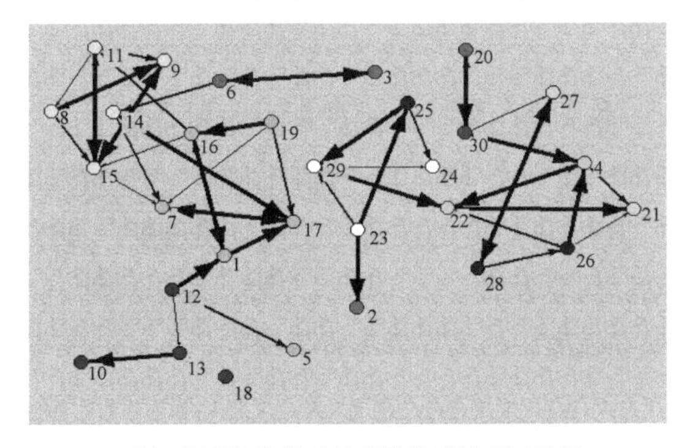

(b) 基于宿舍关系的疏散追随关系网络图

图 3.28 前一年大学生群体 G3 疏散追随关系网络图

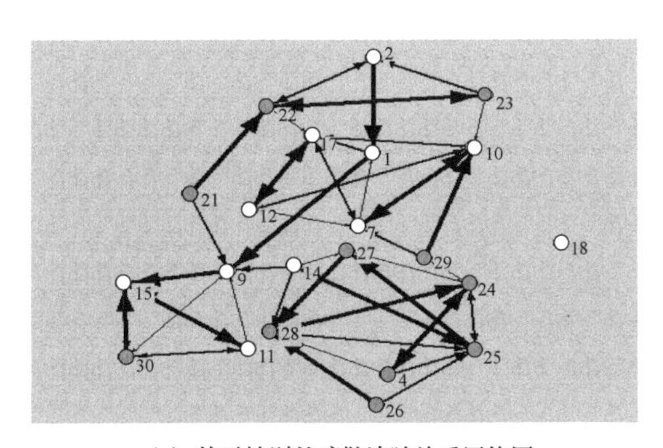

(a) 基于性别的疏散追随关系网络图

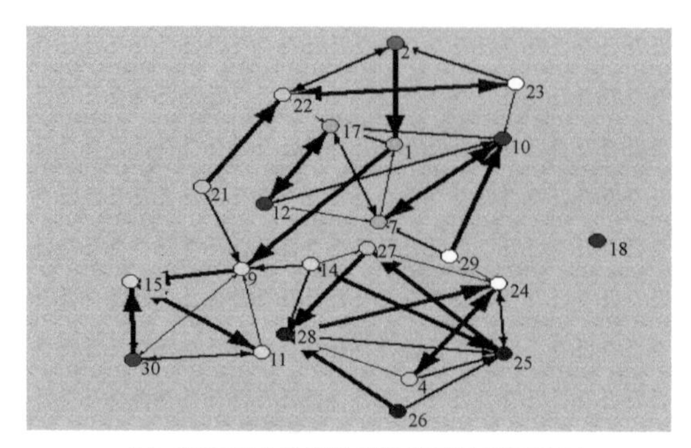

(b) 基于宿舍关系的疏散追随关系网络图

图 3.29 后一年大学生群体 G3 疏散追随关系图

3.2.4.2 后一年大学生群体的意见领袖和领导者

根据公式（3.9）和公式（3.10）被信任度 *BS* 和被追随度 *FS* 的定义，我们得到了后一年大学生群体 G3 的被信任度和被追随度，具体如表 3.17 所示；同时根据意见领袖和领导者的定义和提取方法，我们对后一年大学生群体 G3 常态中的意见领袖和疏散中的领导者进行了提取，具体如表 3.18 所示。

表 3.17 后一年大学生群体 G3 每个人的被信任度和被追随度统计

编号	1	2	4	7	9	10	11	12	14	15	17
性别	F	F	M	F	F	F	F	F	F	F	F
BS	0.46	0.16	0.6	0.5	0.38	0.08	0.34	0.3	0.2	0.54	0.64
FS	0.22	0.13	0.13	0.21	0.45	0.30	0.24	0.09	0.09	0.48	0.48

编号	18	21	22	23	24	25	26	27	28	29	30
性别	F	M	M	M	M	M	M	M	M	M	M
BS	0.02	0.6	0.64	0.5	0.52	0.8	0.28	0.28	0.16	0.45	0.14
FS	0.10	0	0.42	0.14	0.30	0.43	0.23	0.15	0.37	0.02	0.23

表 3.18 前后两年大学生群体 G3 常态中的意见领袖和疏散中的领导者统计

年份	常态意见领袖	紧急疏散中的领导者
前一年	4, 17, 22, 25, 29	4, 5, 9, 17, 22
后一年	4, 17, 21, 22, 25	9, 15, 17, 22, 25

由表3.17和表3.18可以看出，后一年的意见领袖是4号、17号、21号、22号和25号，其中的4号、17号、22号和25号也是前一年的意见领袖，重合率为80%，表明大学生群体G3这个固定群体中的意见领袖具有稳定性；后一年紧急疏散中的领导者包括9号、15号、17号、22号和25号，其中的9号、17号和22号也是前一年疏散过程中的领导者，重合率为60%，表明大学生群体G3这个固定群体在疏散中的领导者具有一定的稳定性。同时，后一年疏散领导者中的17号、22号和25号也是两年中的常态意见领袖，这进一步验证了同一疏散群体中紧急疏散中的领导者一部分来自常态中的意见领袖。而经过视频数据分析可以得知，9号和15号作为后一年新产生的领导者都是疏散过程中速度较快的人，从而进一步验证了疏散中新产生的领导者可能来自速度较快的人。总体来说，具有稳定社会关系的大学生群体在一定时间内的疏散行为和领导者都有一定的稳定性。

第 4 章

建筑内应急疏散中的群组行为

群组行为也叫小群体行为，是由群组中的个体及其构成的整体在常态运动和紧急疏散中表现的行为。由于人的社会性，行人成组现象十分普遍，研究表明，在日常活动状态下 70% 以上的行人是以群组形式运动的。[1] 紧急疏散中群组行为也是屡见不鲜，相关人员通过对“9·11”事件中人员行为的调查发现，90% 左右的行人在预疏散阶段形成群组。[2] 群组运动不同于个体行人运动，每个群组成员不但要关注自身的运动行为，还要考虑整个群组的运动状态，同时群组的异质性属性又使不同的群组表现出不同的运动状态和行为，群组运动相对于个体行人运动更为复杂。因此，有必要开展群组行为规律和疏散动力学研究，深入分析群组行为对大规模人群运动规律的影响，为大规模人群的有效疏散和安全管理提供指导。

群组行为研究的重要性受到国内外不同研究领域学者的关注。目前，对群组行为的研究主要从两方面展开：一方面，采用实地观察和有控实验对群组及其成员的运动特征如运动速度、人际距离、空间构型、偏向角度、迈步频率等及其影响因素进行提取和分析[3][4][5]；另一方面，主要是通过改进

---

〔1〕 Moussaïd M, Perozo N, Garnier S, et al. The walking behaviour of pedestrian social groups and its impact on crowd dynamics[J]. Plos One, 2010, 5 (4): e10047.

〔2〕 Blake S, Galea E, Westang H, et al. An analysis of human behaviour during the WTC disaster of 9/11 based on published survivor accounts[C]. 3rd International Symposium on Human Behaviour in Fire. Greenwich, London, UK, 2004: 181-192.

〔3〕 Zanlungo F, Yücel Z, Bršćić D, et al. Intrinsic group behaviour: Dependence of pedestrian dyad dynamics on principal social and personal features[J]. Plos One, 2017, 12 (11): e0187253.

〔4〕 魏晓鸽. 考虑群组行为的人员运动实验与模型研究[D]. 中国科学技术大学, 2015.

〔5〕 Seike M, Kawabata N, Hasegawa M. Evacuation speed in full-scale darkened tunnel filled with smoke[J]. Fire Safety Journal, 2017, 91: 901-907.

和修正现有模型如社会力模型[1][2][3][4][5]、元胞自动机模型[6][7][8]和自主体模型[9][10][11][12]等来刻画群组行为，分析群组行为对个体和人群运动动力学的影响。就目前的研究来看，群组行为的研究主要基于行人常态下或自然运动状态下的数据，疏散中群组行为的动力学特征研究较少，而且现有群组模型的开发和改进也主要基于对常态群组运动行为的分析数据。实际疏散中群组行为对人群运动的影响效果还不明确，特别是楼梯等特殊场所，需要开展更多的群组疏散实验。另外，社会关系的存在是常态中群组行为产生的主要原因，如朋友关系产生的群组、亲属关系产生的群组等。那么具有固定关系的群体在疏散中的群组是如何产生的呢？是否依然受到社会关系的主要影响？不同约束条件下产生的群组行为对人群疏散有何影响？带着这些问题，本章从不同角度分析了建筑内紧急疏散过程中群组行为规律以及动力学特性。

---

〔1〕 Xu S, Duh H B L. A simulation of bonding effects and their impacts on pedestrian dynamics[J]. IEEE Transactions on Intelligent Transportation Systems, 2009, 11 (1): 153-161.

〔2〕 Guo N, Jiang R, Hu M B, et al. Escaping in couples facilitates evacuation: Experimental study and modeling[J]. Physics, 2015.

〔3〕 Zanlungo F, Ikeda T, Kanda T. Potential for the dynamics of pedestrians in a socially interacting group[J]. Physical Review E, 2014, 89 (1): 012811.

〔4〕 Li Y, Liu H, Liu G, et al. A grouping method based on grid density and relationship for crowd evacuation simulation[J]. Physica A: Statistical Mechanics and its Applications, 2017, 473: 319-336.

〔5〕 Wang J, L Nan, Z Lei. Small group behaviors and their impacts on pedestrian evacuation[C]. The 27th Chinese Control and Decision Conference. IEEE, 2015: 232-237.

〔6〕 Lu L, Chan C, Wang J, et al. A study of pedestrian group behaviors in crowd evacuation based on an extended floor field cellular automaton model[J]. Transportation Research Part C: Emerging Technologies, 2017, 81: 317-329.

〔7〕 Hu J, Sun H, Gao G, et al. The group evacuation behavior based on fire effect in the complicated three-dimensional space[J]. Mathematical Problems in Engineering, 2014 (4): 1-7.

〔8〕 Köster G, Seitz M, Treml F, et al. On modelling the influence of group formations in a crowd [J]. Contemporary Social Science, 2011, 6 (3): 397-414.

〔9〕 Vizzari G, Manenti L, Crociani L. Adaptive pedestrian behaviour for the preservation of group cohesion[J]. Complex Adaptive Systems Modeling, 2013, 1 (1): 1-29.

〔10〕 Qiu F, Hu X. Modeling group structures in pedestrian crowd simulation[J]. Simulation Modelling Practice and Theory, 2010, 18 (2): 190-205.

〔11〕 Qiu F, Hu X. A framework for modeling social groups in agent-based pedestrian crowd simulations [J]. International Journal of Agent Technologies and Systems, 2012, 4 (1): 39-58.

〔12〕 Crociani L, Zeng Y, Gorrini A, et al. Investigating the effect of social groups in uni-directional pedestrian flow[C]. International Conference on Traffic and Granular Flow. Springer, Cham, 2017: 205-213.

4.1 基于社会关系网络方法的群组行为研究

4.1.1 基于社会关系网络分析方法的群组行为定义

在第3章，我们基于社会网络分析方法对疏散中的领导和追随行为进行了分析。在此，为了进一步研究疏散过程中的群组行为，我们利用社会网络分析中“图”的相关定义，特提出疏散中追随关系网络图中凝聚子群的定义，借助于凝聚子群的概念来研究人群疏散中的群组行为。凝聚子群是社交网络分析的重要内容，其一般是指由任何两点都存在直接关系的节点所构成的集合。同凝集子群的定义类似，我们认为疏散中的群组是指一群两两之间具有直接追随关系的个体组成的集体。这符合疏散中群组互相追随、协同共进的行为特征。值得注意的是，当某一个体同时属于多个群组时，这些群组共同构成了规模较大的群组，原来的群组不再单独考虑。基于“图”的思想定义的疏散中的凝聚子群如下：

设通过追随矩阵Y生成的疏散追随关系网络图G=（V，E），子图$G_1 \subset G$，当且仅当G_1中的任意两点是可以相互到达的，则称G_1是G的凝聚子群。最小的凝聚子群包括2个节点。如果G_i与G_j都是G的凝聚子群，而且有节点$k \in G_i$同时$k \in G_j$，则$G_{ij} = G_i \cup G_j$定义为G的凝聚子群，而不再单独考虑G_i与G_j。

4.1.2 不同学生群体疏散中群组行为特征分析

基于凝聚子群的定义，选取第3章实验中四类具有稳定社会关系的学生群体进行群组行为特征的分析。如图4.1展示了初中生群体G8疏散实验过程中表现出来的群组行为情况。在疏散过程中，所研究的学生群体中共形成了7个群组，其中2人群组2个，分别为个体1和2（男），个体8和20（男）；3人群组4个，分别为个体7、26和34（男），个体10、19和35（女），个体21、23和5（女），个体15、17和27（男）；4人群组1个，为个体9、11、18和33（男）。括号中的文字表示群组的性别属性，当群组中的个体成员都为男性时，则群组性别属性为男；若群组中个体成员都为女性时，群组性别属性为女；若群组由男性和女性成员共同构成，则群组的性别属性为混合。

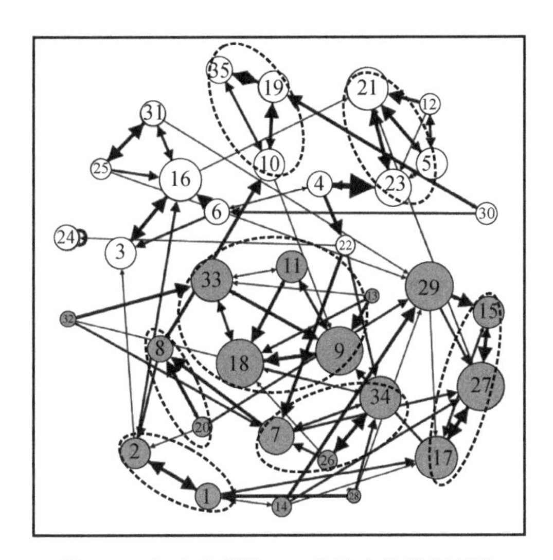

图 4.1 初中生群体 G8 疏散中的群组行为

表 4.1 为不同学生群体在疏散中所形成的群组数量和规模统计。在低年级小学生群体 G6 疏散实验过程中，共形成了 3 个群组，其中 2 人群组 1 个，对应的人员个体为 10 和 14（女）；3 人群组 1 个，对应的人员个体为 2、17 和 36（男）；4 人群组 1 个，对应的人员个体分别为 15、18、19 和 23（女）。在高年级小学生群体 G7 疏散实验过程中，共形成了 9 个群组，其中 2 人群组 4 个，对应的人员个体分别为 12 和 21（男），18 和 39（女），49 和 61（男），52 和 63（男）；3 人群组 3 个，对应的人员个体分别为 1、5 和 38（男），2、4 和 8（女），33、39 和 51（女）；4 人群组 2 个，对应的人员个体分别为 27、36、46 和 53（女），44、45、60 和 67（男）。在实验 4 大学生群体 G3 疏散实验过程中，共形成了 5 个群组，其中 2 人群组 4 个，对应的人员个体分别为 3 和 6（女），12 和 15（女），13 和 30（混合），23 和 29（男）；3 人群组 1 个，对应的人员个体为 7、14 和 17（女）。括号中的文字代表意义同上文。

表 4.1 不同学生群体疏散中群组信息统计

对象	参与人数	群组个数	群组规模（人数-数量）	群组性别属性（性别-组群数）
低年级小学生群体 G6	38	3	2-1、3-1、4-1	男-1，女-2
高年级小学生群体 G7	69	9	2-4、3-3、4-2	男-5，女-4

续表

对象	参与人数	群组个数	群组规模（人数-数量）	群组性别属性（性别-组群数）
初中生群体 G8	35	7	2-2、3-4、4-1	男-5，女-2
大学生群体 G3	30	5	2-4、3-1	男-1，女-3，混合-1

由表 4.1 可以发现，各类学生群体疏散过程中形成的群组规模即成员个体数目一般为 2 人、3 人和 4 人，特别是 2 人和 3 人群组所占群组比尤其之重，这与 Blake 和 Gelea 等[1]在对“9·11”事件人员疏散中群组行为研究结果一致，该研究发现 90% 的群组成员规模数量不超过 5 人且 2 人群组占其中的 60%。其原因之一是规模过大的群体结构在运动中不稳定[2]，特别是在人员密集环境中，规模较大的群组很容易被冲散打乱。而对比不同类学生群体中群组的规模可以看出，大学生群体疏散中形成的群组规模以 2 人为主，初中生 3 人群组居多，高年级小学生 2 人和 3 人群组比重相对较大，而低年级小学生各类群组较均匀。分析各类学生群体中群组数量与总人数的比可以发现，各类学生群体中群组个数所占自身群体人数比大概在 10%~20%之间，但初中生和大学生群体中的群组占比略高于小学生，各类学生群体中的群组占比依次为初中生（20%）、大学生（16.67%）、高年级小学生（13.04%）、低年级小学生（7.89%），这说明具有稳定关系的不同学生群体会造成群组比的差异。总体来讲，高年级学生形成群组的占比更明显。

从群组的性别属性看，各类学生群体中同一个群组内各成员的性别基本相同，只有大学生群体中形成的一组 2 人群组成员性别不同，经了解该群组中的两个成员为情侣关系，这种更重要、更坚固的社会关系打破了性别差异。

进一步对各学生群体中群组成员间的追随关系子网络与其对应的常态下的人际关系子网络和信任关系子网络对比分析，我们统计了常态社会关系对群组追随关系子网络的影响，详见表 4.2。可以看出，几乎所有群组成员间的追随关系至少有 50% 来自其常态下的人际关系和信任关系，多数群组达到 100%。这

---

〔1〕 Blake S，Galea E，Westang H，et al. An analysis of human behaviour during the WTC disaster of 9/11 based on published survivor accounts [C]. 3rd International Symposium on Human Behaviour in Fire. Greenwich，London，UK，2004：181-192.

〔2〕 Xi J，Zou X，Chen Z，et al. Multi-pattern of complex social pedestrian groups [J]. Transportation Research Procedia，2014，2：60-68.

说明常态下个体间存在的社会关系是疏散中群组形成的重要影响因素。

表 4.2 常态社会关系对群组追随关系子网络影响度统计

对象	人际关系影响度（群组个数）	信任关系影响度（群组个数）
低年级小学生群体 G6	100%（2）；50%（1）	50%（2）；0（1）
高年级小学生群体 G7	100%（7）；66.67%（1）；50%（1）	100%（4）；83.33%（1）；60%（1）；50%（3）
初中生群体 G8	100%（7）	100%（6）；83.33%（1）
大学生群体 G3	100%（3）；83.33%（1）；50%（1）	100%（3）；50%（1）；0（1）

4.2 考虑群组行为的楼梯疏散动力学实验研究

4.2.1 实验设计

为了研究不同情况下疏散过程中的群组行为及其对人群运动规律的影响，在清华大学刘卿楼开展了 3 组人员楼梯疏散实验。清华大学刘卿楼共有 11 层，其中包含两部电梯和两个楼梯。两个楼梯分布在建筑东西两侧，两部电梯位于同侧并与楼梯 1 有电梯大厅相连。所有疏散实验都从 10 楼开始，10 楼建筑平面图及各楼梯、电梯位置如图 4.2 所示。在楼梯疏散实验中，只有楼梯 1 可用，楼梯 1 每层建筑平面结构和尺寸大小见图 4.3，每阶楼梯宽 1m，高 0.15m，深 0.3m，各层楼梯台阶数有所不同，其中 1 楼到 2 楼有 35 个台阶，2 楼到 11 楼每层有 25 个台阶，因此被疏散人员逃生时每层楼梯所行走距离可用公式（4.1）计算[1]：

$$L = n_s l_{inclination} + (m_f - 1) l_{turning} \quad (4.1)$$

其中，$l_{inclination} = 0.335\text{m}$，代表楼梯每个台阶的斜面距离，由台阶高度和深度计算所得；$l_{turning}$ 是楼梯平台的转角长度，代表被疏散人员从一段楼梯运动到另一段楼梯所经过的平台距离，在笔者研究中 $l_{turning} = 1.18\text{m}$；$n_s$ 指的是每层楼梯台阶的数量；而 m_f 指的是每层楼梯间内平台的数量。

---

〔1〕 Fang Z，Song W，Li Z，et al. Experimental study on evacuation process in a stairwell of a high-rise building[J]. Building and Environment，2012，47：316-321.

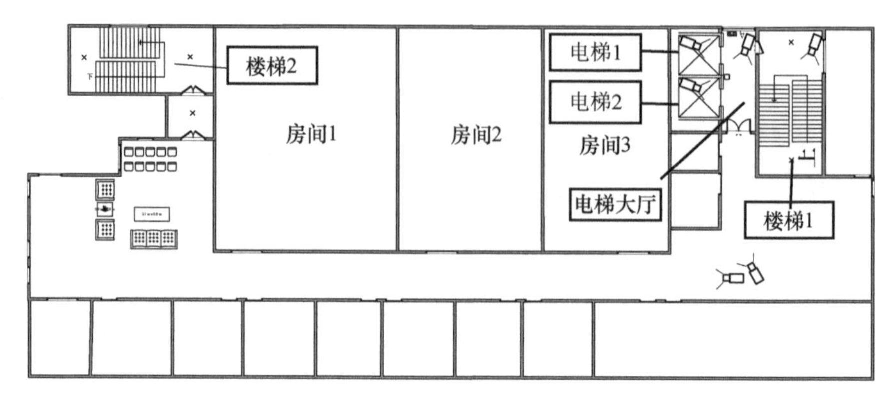

图 4.2　清华大学刘卿楼 10 楼平面图

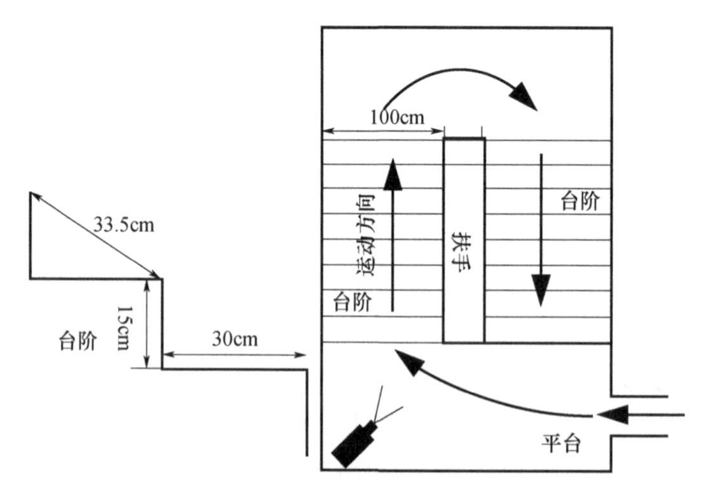

图 4.3　楼梯 1 每层建筑平面结构及尺寸

为了记录实验的整个过程，在刘卿楼相关位置一共安设了 10 个摄像头。其中 4 个分别位于 3 楼、5 楼、7 楼和 9 楼楼梯转向平台处，1 个位于 1 楼电梯大厅处，1 个位于 10 楼电梯大厅处，2 个位于 10 楼走廊通道的右侧，另有 2 个分别位于两部电梯内，各摄像头的具体位置如图 4.2 和图 4.3 所示。

在研究中，3 组楼梯疏散实验主要是为了对比研究不同群组在不同社会关系存在下的人群中的运动特性，及其对人群疏散规律的影响，因此各组实验设计的场景和参与人员信息有所不同，详见表 4.3。在实验 1 和实验 2 中，参与人员是来自中国人民大学同一个班级的在校本科生 30 名，年龄在 18~22 岁之间，各位同学彼此认识，相处融洽。疏散实验1中各位同学被要求以个体单独疏散，实验2中各位同学以2人群组形式疏散。需要注意的是，2人群组并不是随机分配的结果，而是根据实验调研得到的个人的社会关系和个体间的信任程度进行分配的结果，互相信任程度最强的个体成为一个群组，因此配对的群组关系更加紧密。实验3中共有56名实验志愿者，其中包括27名来自清华大学的在读研究生，他们之中有7对情侣；而另外29名来自社会，他们中包含了8个家庭的人员（由大人和孩子组成）及若干个体，大家彼此不认识。实验3中参与人员关系复杂，由于社会关系的存在，不同的人员在实验中会自发地按照单人或群组形式自由疏散。

表4.3　实验场景和参与人员信息表

实验编号	参与人员数量/人	出口	疏散楼层	疏散方式
1	30	楼梯1	10~1	单人
2	30	楼梯1	10~1	2人群组
3	56	楼梯1	10~1	单人-群组混合疏散

为了便于后期人员的跟踪和数据处理，每个志愿者都被要求戴上一顶带有编号的帽子，并在整个实验过程中不能脱卸。对于2人群组的人员，为了后期实验处理时对其识别和区分，同组的人员戴上相同颜色的帽子。实验开始前，所有被疏散人员均匀分布在房间1内；当听到实验开始的信号时，所有人员跑向电梯大厅并进入楼梯1疏散；当所有被疏散人员到达1楼电梯大厅时，实验结束。为了提高实验参与人员的逃生积极性和实验效果的真实性，采用金钱奖励机制：每次实验中疏散最快的前三名人员将获得额外奖励，而对于实验2中的2人群组，只有成员同时到达的前三名群组才可以获得额外奖励。图4.4展示了楼梯疏散和楼梯电梯协同疏散过程中某时刻的场景图。

(a) 2人群组疏散实验某时刻场景

(b) 混合人群楼梯疏散某时刻场景

图4.4　疏散实验某时刻场景

4.2.2 数据处理和计算方法

采用人工处理的方法对各疏散实验视频逐帧分析，获取实验中每个个体和群组在各摄像头视野覆盖范围内到达和离开各楼层平台的时间以及在整个或局部楼梯间的运动速度、密度、流量和典型行为。

个体 i 在楼梯间运动的平均速度由公式（4.2）计算所得：

$$v(i)=\frac{l}{t_o(i)-t_i(i)} \tag{4.2}$$

其中，l 为人员在所研究楼梯区间内运动的距离，可由公式（4.1）计算所得；t_i 和 t_o 分别为个体到达和离开研究楼梯区间的时间。

借鉴霍非舟[1]的计算方法，用所研究楼梯区间内 $t-\Delta t$ 时刻到 t 时刻 Δt_t 时间段内疏散人员的平均密度作为 t 时刻疏散人员的平均密度，计算公式如下：

$$\rho(t)=\frac{N(t)}{A} \tag{4.3}$$

其中，A 为所研究楼梯区间的面积，由楼梯台阶的宽度 d 和人员在楼梯区间运动距离 l 的乘积所得；$N(t)=N(t-\Delta t)+N_i(\Delta t_t)-N_o(\Delta t_t)$，为 t 时刻研究楼梯区间内的疏散人员数目，而 $N(t-\Delta t)$ 为 $t-\Delta t$ 时刻研究楼梯区域内疏散人员数量，$N_i(\Delta t_t)$ 和 $N_o(\Delta t_t)$ 分别为 Δt_t 时间段内进入和离开所研究楼梯区间内的人员数量。

相应的所研究楼梯区间内 t 时刻疏散人员的平均速度为：

$$v(t)=\frac{\sum_{i=1}^{\Delta N(t)'} v(i)_t}{\Delta N(t)'} \tag{4.4}$$

其中，$\Delta N(t)'$ 为 Δt_t 时间段内在所研究楼梯区间内出现过的所有人员；$v(i)_t$ 为相应人员个体的运动速度，等于该个体在该楼梯区间内的平均速度，由公式（4.2）计算所得。

楼梯平台处 t 时刻疏散人员流量可用如下公式计算：

[1] 霍非舟．建筑楼梯区域人员疏散行为的实验与模拟研究[D]．中国科学技术大学，2015.

$$F(t)=\frac{\Delta M}{d\cdot\Delta t} \tag{4.5}$$

其中，ΔM 为从 $t-\Delta t$ 到 t 时刻经过楼梯平台处人员的数量，d 为楼梯平台的宽度，在本章 $\Delta t=0.3$s 为定值。

4.2.3 单人疏散和2人群组楼梯疏散结果分析

4.2.3.1 时空图和速度

为了研究每个个体在楼梯内的运动特征，对每组实验中个体在楼梯内的运动时空图和每层楼梯内的平均速度进行了统计，图4.5和图4.6分别是单人疏散和2人群组疏散时人员运动时空特征和各楼层平均速度图。由图4.5（a）和图4.6（a）可知，单人疏散时群体所需疏散总时间为119s，而2人群组疏散时群体所需疏散总时间为114s。单人疏散和2人群组疏散时人员运动的时空关系图不同，相比2人群组疏散人员时空关系图，单人疏散人员时空关系图中的线条更加紧密，说明单人运动时个体运动到每层的时间间隔差相对较小。从图和视频数据可以看出两组实验中都出现了超越现象，但相对其他研究[1]，本研究两组实验中的超越现象都相对较少。可能的原因是，实验中的参与者彼此认识，个体间竞争不强烈，即使在紧急情况下大家共同疏散时也展现出了一定的协作行为。但2人群组实验中超越现象相对单人疏散较多，这可能是因为2人群组疏散时，成组的群组成员考虑对方更多，当群组成员中有一方落后时，一方面落后的一方尽量加快速度赶上另一方，另一方面靠前的一方又会尽量降低速度等待落后的一方，在加速和等待的过程中，自身或周边的逃生者都可能产生超越行为。

图4.5（b）和图4.6（b）分别是两组实验中个体在相邻一层或相邻两层楼层内的平均运动速度图。从图中可以看出，在相同楼层内，单人疏散中的个体运动速度相差不大；2人群组实验中，只有首先进入楼梯疏散的两位人员在10~9层、9~7层和7~5层楼梯区间内运动速度明显高于他人，在其他楼层与他人运动相差不大。同时在图4.6（b）中，可以看出同群组的成员互相等待、互相协调速度的现象，如图中虚线方框内所示的13号同学和14号同学，

[1] Lee J S, Kwon H S. Evacuation behaviors under the corridor and stair width variations in evacuation experiments[J]. Journal of the Korea Academia-Industrial Cooperation Society, 2012, 13 (5): 2374-2381.

在7~5楼层内共同以相对他人较高的速度运动，并且14号同学速度略高于13号同学；在5~3层13号同学进行了一定程度的加速而14号同学进行了一定程度的减速；在3~1楼层内，两位同学速度趋于相同，几乎共同到达1楼目的地。

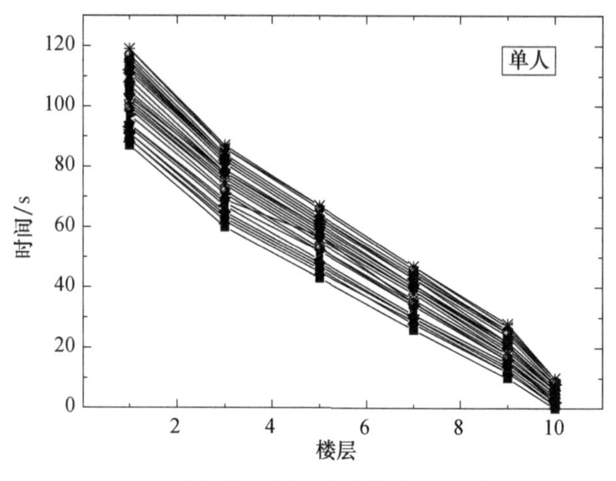

(a) 单人疏散实验人员运动时空分布

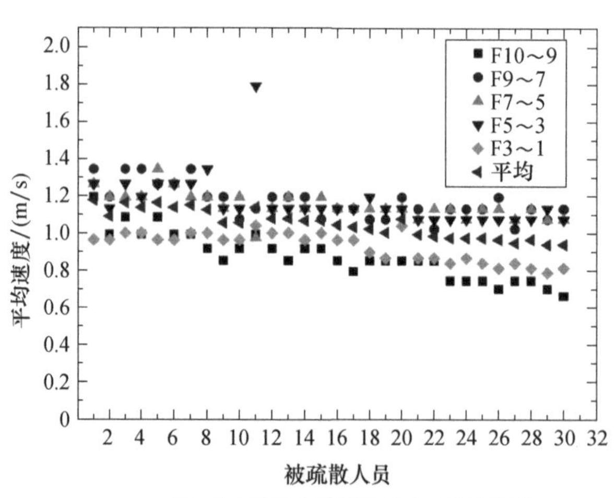

(b) 单人疏散实验楼层内个人平均速度

图 4.5 单人疏散实验人员运动时空特征和个人平均速度图

注：本图中（b）横坐标表示的是被疏散人员进入10楼楼梯间的顺序，即横坐标序号为1的被疏散人员是第一个进入10楼楼梯间的人（人员从10楼某房间开始疏散，首先进入10楼楼梯间，通过楼梯疏散到1楼）。

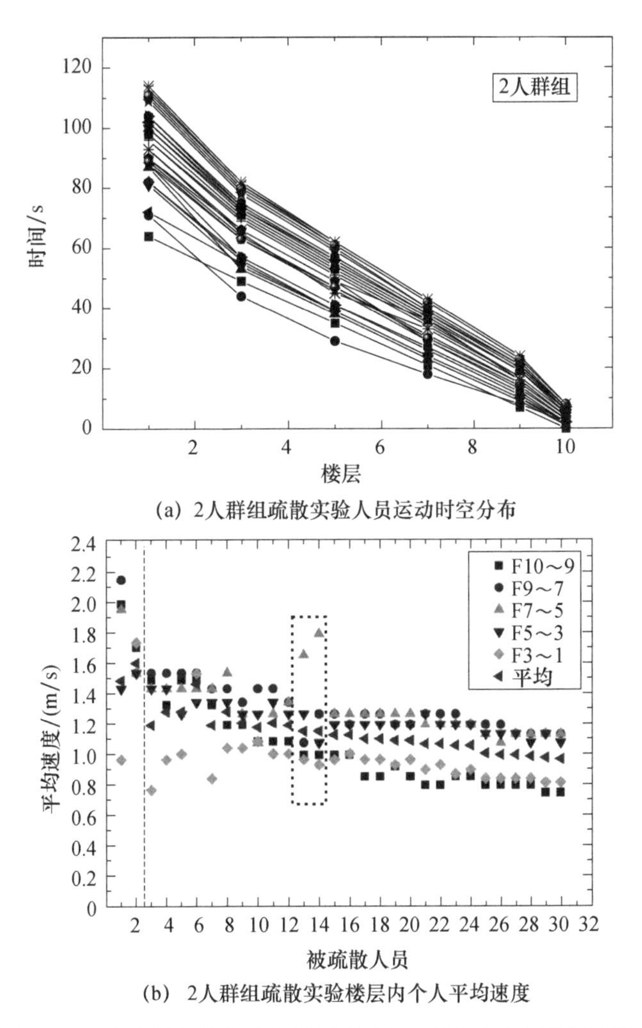

(a) 2人群组疏散实验人员运动时空分布

(b) 2人群组疏散实验楼层内个人平均速度

图4.6 2人群组疏散实验人员运动时空特征和个人平均速度图

注：本图中（b）横坐标表示的是被疏散人员进入10楼楼梯间的顺序，即横坐标序号为1的被疏散人员是第一个进入10楼楼梯间的人（人员从10楼某房间开始疏散，首先进入10楼楼梯间，通过楼梯疏散到1楼）。

为了进一步了解单人疏散和2人群组疏散的不同，图4.7对比了单人疏散实验和2人群组疏散实验中所有人员在相同楼层内的平均速度。首先可以清楚地发现，两组实验中所有被疏散人员的平均速度随着楼层的下降有相同的变化趋势：人员的平均速度随着楼层的下降先增加，在楼层9~7达到最大，然后在楼层 7~5 和 5~3 相对保持稳定，最后在楼层 3~1 内快速下降到最小值。这种变化趋势是合理的，因为人员最先在 10 楼楼梯口聚集进入楼梯，由于对建筑楼梯环境并不熟悉，为了保证自身的安全，倾向于以较低、较安全的速度运动，随着对建筑环境熟悉程度的增加，为了尽快逃生到安全的目的地，人员开始加快速度并保持这种相对较快、较安全的速度运动，但受自身生理状态（如疲劳）的限制[1]，人员在运动一段时间后速度下降。两组实验中人员在相同楼层内平均运动速度有所不同。对比单人疏散实验和 2 人群组疏散实验人员在相同楼层内的平均速度可以明显看出，2 人群组疏散时被疏散人员的平均速度及其标准差较大，如单人疏散实验和 2 人群组疏散实验中所有人员在整个楼层的平均速度分别为 1.05±0.07m/s 和 1.15±0.15m/s。这是因为单人疏散时，不同个体的身体生理状态相似，由图 4.5 可以看出其运动速度也相似，因此单人疏散时不同人员的平均速度相差不大。而以 2 人群组方式疏散时，出现较高平均速度及标准差现象的可能原因如下：2 人群组疏散时群组成员间的合作行为和集体意识明显增强。[2] 一方面，相同群组内的成员在共同疏散时运动积极性更高，安全感更强[3]，在这种情况下群组成员任何一方都希望尽自身能力提高运动速度，减少对方的压力。良好的合作配合机制也会使得群组成员的整体运动速度提高。如果成组的群组成员本身运动速度都较快，成员间的合作行为和机制可能会拉大与运动速度都较慢的成员群组的运动速度的差距，因此 2 人群组成员的平均运动速度的标准差相对较大。另一方面，值得注意的是，虽然群组内部成员的合作增强，但不同群组间成员彼此认识，群组间竞争行为并没有增加，群组间并不会因为较大的规模而互相阻碍；同时由视频观察了解到，在疏散过程人群密集的某些位置，群组成员会根据周围环境适当地调整空间结构，以有利于不同群组的共同逃生。这种情况下群组成员的合作更进一步增强了整个群体的合作，减少了整个群体的竞争行为。实际上，从某种意义上看，在 2 人群组实验中，每个群组可以看成一个规模更大的个体，整个群体的疏散运

---

〔1〕 Ding N, Chen T, Zhang H. Simulation of high-rise building evacuation considering fatigue factor based on cellular automata: A case study in China[C]. Building Simulation. Tsinghua University Press, 2017, 10 (3): 407-418.

〔2〕 魏晓鸽．考虑群组行为的人员运动实验与模型研究[D]．中国科学技术大学，2015.

〔3〕 Zhang Y, Xie W, Chen S, et al. Experimental study on descent speed on stairs of individuals and small groups under different visibility conditions[J]. Fire Technology, 2018, 54 (3): 781-796.

动，只是这些规模更大的个体间的竞争。相对于单人运动，2人群组疏散从整体上看减少了互相竞争的人数，这也在Müller等人[1]的模拟研究中得到了验证。从以上分析可知，当被疏散人员以2人群组形式疏散时，人群整体的运动速度和疏散效率会提高。

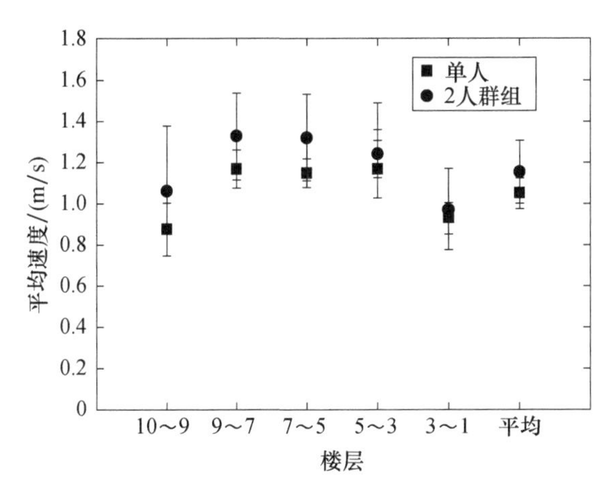

图4.7　单人和2人群组疏散实验人员平均速度对比图

图4.8对单人和2人群组疏散实验中人员整体平均速度的分布进一步做了统计。单人和2人群组疏散中个体最大的整体平均速度分别为1.18m/s和1.60m/s。由图4.8（a）可以看出，单人疏散中个体平均速度的概率分布曲线出现了两个峰值，说明在实验中单人个体运动速度在0.96m/s到1m/s之间和在1.06m/s到1.1m/s之间的人数所占比例相对较大；而2人群组实验中个体整体平均速度概率分布曲线只出现了单个峰值，即个体运动速度在1.05m/s到1.1m/s之间的人员数量最大，同时也可看出个体的运动速度分布相对较分散。而由图4.8（b）可以发现，两组实验中个体整体运动速度的累计概率分布曲线变化规律相似但各段曲线所覆盖的值有所不同。单人疏散中有10%的个体运动速度小于1m/s，而2人群组实验中所有个体的运动速度都快于1m/s。

[1] Müller F, Wohak O, Schadschneider A. Study of influence of groups on evacuation dynamics using a cellular automaton model[J]. Transportation Research Procedia, 2014, 2: 168-176.

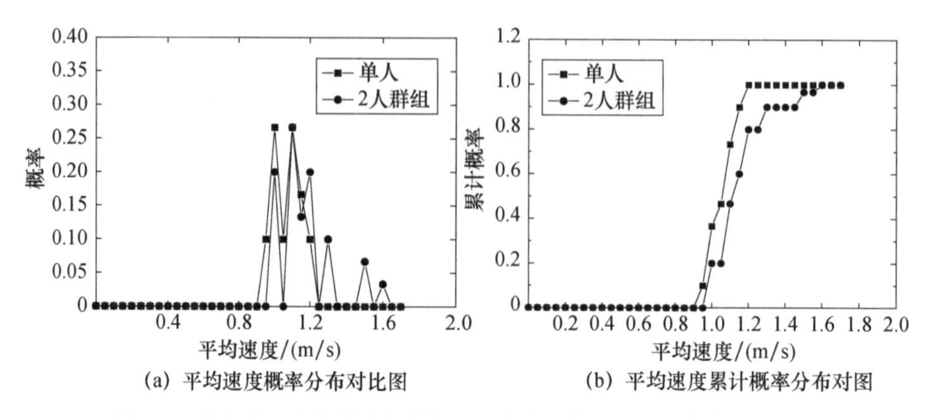

(a) 平均速度概率分布对比图 (b) 平均速度累计概率分布对图

图 4.8 单人和 2 人群组疏散整体平均速度概率与累计概率分布统计图

4.2.3.2 速度-密度图

采用公式（4.2）和公式（4.3）可以计算建筑楼梯内人员的平均速度和密度，进一步通过区间统计的方法（将密度每隔 0.1m² 进行划分统计得到平均值，然后计算每个密度区间内相应的速度平均值），可清晰得到建筑整个楼梯间内人员运动速度和平均密度的关系，如图 4.9 所示。可以看出两组实验中人员的平均速度都随着密度的增大而下降，但在相同密度下，2 人群组疏散时人员平均速度明显大于单人疏散时平均速度，这也进一步说明了 2 人群组疏散效率更高。

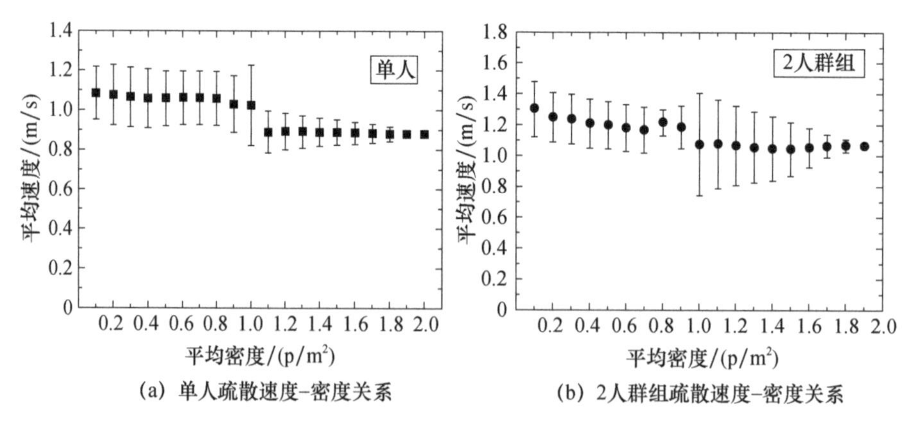

(a) 单人疏散速度-密度关系 (b) 2人群组疏散速度-密度关系

图 4.9 建筑内人员平均疏散速度-密度关系图

4.2.3.3 群组运动特征

从前面的分析中已经知道，相同群体中的人员以 2 人群组方式疏散时，个体的平均速度大于以单人方式疏散时的平均速度。群组成员相对于单人形式疏散表现出更高的运动积极性和更多的合作行为。为了验证这一点，图 4.10 对同一群组两成员分别在 2 次实验中以不同方式疏散的整体运动速度的平均值即群组速度[1]进行了统计对比。可以看出来，同一群组的两个成员在以群组方式疏散时运动速度的平均值大于其以单人方式运动速度的平均值。但不同群组速度存在不同，这可能是因为群组内成员性别构成不同。对 2 人群组实验中不同性别构成的群组的速度进行统计，得到男性 2 人群组平均速度为 1.15±0.22m/s，而女性 2 人群组平均速度为 1.18±0.17m/s，男女混合 2 人群组平均速度为 1.05±0.04m/s。男女混合 2 人群组平均速度最小，女性 2 人群组平均速度略高于男性 2 人群组平均速度。这与 Fridman 等[2]和 Wei 等[3]所观测的常态下 2 人群组的结果一致，说明群组性别组成影响其运动速度。

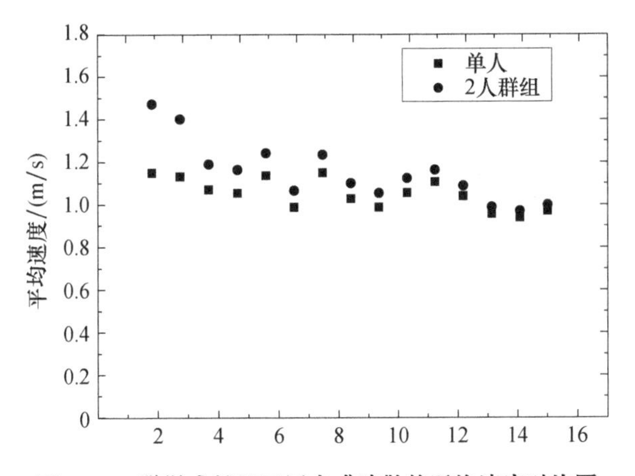

图 4.10 群组成员以不同方式疏散的平均速度对比图

注：横坐标序号从左往右是笔者按照群组成员以 2 人群组方式疏散的平均速度与以单人方式疏散的平均速度之间的差值从大到小排序展示。

---

[1] “群组速度”实质为群组成员以不同方式疏散的整体运动速度平均值。比如，2 人群组实验中的某个群组 A 有两个成员，假设分别为人员 m 和人员 n，那么图 4.10 中的“单人” A 群组速度指以单人方式疏散的人员 m 和人员 n 的运动速度的平均值，图 4.10 中的“2 人群组” A 群组速度指以群组方式疏散的人员 m 和人员 n 的运动速度的平均值。

[2] Fridman N, Kaminka G A, Zilka A. The impact of cultural differences on crowd dynamics[C]. AAMAS, 2012: 1343-1344.

[3] Wei X, Lv W, Song W, et al. Survey study and experimental investigation on the local behavior of pedestrian groups[J]. Complexity, 2015, 20 (6): 87-97.

为了进一步分析不同类别群组成员在单人疏散和以2人群组疏散时的速度差异，定义了速度差异度ε_{cg}。其计算如公式（4.6）所示：

$$\varepsilon_{cg} = \frac{\bar{v}_2 - \bar{v}_1}{\bar{v}_1} \times 100\% \tag{4.6}$$

其中，$\bar{v}_2$代表群组的两位成员在以群组方式疏散时的速度平均值，$\bar{v}_1$代表群组的两位成员在以单人方式疏散时的速度平均值。分别对同性别人员构成的群组和不同性别人员构成的群组的速度差异度ε_{cg}进行统计，结果如图4.11所示。可以发现，同性别2人群组的速度差异度总体上大于男女混合2人群组，这说明组队后的同性别群组相对于单人疏散时速度提高得更多，这可能是因为同性别的成员运动能力（如速度）相似，合作效果更好，而不同性别成员由于身高和运动能力的不同，合作效果相对较弱。

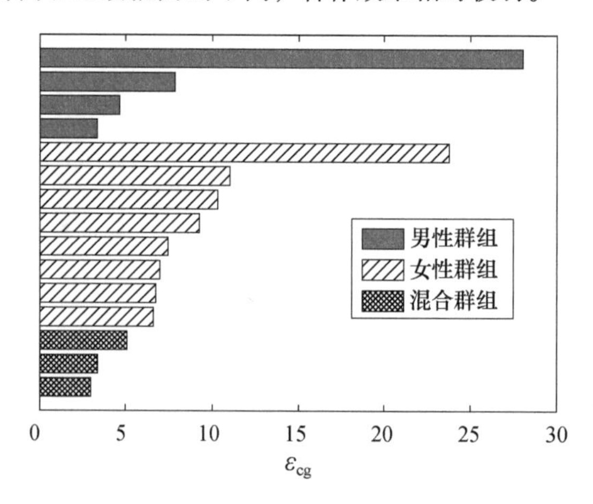

图4.11 不同类别群组速度差异度

注：本图以不同群组速度差异度ε_{cg}从大到小排列。

部分研究发现，2人群组的存在对人群运动起到了负面作用[1][2]，2人

[1] Xu S, Duh H B L. A simulation of bonding effects and their impacts on pedestrian dynamics[J]. IEEE Transactions on Intelligent Transportation Systems, 2009, 11 (1): 153-161.

[2] Lu L, Chan C Y, Wang J, et al. A study of pedestrian group behaviors in crowd evacuation based on an extended floor field cellular automaton model[J]. Transportation Research Part C: Emerging Technologies, 2017, 81: 317-329.

群组运动平均速度小于单人运动平均速度[1][2]。但本章研究单人和2人群组疏散的实验结果对比中显示，当一群具有社会关系的学生人群按照常态信任关系分组后，2人群组的运动速度大于单人运动速度，且2人群组疏散效率高于以单人方式疏散时的疏散效率。为了进一步验证结果的可信性，我们在清华大学刘卿楼另外开展了4次单人和2人群组楼梯疏散验证实验，实验设计如表4.4所示。每次的实验参与人员共22人，这22人来自表4.3实验1和实验2的部分参与人员，同样按照上文论述的人员分组方法，在2人群组实验中采用群组方式疏散。实验1-T和实验2-T中，参与人员分别以单人和2人群组方式从10楼疏散到1楼目的地；实验3-T和实验4-T中，参与人员分别以单人和2人群组方式从10楼疏散到7楼目的地。对每次实验所有人员的疏散时间和平均速度进行统计，结果如图4.12所示。可以发现，实验2-T中人员疏散时间小于实验1-T人员疏散时间，运动速度大于实验1-T人员；同样，实验4-T中人员疏散时间小于实验3-T人员疏散时间，运动速度大于实验3-T人员。总体来看，2人群组的疏散效率高于单人疏散效率，与上文的研究结果一致。

表4.4 单人和2人群组楼梯疏散验证实验信息表

实验编号	出口	疏散楼层	疏散方式
1-T	楼梯1	10~1	单人
2-T	楼梯1	10~1	2人群组
3-T	楼梯1	10~7	单人
4-T	楼梯1	10~7	2人群组

〔1〕 Zanlungo F, Yücel Z, Brščić D, et al. Intrinsic group behaviour: Dependence of pedestrian dyad dynamics on principal social and personal features[J]. Plos One, 2017, 12 (11): e0187253.

〔2〕 Gorrini A, Bandini S, Vizzari G. Empirical investigation on pedestrian crowd dynamics and grouping[M]. Traffic and Granular Flow' 13. Springer, Cham, 2015: 83-91.

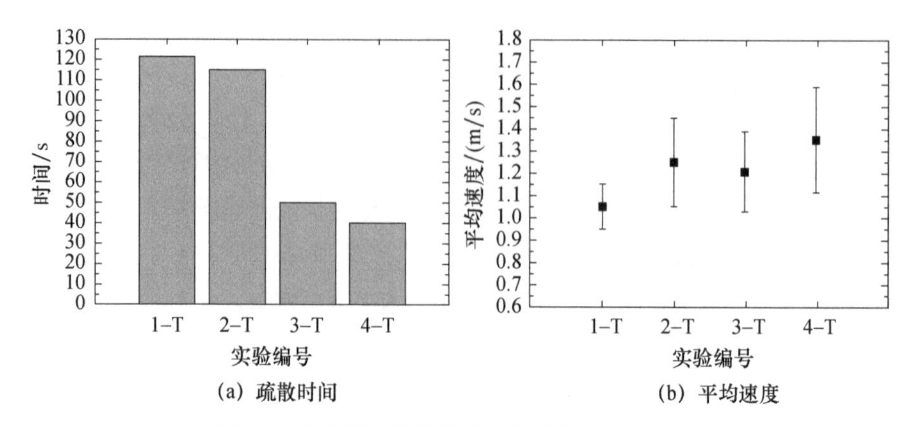

(a) 疏散时间　　(b) 平均速度

图 4.12　单人和 2 人群组楼梯疏散验证实验人员疏散时间和平均速度

4.2.4　混合人群楼梯疏散结果分析

4.2.4.1　疏散时间与速度

不同于单人疏散和 2 人群组疏散实验，混合人群楼梯疏散中的实验参与人员较为复杂，特别包含了儿童这类特殊群体。因此，对男性、女性和儿童三类人群疏散过程中的时空分布曲线以不同的形状表示，如图 4.13（a）所示。从图可以看出，本次实验总的疏散时间为 201s，一些个体的时空特征曲线几乎一样，说明这些个体在疏散中可能形成了群组共同逃生行为。结合视频分析，可以发现在本次疏散中同样出现了超越现象，并且男性的超越现象出现频率明显高于女性。疏散中儿童表现差异较大，一些儿童单独疏散，并且最早到达疏散目的地，而一些儿童与父母共同疏散。随着楼层的下降，可以发现人群到达各楼层的时间产生了分层现象，例如在 5 楼楼梯平台处，所有人群可以分为两大子群，两大子群分别到达该层的时间出现了较长的时间间隔，而在 1 楼目的地时，所有人群分成了三大子群，而各子群到达的时间间隔也较长。产生这种现象的原因可能是，在楼梯疏散过程中某些个体或产生的群组运动速度较慢，对其后面的行人运动造成了阻碍，后面的行人难以超越前方行人只能跟随前方行人运动，进而产生了运动的分层现象。图 4.13（b）统计了各被疏散人员在楼层内运动的平均速度，可以看出各个被疏散人员在相同楼层内的运动速度不同，即使是相同性别的人员速度也有所差异，而单独疏散和非单独疏散的儿童速度差异性更加显著，图中虚线椭圆内所示为单独疏散的儿童运动速度。值得注意的是，在疏散起始有 4 名人员不听指挥跑向楼梯 2 后返回，因此他们出现在 10 楼观测计算区域时间较晚，如图 4.13（a）中虚线方框内所示。但他们在 5 楼楼梯平台处已经赶上其他人员，后与大家一起疏散。

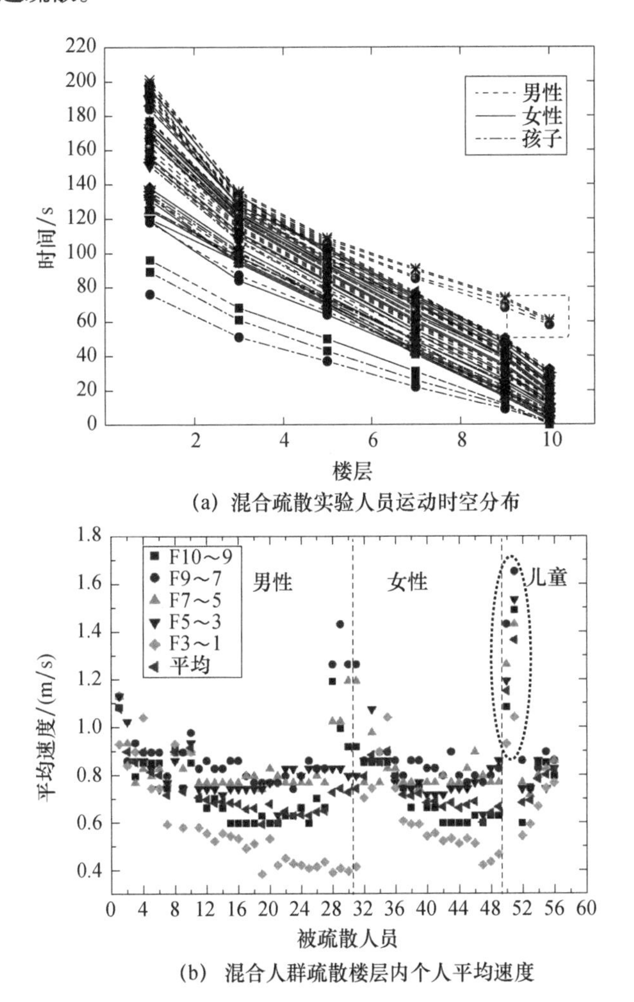

(a) 混合疏散实验人员运动时空分布

(b) 混合人群疏散楼层内个人平均速度

图 4.13 混合疏散实验人员运动时空特征和平均速度

注：混合人群疏散实验中人员编号从小到大并未按男性、女性、儿童分开排列，而是混合排列，如男性可能有 3 号、15 号、27 号、43 号、56 号，女性可能有 1 号、10 号、33 号，儿童可能有 1 号、6 呈、18 号，等等，本图（b）中横坐标序号从左往右是将男性、女性、儿童编号分开，分别从小到大排列。

为了进一步分析男性、女性和儿童三类被疏散人员速度的不同，对三类人员在各楼层的平均运动速度以及整个人群的平均运动速度进行了统计对比，如图 4. 14 所示。可以看出，儿童被疏散人员运动速度明显大于男性和女性被疏散人员，且男性被疏散人员速度大于女性被疏散人员。同时，各类被疏散人员在相应楼层内运动的平均速度的标准差体现为儿童最大，女性最小，男性居中，说明疏散中儿童的运动速度差异性最大，女性的运动速度整体相对最均匀。

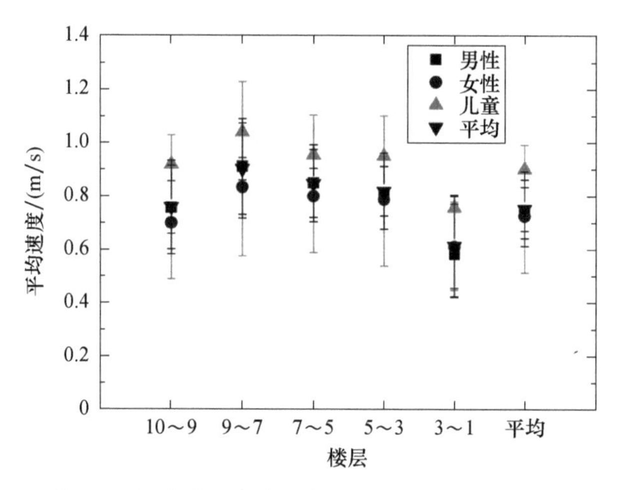

图 4. 14　混合疏散实验各类被疏散人员平均速度对比

混合楼梯疏散实验中人员运动的平均速度为 0. 75±0. 14m/s，相比于单人疏散和 2 人群组实验中人员来说，其平均速度最小。在该实验中，除了人员构成不同，个体间的社会关系也比较复杂，包括同学关系、家庭关系和情侣关系。根据视频可以发现，在疏散运动过程中由于紧密社会关系的存在，大多家庭和情侣共同逃生，共自动形成了 11 个群组，而群组中成员的个数大多为 2 人或 3 人。同一群组成员凝聚意愿很强，疏散中他们大多牵手，或者彼此身体靠近，并肩运动，不愿分开。当有群组成员突然意外停下来时，其他成员跟随其一起停下来等待。由于形成的群组与周围其他人并不认识，在疏散过程中，群组间或群组和其他个体间产生了不避让和竞争行为。在这种情况下，群组很容易对周边行人产生阻碍作用，进而对整个人群运动造成影响，如图 4. 15 圆圈所示的群组突然减慢速度，影响后方行人运动，进而造成了局部的拥堵。

图 4.15 群组行为造成拥堵

4.2.4.2 群组运动特征及影响分析

接下来，我们对混合人群楼梯疏散实验中形成的群组的运动特征及其对整个人群疏散的影响进行分析。表 4.5 展示了在本次实验中形成的 11 个群组的信息，包含了群组成员间的社会关系及成员性别信息，其中表中的字母 F、M、B 和 G 分别代表女性、男性、男孩和女孩。在本次实验中，共产生了母女关系的 2 人群组 2 个，父女关系的 2 人群组 1 个，家庭关系的 3 人群组 1 个，夫妻关系的 2 人群组 1 个和情侣关系的 2 人群组 6 个。

表 4.5 混合人群疏散实验中形成的群组信息

群组编号	1	2	3	4	5
社会关系	母女	母女	父女	家庭	夫妻
成员编号	G1，F1	G2，F2	G3，M3	B4，M41，M42	F5，M5

群组编号	6	7	8	9	10	11
社会关系	情侣	情侣	情侣	情侣	情侣	情侣
成员编号	F6，M6	F7，M7	F8，M8	F9，M9	F10，M10	F11，M11

对实验中各类群组在各层楼梯间内的平均运动速度进行统计，如图 4.16 所示。可以看出，同一群组的成员在各层楼梯间平均运动速度趋于一致，具有共同加速和减速的特点，但不同社会关系的群组在整个楼梯间不同楼层的速度变化不同。母女和父女关系的群组在不同楼层运动速度变化相对较小，而部分情侣在部分楼层间运动速度变化较大。同时结合视频数据也可以发现一些有意思的现象：母女和父女群组疏散时，孩子总是在父母的右侧；而情侣和夫妻群组疏散时，女性总在男性的右侧。同时孩子和女性都离楼梯扶手较近，必要时手搭扶手运动。这可能与中国人倾向于右侧行走的习惯相关，较弱的一方处于右侧的位置，更方便较强的一方保护较弱的一方。

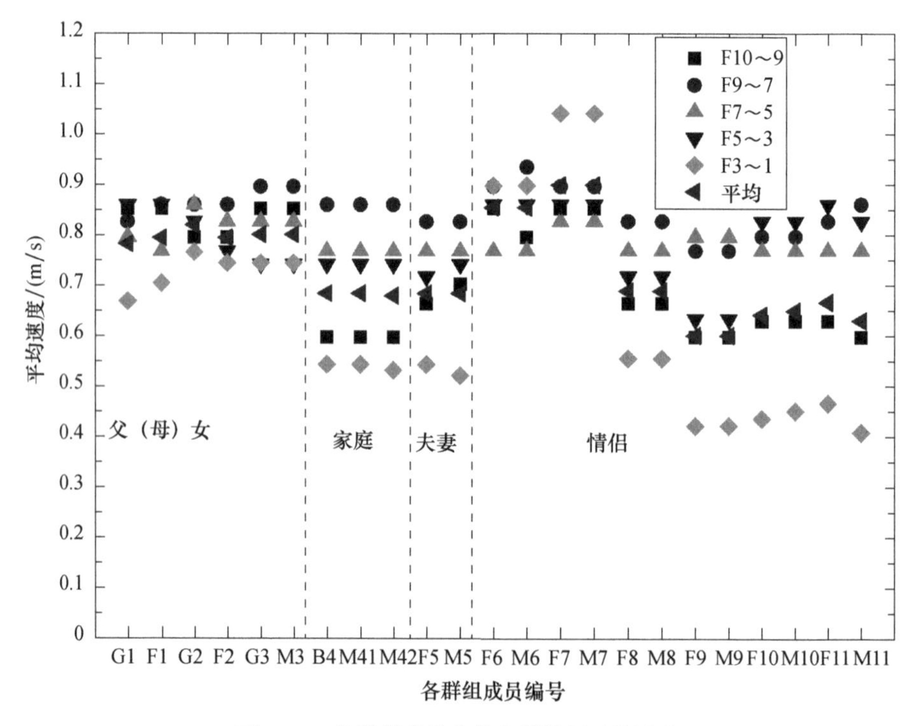

图 4.16 各群组成员个体在楼梯间平均速度

疏散中，群组的较大规模及其与他人的竞争行为，会对整个人群运动造成影响。为了更进一步研究群组对人群运动造成的影响，我们对比了实验中形成的所有群组的平均速度与整个人群平均速度的大小关系，如图 4.17 所示。

群组在整个楼梯间内疏散的平均速度为0.71m/s，而整个人群的平均运动速度为0.75m/s；同时由图4.17可以看出，几乎各个楼层中群组的平均运动速度都小于人群的平均运动速度，这说明疏散中的群组降低了整个运动人群的平均速度，对人群的疏散带来了负面影响。

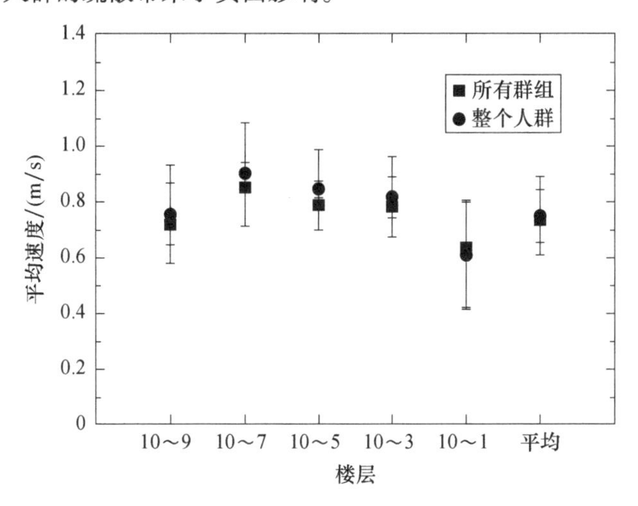

图4.17 所有群组和整个人群平均运动速度对比

图4.18展示了疏散中3楼楼梯平台处整个人群流量随着时间变化的过程，在人群流量随着时间变化的曲线中总共出现了7个局部峰值点，表4.6按照时间的发展依次统计了每个流量峰值点对应时间内出现的第一个人员（群组）的特征及其相应的速度和影响。表中人员的“速度”是指人员在平台处的运动速度；而“影响”则代表了对应个体或群组对其后面人员运动的影响，如果该个体的运动速度小于其前方行人的运动速度，那么该个体对其后方人员起到阻碍作用，反之起到带领作用。可以明显发现，在整个人群运动过程中有三个位置的局部峰值点——5、6、7最大，而在这三个峰值点对应的时间内首先到达的人员分别为某母女2人群组、夫妻2人群组和某情侣2人群组。母女2人群组、夫妻2人群组和情侣2人群组的运动速度都小于其前方行人的运动速度，对后方行人产生了阻碍作用。而这些群组的阻碍作用造成了局部的拥堵和整个疏散过程的不连贯，降低了疏散效率。

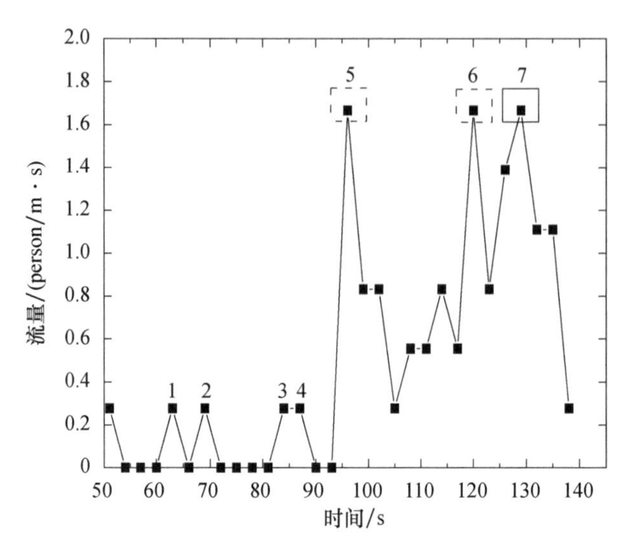

图 4.18　3 楼楼梯平台处人员流量随时间变化过程

表 4.6　流量峰值点对应的人员及其影响

峰点	1	2	3	4	5	6	7
第一个到达	男孩	男孩	男性	女性	母女	夫妻	情侣
速度/(m/s)	1.53	1.19	1.13	1.07	0.85	0.71	0.85
影响	带领	带领	带领	带领	阻碍	阻碍	阻碍

4.3　考虑群组行为的房间疏散动力学实验研究

4.3.1　实验设计

由上一节分析可知，单人楼梯疏散与 2 人群组楼梯疏散不同，同一个班级的同学按照分组后的群组疏散可以提高疏散效率。为了进一步验证结果在不同疏散场景是否具有一致性，我们在清华大学开展了一系列模拟房间疏散的单人和 2 人群组实验。在本次实验中，我们共招募了来自清华大学工程物理系和社会科学系两个班级的本科生志愿者 36 人，其中男生 25 人，女生 11 人，同一个班级同学互相熟悉。实验场景如图 4.19 所示，该房间场景由海马栏杆和帆布连接而成，房间大小为 8m×8m，其中出口位于房间一侧的中间位置，宽为1m。单人疏散实验中，在实验初始时刻，人员均匀地分布在房间内部。对于2人群组实验，同上一节方法一样，通过实验前的常态社会关系调查，对人员进行分组，实验中同组的两人并肩相邻而站，不同群组随机均匀地分布在房间内部。当实验开始时，指导人员发出指示声音，实验人员以最快速度从出口离开房间。为了便于实验过程中人员的监测与跟踪，每个被试人员佩戴有颜色的帽子，且保证整个实验过程中不脱卸。为了提高实验的可信性，每组实验重复6次。

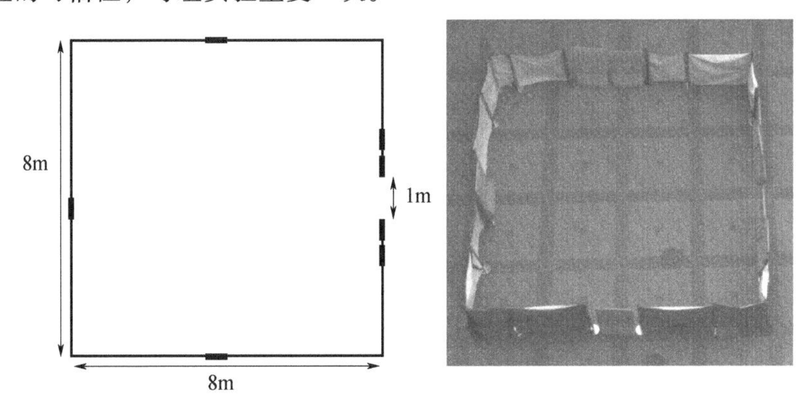

图4.19 房间疏散实验设置场景

4.3.2 结果分析

4.3.2.1 疏散时间

我们对单人疏散和2人群组疏散中每次实验疏散时间与累计疏散人数关系进行了分析，如图4.20和图4.21所示，人员单人疏散时的平均时间为19.83s，而2人群组疏散时的平均时间为18.67s，说明2人群组实验疏散效率高于单人，与Guo等[1]开展的单人和2人群组实验和模拟研究结论一致。

---

〔1〕 Guo N, Jiang R, Hu M B, et al. Escaping in couples facilitates evacuation: Experimental study and modeling[J]. Physics, 2015.

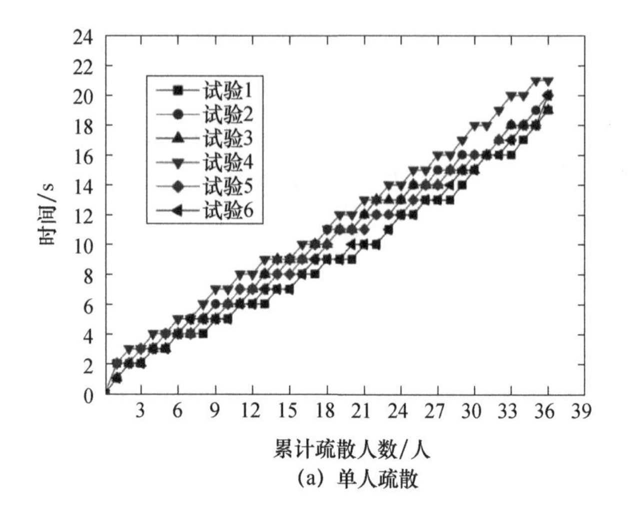

(a) 单人疏散

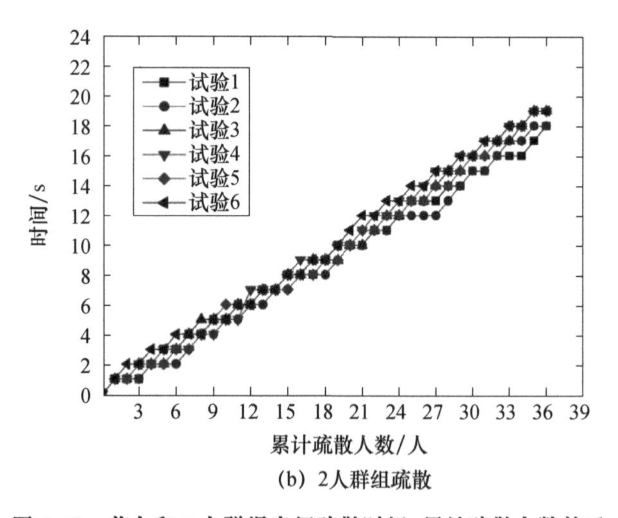

(b) 2人群组疏散

图 4.20　单人和 2 人群组房间疏散时间-累计疏散人数关系

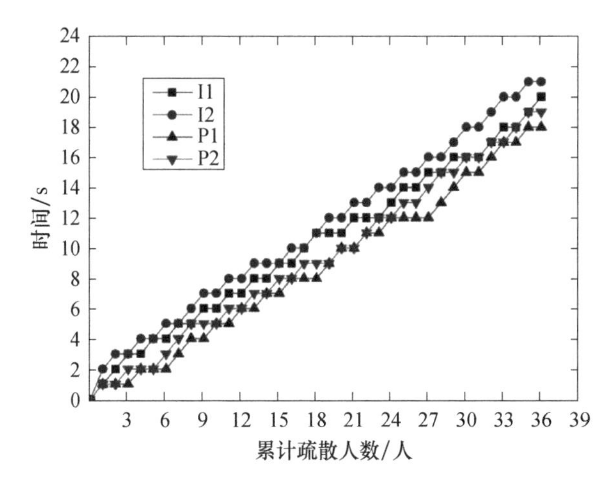

图 4.21 单人和 2 人群组房间疏散时间–累计疏散人数关系部分结果对比

注：I1 和 I2 代表单人疏散实验结果，P1 和 P2 代表 2 人群组疏散实验结果。

4.3.2.2 密度分布

采用泰森多边形方法获得各组实验人员在疏散中每时刻的密度分布。[1][2] 每个泰森多边形元胞代表相应个体的占有空间，元胞的大小则用来衡量空间中个体的密度，个体密度与相应泰森多边形元胞的面积成反比。因此元胞的面积越大，相应人员的个体密度越小。通过实验场景中人员的密度分布可以清晰地看出人员分布及密集程度。图 4.22 为某次单人实验和 2 人群组实验中 T=7s 时实验场景画面及相应的人员密度分布，图中元胞的不同灰度（相同数字表示同一灰度，数字越大灰度越深）代表人员密度的大小，从浅到深表示人员密度从小到大。可以看出，单人疏散时在出口处出现明显的拱形现象，2 人群组疏散相对单人疏散时形成的密度空间构型更加狭窄，2 人群组人员更倾向于在出口处按照前后排队逃生。相比于单人疏散，2 人群组中这种自发的排队行为主要是群体中个体间总的合作行为增加的原因[3]，合作

[1] Liddle J, Seyfried A, Steffen B. Analysis of bottleneck motion using Voronoi diagrams[M]. Pedestrian and Evacuation Dynamics. Springer, Boston, MA, 2011: 833-836.

[2] Steffen B, Seyfried A. Methods for measuring pedestrian density, flow, speed and direction with minimal scatter[J]. Physica A: Statistical Mechanics and its Applications, 2010, 389 (9): 1902-1910.

[3] Von Krüchten C, Schadschneider A. Empirical study on social groups in pedestrian evacuation dynamics[J]. Physica A: Statistical Mechanics and its Applications, 2017, 475: 129-141.

行为增加，疏散效率提高。这一定程度上解释了 2 人群组房间疏散效率高于单人疏散效率的原因。

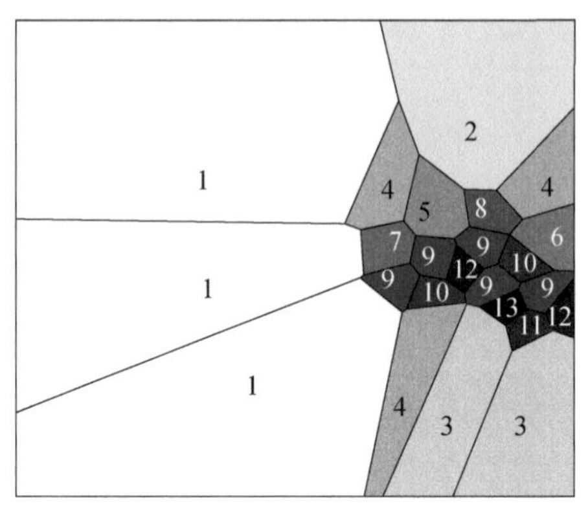

(a) 单人房间疏散场景

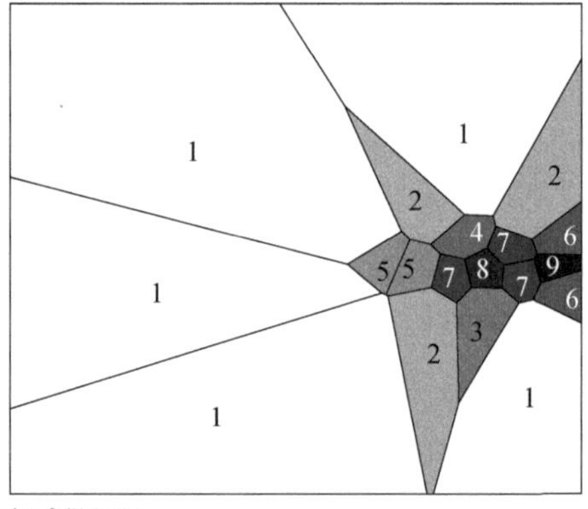

(b) 2人群组房间疏散场景

图 4.22　两组实验场景 T=7s 时画面及人员密度分布

第5章

高层建筑电梯疏散行为与优化调度模拟研究

5.1 高层建筑电梯疏散行为实验研究

5.1.1 实验设计

根据多个文献的研究[1][2][3][4][5][6][7]，紧急疏散的环境、等待电梯的人数、对建筑的熟悉程度、防火经验（防火教育或疏散经验）和楼层高度等因素都会影响人员使用电梯的疏散行为。在本次电梯疏散实验中，考虑了其中的两个因素：紧急疏散的环境和等待电梯的人数。紧急疏散的环境包括火与烟，但是在疏散实验过程中，不能燃烧建筑，所以释放烟气将作为本次实验的考察因素。人员在烟气环境下，会感到紧张，甚至感到焦虑，从而

---

〔1〕 Kinsey M J, Galea E R, Lawrence P J. Investigating the use of elevators for high-rise building evacuation through computer simulation [C]. 4th International Symposium on Human Behaviour in Fire, 2009: 85-96.

〔2〕 Kinsey M J, Galea E R, Lawrence P J. Human factors associated with the selection of lifts/elevators or stairs in emergency and normal usage conditions[J]. Fire Technology, 2012, 48 (1): 3-26.

〔3〕 Kinsey M J. Vertical transport evacuation modelling[D]. University of Greenwich, 2011.

〔4〕 Heyes E, Spearpoint M. Human behaviour considerations in the use of lifts for evacuation from high rise commercial buildings[M]. Department of Civil Engineering, University of Canterbury, 2009.

〔5〕 Heyes E, Spearpoint M. Lifts for evacuation—Human behaviour considerations[J]. Fire and Materials, 2012, 36 (4): 297-308.

〔6〕 Lee D, Park J H, Kim H. A study on experiment of human behavior for evacuation simulation [J]. Ocean Engineering, 2004, 31 (8-9): 931-941.

〔7〕 Ronchi E, Nilsson D. Fire evacuation in high-rise buildings: A review of human behaviour and modelling research[J]. Fire Science Reviews, 2013, 2 (1): 1-21.

可能使其行为发生改变。[1] 等待电梯的人数同样是一个重要的因素，因为其决定了电梯是否会超载，而超载可能导致疏散过程的延误。

本次实验的目的为研究人员使用电梯疏散的行为以及烟气和等待电梯人数对人员行为的影响。参与者均为某高校大学生，共 30 人，他们在实验之前对于实验内容并不知晓，且对疏散领域的研究没有了解，实验完成后支付给了他们一定的费用。

该实验的地点在清华大学刘卿楼，该楼的结构已于前面第 4 章第 4.2.1 节介绍过。实验开始时，人员从房间 2（见图 4.2）开始疏散，到达电梯间等待电梯进行疏散。每部电梯的额定载荷为 13 人或 1000kg，但是一部电梯往往不能装载 13 人，一般只能承载 10~12 人。由于电梯的调度方法是日常所用的方法，并不适用于疏散，为避免该调度方法对实验的影响，实验中关闭了两部电梯中的一部，在实验过程中其他楼层的人员不得使用电梯。整个疏散过程被楼内的摄像头记录下来。

将 30 名参与者平均分为两组，即每组 15 人，分别参加十六次实验。在实验中，他们被告知在疏散时电梯是安全的，并且电梯是他们疏散的第一选择。如果不能乘坐电梯，他们需要使用楼梯疏散。人员到达 1 层后，可以使用电梯回到 10 层，这样就可以观察人员在正常状态下使用电梯的行为以及电梯开关门时间。本次实验中，为了测试等待电梯人数和烟气对人员的影响，共设置了四个场景：无烟气环境下 10 人、无烟气环境下 15 人、烟气环境下 10 人和烟气环境下 15 人。由于每组 15 人，将有 5 人不参加 10 人场景下的实验。每组参加每个场景四次，故每组参与者参加 16 组实验。

5.1.2 实验数据分析

在分析人员使用电梯疏散时，最重要的就是分析电梯的开关门时间。由于在紧急状况下，人员移动速度快，故进入电梯的速度要快于日常。但是电梯载荷有限，而且电梯超载后人员又不愿意离开电梯，导致电梯门长时间无法关闭，从而产生疏散延误。在对电梯进行调度时，如果对电梯开关门时间估计不足，则会导致电梯调度方案不合理，延误电梯疏散时间。实验的结果

---

〔1〕 Kobes M, Helsloot I, de Vries B, et al. Way finding during fire evacuation: an analysis of unannounced fire drills in a hotel at night[J]. Building and Environment, 2010, 45 (3): 537-548.

如表5.1所示，在10人疏散场景下，电梯不会超载，电梯开关门最短时间为8.8s，最长时间为21.1s；在15人疏散场景下，电梯必然超载，电梯开关门最短时间为9.6s，最长时间达到了44.7s。电梯开关门时间长达44.7s的原因在于人员不愿离开电梯，且离开电梯的人员多次尝试再次进入电梯。将电梯开关门时间进行对比分析，如图5.1所示（由于最大值是44.7s，远远大于其他值，如果画在图中将导致图内产生大片空白区域，故在图中将该点去掉），发现烟气对人员疏散影响不大，有无烟气的数据之间无显著差异。同时对表5.1数据进一步计算得出，对于10人疏散场景，电梯开关门的平均时间约为12.4s；对于15人疏散场景，电梯开关门的平均时间约为15.1s。

表5.1 各组实验的电梯开关门时间

第一组疏散者				第二组疏散者			
实验编号	是否有烟气	人数/人	电梯开关门时间/s	实验编号	是否有烟气	人数/人	电梯开关门时间/s
1.1	否	10	8.8	1.17	否	10	12.2
1.2	否	10	14.0	1.18	否	10	13.0
1.3	否	10	10.3	1.19	否	10	21.1
1.4	否	10	12.2	1.20	否	10	9.7
1.5	否	15	10.9	1.21	否	15	16.7
1.6	否	15	17.3	1.22	否	15	12.1
1.7	否	15	9.6	1.23	否	15	10.9
1.8	否	15	11.0	1.24	否	15	15.8
1.9	是	10	10.7	1.25	是	10	14.6
1.10	是	10	11.0	1.26	是	10	11.3
1.11	是	10	9.8	1.27	是	10	11.0
1.12	是	10	15.6	1.28	是	10	12.6
1.13	是	15	14.4	1.29	是	15	14.5
1.14	是	15	9.8	1.30	是	15	12.9
1.15	是	15	11.4	1.31	是	15	13.9
1.16	是	15	16.2	1.32	是	15	44.7

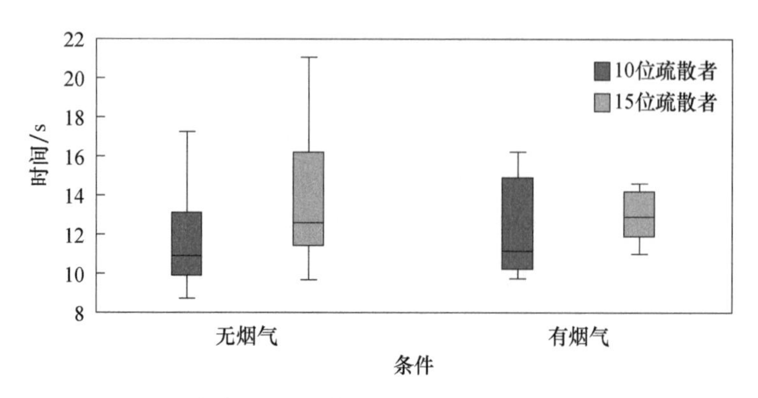

图 5.1　实验 1 中不同条件下的电梯开关门时间箱形图

在日常情况下，10~15 人时电梯开关门平均时间为 12.9s。可见，在电梯不超载的情况下，紧急状态下的电梯开关门时间小于日常情况下的电梯门开关门时间；但如果电梯超载，紧急状态下的电梯开关门时间往往较长，甚至比较难以预测。

不同于电梯开关门时间，人员进入电梯时间是指其通过电梯门的时间。通过数据分析，发现 10 人场景下人员进入电梯平均时间大于 15 人场景下人员进入电梯平均时间。在 10 人场景下，平均时间为 9.6s；而在 15 人场景下，平均时间仅为 6.6s，原因在于“竞争”。如果疏散人员预料到有些人会由于电梯超载而不能使用电梯疏散时，他们的移动速度会加快以求更早进入电梯。在 15 人场景下，电梯的开关门平均时间为 15.4s（如图 5.2 所示），远大于人员进入电梯的时间，故电梯门是否能及时关闭是使用电梯进行疏散的关键。

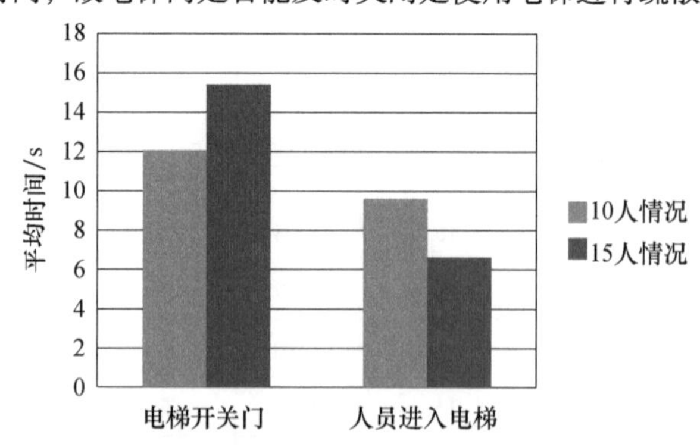

图 5.2　电梯开关门与人员进入电梯平均时间对比图

在分析人员进入电梯的数据时，发现他们进入电梯前的排队形状会影响人员进入电梯的时间，排队形状分别为：线形和半圆形。具体如图 5.3（a）和（b）所示。对于线形排队的人员，进入电梯的平均时间为 6.4s，对于半圆形排队的人员，进入电梯的平均时间为 5.3s。可见，如果人员聚集在电梯门口而形成半圆形队伍，则他们进入电梯时间较快。根据研究得知[1]，行人在瓶颈处的通行能力与瓶颈的宽度有关，一般来说，瓶颈宽度为两倍的人肩膀宽时，行人的流率较大。实验中使用的电梯门宽为两倍人肩膀宽度，通行能力较强，故在本次实验中，半圆形排队虽然遇到了瓶颈，但瓶颈的通行能力较强。

(a) 线形

(b) 半圆形

图 5.3 等待电梯时的人员排队类型

实验中，观察到了几个有趣的现象：在参与者进入电梯时，他们相互推挤，尤其是在 15 人场景中，处在等待人群后面的疏散者由于知道自己可能无法进入电梯，对是否继续等待犹豫不决。当电梯超载时，电梯内的人员并不知道有多少人需要离开电梯，故他们逐个离开电梯直到电梯超载警报停止，这种行为较大地延误了电梯装载的时间。尽管所有参与者被告知如果不能使用电梯则使用楼梯疏散，但有一个参与者从不等待电梯，直接使用楼梯疏散。在实验之后，通过采访得知他始终觉得电梯不安全。本次实验中，有两个参与者一直互相帮助，后来得知他们是男女朋友关系。他们互相帮助对方，共同使用电梯或者楼梯。

---

[1] Fruin J J. Designing for pedestrians：A lever-of-service[J]. Highway Research Record，1971 (355).

5.2 电梯-楼梯混合疏散行为实验

在高层建筑疏散时，如果可以使用电梯进行疏散，人员会如何选择呢？这个问题要因人而异，因场景而异。不同类型的人群在面对电梯与楼梯时，自然会根据自身情况作出选择。另外，人员对于电梯疏散的经验也很重要。在日常生活中，人们经常会被告知火灾情况下禁止使用电梯，这对人员的决策影响较大。疏散时的场景也会影响人员的决策，构成疏散场景的重要因素有很多，例如火、烟气、等待电梯人数、电梯所在位置、楼层高度等。火与烟气是火灾疏散时最危险的环境因素，可能威胁人员生命安全，故其对人员行为及决策的影响较大。人员在决策选择电梯或楼梯时，也会根据自己所在楼层、等待电梯人数和电梯所在位置作出判断。

本次实验的目的为研究人员使用楼梯与电梯混合疏散的行为以及烟气和疏散经验对人员行为的影响。参与者 45 人均为某高校本科生，共参加三次实验，他们在实验之前对于实验内容并不知晓，且对疏散领域的研究没有了解，实验完成后支付给了他们一定的费用。

实验的地点在清华大学刘卿楼。实验开始时，人员从房间 2（见图 4.2）开始疏散，到达电梯间等待电梯进行疏散。每部电梯的额定载荷为 13 人或 1000kg，但是一部电梯往往不能装载 13 人，一般只能承载 10~12 人。由于电梯的调度方法是日常所用的方法，并不适用于疏散，为避免该调度方法对实验的影响，实验中关闭了两部电梯中的一部，在实验过程中其他楼层的人员不得使用电梯。整个疏散过程被楼内的摄像头记录下来。

5.2.1 实验设计

为了检验烟气和电梯疏散经验是否对人员疏散行为有影响，共开展了三次实验，编号分别为实验 2.1、实验 2.2 和实验 2.3。在每次实验中，所有参与者都在第 10 层的房间 2（见图 4.2）内等待疏散（选择 10 层的原因是，根据问卷调查，欲在 10 层使用电梯疏散的人员占比增长较大，详见图 5.4），人员首先需要到达电梯间，然后选择使用一部电梯（为了更好地控制电梯，两部电梯中的一部被锁，即只有一部电梯可用）或者 1 号楼梯从 10 层疏散到 1 层。在实验 2.1 中，人员被告知一旦听到警报则立即疏散，可以使用楼梯或电梯。在实验2.2和实验2.3中，利用冷烟器在电梯间附近释放无害烟气。这两组实验的场景完全一致，不同的是人员在第二次实验之后，就对烟气环境下的电梯疏散有了经验。在实验2.3开始之前，对实验参与者进行了实验解释，内容如下：（1）建筑结构；（2）电梯从10层运行到1层所需时间约为27s，人员使用楼梯从10层到1层的时间大约为70~100s；（3）如果电梯超载，电梯门无法关闭。在实验之前，人员填写了基本信息调查问卷（问卷0），在每次实验之后，实验参与者需要参加问卷调查（问卷1、问卷2、问卷3）。

5.2.2 问卷调查结果与分析

问卷0用来调查人员的基本信息，例如人员的年龄和性别等，问卷内容和结果见表5.2。在45位参与者中，有38位男性，7位女性。所有参与者都比较年轻，年龄范围在17~23岁之间。根据问卷结果，他们多数人对建筑疏散出口不了解，日常生活中，他们倾向于使用电梯。大多数人认为不能在疏散过程中使用电梯，只有4.4%的人认为可以使用。主要原因在于大多数人认为疏散时使用电梯不安全。如果被告知是安全的，疏散参与者认为电梯运行速度快是疏散时的关键。图5.4表示人员所在楼层和想要使用电梯疏散人数占比的关系。可见，在第5层时，想要使用电梯的人数比并不高，到第10层时，这个占比急剧增加到55.6%，而且随着楼层增高，使用电梯人数比不断增高。

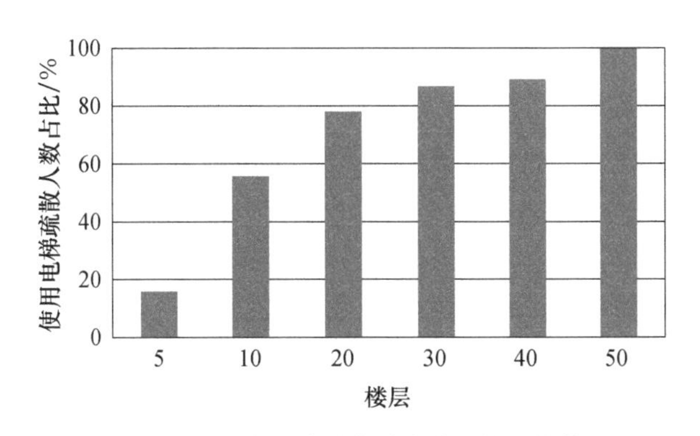

图5.4 使用电梯疏散人数占比与楼层的关系

表 5.2 问卷 0 调查内容及相关结果所涉人员占比（数量）统计

问卷内容	结果：人员占比（人数）
您的性别是？	男性：84.4%（38）；女性：15.6%（7）
您是否熟悉建筑出口？	是：20%（9）；否：80%（36）
日常情况下，如果从 10 层下楼，您会使用哪种方式？	电梯：100%（45）；楼梯：0（0）
日常情况下，如果从 1 层去 10 层，您会使用哪种方式？	电梯：100%（45）；楼梯：0（0）
您认为疏散时是否可使用电梯？	是：4.4%（2）；否：95.6%（43）
如果在疏散时您不愿意使用电梯，原因是什么？（多选）	被困在电梯中：80%（36）
	电梯停电：80%（36）
	疏散电梯技术还不够成熟：42.2%（19）
	烟或火窜入电梯：40%（18）
	可能有很多人都要使用电梯，导致电梯拥挤：77.8%（35）
	消防教育中告知不能使用电梯：24.4%（11）
假设在疏散过程中，电梯是足够安全的，您认为使用电梯疏散的优势是？	速度快：93.3%（42）；避开楼梯的拥挤：6.7%（3）
假设在疏散过程中，电梯是足够安全的，您在哪层楼会使用电梯疏散？	5~9 层：16%（7）；30~39 层：9%（4）； 10~19 层：40%（18）；40~49 层：2%（1）； 20~29 层：22%（10）；50 层及以上：11%（5）

问卷 1、问卷 2、问卷 3 分别是在实验 2.1 至实验 2.3 之后完成的，这些问卷主要关注人员疏散时的心理状态和身体状态等，问卷调查内容及每项问题相关答案所涉人员比例和数量统计结果见表 5.3、表 5.4 和表 5.5。根据问卷 2，实验中有 34 人在烟气环境下感觉到更加紧张，说明烟气对人员疏散行为产生影响。而在实验 2.3 中，73.3% 的人员表示实验解释与疏散经验是其进行决策的最大影响因素。可见，疏散经验对人影响较大。

表 5.3 问卷 1 调查内容及相关结果所涉人员占比（数量）统计

问卷内容	结果：人员占比（人数）
你在本次实验中是否感到紧张？	是：82.2%（37）；否：17.8%（8）
你使用哪种方式进行疏散？	电梯：26.7%（12）；楼梯：73.3%（33）

续表

问卷内容	结果：人员占比（人数）
如果你选择的是电梯，原因是？	速度快：75%（9）；节省体力：8.3%（1）；安全：8.3%（1）；跟随其他人：8.3%（1）；其他：0
如果你选择的是楼梯，原因是？	安全：42.4%（14）；跟随其他人：15.2%（5）；不想等待电梯：15.2%（5）；等待电梯的人过多：15.2%（5）；由于电梯超载而重新使用楼梯：12.1%（4）；其他：3%（1）
如果你使用的是楼梯，是否感到疲劳？	是：39.4%（13）；否：60.6%（20）

表5.4 问卷2调查内容及相关结果所涉人员占比（数量）统计

问卷内容	结果：人员占比（人数）
在本次实验中，你是否比上次实验感到更紧张？	是：75.6%（34）；否：24.4%（11）
当看到烟气时，是否加速？	是：80%（36）；否：20%（9）
你选择哪种疏散方式？	电梯：24.4%（11）；楼梯：75.6%（34）
如果你选择楼梯疏散，是否感到疲劳？	是：38.2%（13）；否：61.8%（21）

表5.5 问卷3调查内容及相关结果所涉人员占比（数量）统计

问卷内容	结果：人员比例（人数）
在本次实验中，你认为哪个因素对你选择电梯或楼梯影响最大？	实验解释与疏散经验：73.3%（33）；烟气：26.7%（12）；其他：0
你选择哪种疏散方式？	电梯：40%（18）；楼梯：60%（27）
如果你选择楼梯疏散，是否感到疲劳？	是：37%（10）；否：63%（17）

5.2.3 实验2.1结果与数据分析

在实验2.1中，参与者可以使用电梯或者楼梯进行疏散，实验过程的截图如图5.5所示。在本次实验中，有12人使用电梯疏散，另外33人使用楼梯疏散。电梯总共运行两次，第一次装载10人，第二次装载2人。在电梯第一次到达第10层时，共有15人等待电梯，但只有10人使用电梯疏散，剩下的5

人中，有 3 人选择使用楼梯疏散，另外 2 人等待下一班电梯。当电梯门开时，很多到达电梯间的人都向电梯内部张望以决策是否要乘坐电梯。人员等待电梯的时间如表 5.6 所示，人员最长等待时间为 67s。

图 5.5 实验 2.1 视频截图

表 5.6 实验 2.1 中参与者等待电梯的时间

电梯第一次到达					
人员编号	等待时间/s	是否乘坐电梯	人员编号	等待时间/s	是否乘坐电梯
1	27	是	8	5	是
2	24	是	9	1	是
3	20	是	10	1	是
4	20	是	11	0	否
5	12	是	12	0	否
6	12	是	13	0	否
7	7	是			
电梯第二次到达					
人员编号	等待时间/s	是否乘坐电梯	人员编号	等待时间/s	是否乘坐电梯
1	67	是	2	49	是

疏散的开始时间为第一个疏散者到达第 10 层电梯间的时间，结束时间为最后一个疏散者到达第 1 层的时间，所有疏散者的疏散开始时间和疏散结束时间如图 5.6 所示。在实验 1 中，楼梯疏散时间和电梯疏散时间分别为 178s 和 129s，图中的实线代表电梯到达第 10 层的时间，虚线代表电梯离开第 10 层的时间。最近的实线与虚线间距表示电梯的开关门时间，如图 5.6 所示，电梯第

一次运行时的电梯开关门时间为 18s，第二次运行时的电梯开关门时间为 8s。第一次的电梯开关门时间是第二次的 2 倍以上，原因在于第一次疏散时电梯超载，导致电梯延误。

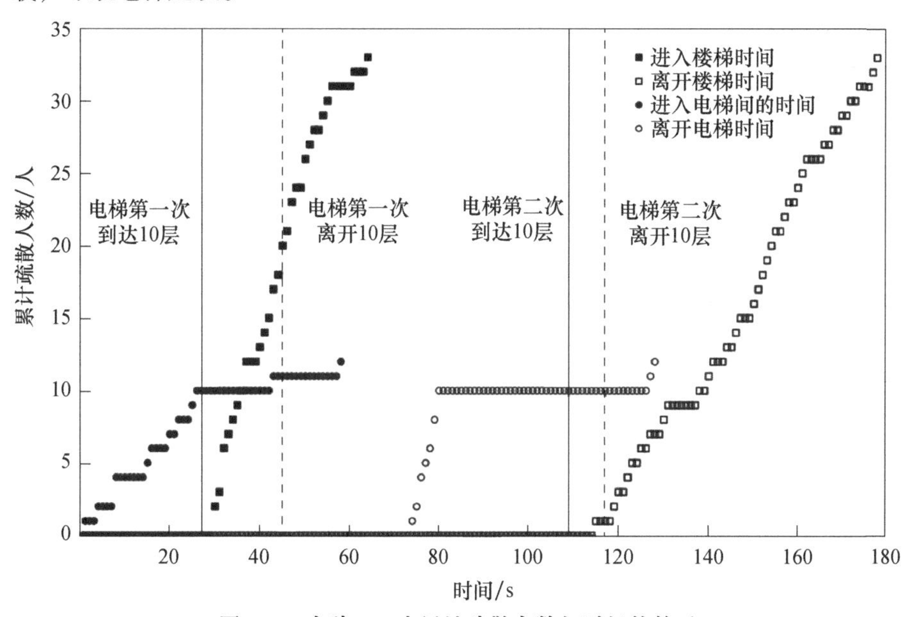

图 5.6 实验 2.1 中累计疏散人数与时间的关系

电梯完成第一次疏散的运行时间为 80s，用时小于楼梯的疏散时间。电梯完成第二次疏散的时间即为电梯疏散时间，较之楼梯疏散时间，节省了 49s。根据实验后的问卷调查（见表 5.3），大多数疏散者（82.2%）都感觉比日常更加紧张，并且加快了移动速度。疏散速度快是人员愿意使用电梯的主要原因，而他们不愿意使用电梯的主要原因有两个：（1）担心电梯不够安全；（2）由于人太多而无法使用电梯。本次实验中，使用楼梯的人中有 39.4% 感觉疲劳。根据问卷调查，在疏散者中有 55.6% 的人“想要”在第 10 层使用电梯，然而在实际疏散场景下，有 33.3%（15/45）的人选择等待电梯，而只有 26.7%（12/45）的人实际使用了电梯。故人员的意愿与实际场景下的决策不完全符合，即人员的决策与所处情景紧密相关。

5.2.4 实验 2.2 结果及数据分析

在实验 2.2 中，利用冷烟发生器释放了无害烟气，释放地点为 10 层电梯间附近。实验视频的截图如图 5.7 所示。图 5.7 左侧图中，第一个进入电梯间的人员按下了呼叫电梯按键，但在图 5.7 右侧图中，这个人放弃了等待电梯，而选择了楼梯疏散，原因可能是他无法忍受在烟气环境下等待电梯。在本次实验中，有 11 人使用电梯进行疏散，34 人使用楼梯进行疏散，电梯只运行了一次。在本次实验中，有部分参与者试图在第 10 层以外的楼层使用电梯，可能是烟气使疏散者产生了焦虑，但在按下电梯呼叫键之后又不愿等待，于是在迟疑了几秒钟后再次进入楼梯间进行疏散。人员在真实火灾情况下也很有可能产生此类行为，为了更快地疏散，他们倾向于使用电梯，但他们又因为火灾可能威胁生命而不愿等待，于是在使用楼梯下楼的过程中，会尝试在其经过的楼层使用电梯。他们往往是按下电梯呼叫键之后，意识到自己依旧不愿意等待电梯，致使从 10 层运行下来的电梯几乎每层必停。在本次实验中，电梯疏散过程被此类行为严重影响并延误，这体现了电梯控制的重要性。在电梯离开第 10 层之后，不同于实验 2.1，本次没有人愿意再等待下一班电梯，可见烟气对于人员等待电梯的时间有一定的影响。

图 5.7 实验 2.2 视频截图

在实验 2.2 中，使用楼梯和电梯的疏散时间分别为 189s 和 174s。尽管根据问卷调查和视频分析，大多数人（80%）的移动速度加快，但实际的疏散时间没有因此缩短，其主要原因在于之前提到的人员在多个楼层都尝试使用电梯。在本次实验中，电梯开关门时间为 20s，电梯出现超载，但有人始终不愿离开电梯，如图 5.8 所示。累计疏散人数和时间的关系以及电梯开关门时间如图 5.9 所示。

图 5.8 实验 2.2 中疏散者不愿离开电梯的截图

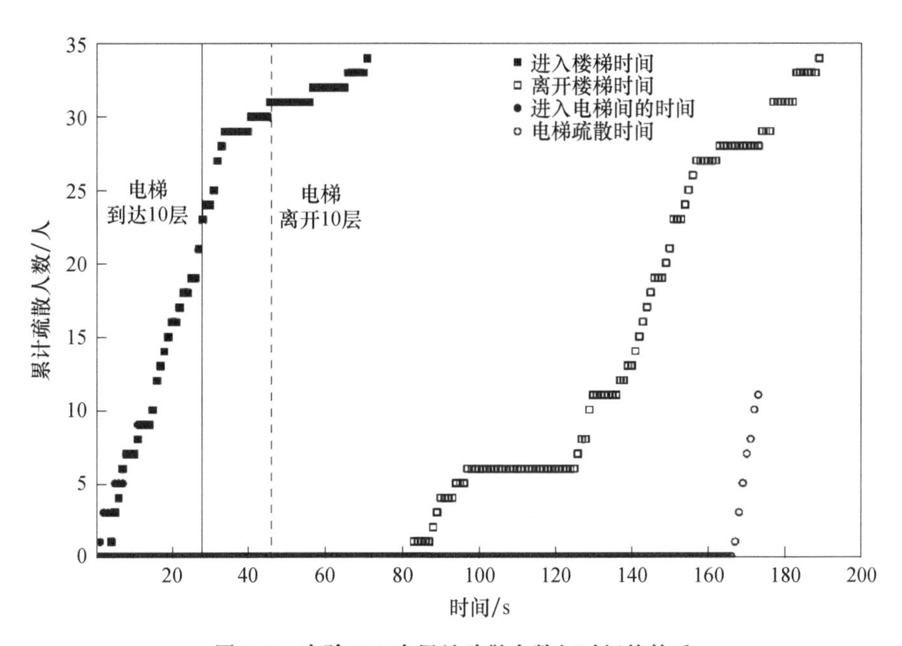

图 5.9 实验 2.2 中累计疏散人数与时间的关系

5.2.5 实验 2.3 结果与数据分析

在实验 2.3 之前，给参与者介绍了建筑结构、疏散出口以及电梯运行参数。实验 2.3 的场景与实验 2.2 相同，唯一不同的是人员对电梯疏散以及建筑结构等更加了解。在本次实验中，45 个参与者中有 18 人使用了电梯疏散，电梯运行了两次。在电梯第一次到达时，有 13 人尝试等待电梯，12 人乘坐，视频截图见图 5.10。第一班电梯走后到达的人员中，有 6 人等待电梯，并使用第二班电梯疏散，他们等待时间明显较长，数据如表 5.7 所示，人员最长等待时间为 74s。本次实验中，有更多的人选择使用电梯，根据实验 2.3 后的问卷调查，73.3% 的参与者认为疏散经验对他们选择疏散方式的决策产生了影响。可见，人员使用电梯的疏散经验对人员疏散行为有一定的影响。

图 5.10　实验 2.3 视频截图

表 5.7　实验 2.3 中参与者等待电梯的时间

电梯第一次到达					
人员编号	等待时间/s	是否乘坐电梯	人员编号	等待时间/s	是否乘坐电梯
1	31	是	8	15	是
2	31	是	9	11	是
3	31	是	10	5	是
4	30	是	11	5	是
5	19	是	12	1	是
6	19	是	13	1	否
7	15	是			
电梯第二次到达					
人员编号	等待时间/s	是否乘坐电梯	人员编号	等待时间/s	是否乘坐电梯
1	74	是	4	72	是
2	74	是	5	72	是
3	73	是	6	71	是

本次实验中，楼梯与电梯的疏散时间分别为 165s 和 145s，实验结果如图 5.11 所示。比起前两次实验，本次的楼梯疏散时间较短，原因在于更多的人使用了电梯，减轻了楼梯的拥挤。如图 5.11 所示，第一次电梯到达时的电

梯开关门时间为 17s，第二次的为 9s，第一次时间间隔较长的原因同样在于第一次疏散时电梯超载，导致电梯延误。

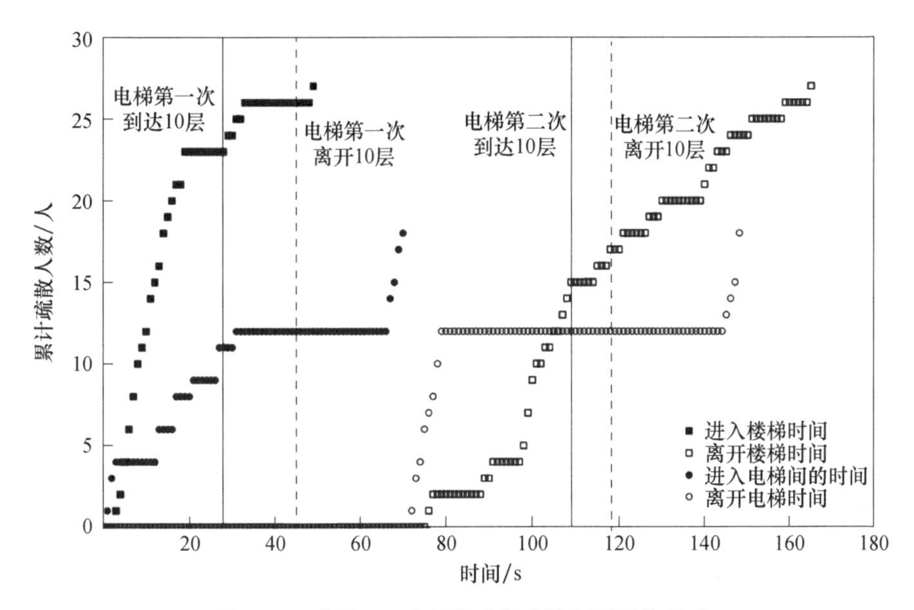

图 5.11 实验 2.3 中累计疏散人数与时间的关系

综上，我们对实验 2.1~2.3 中使用楼梯人员的疏散速度进行了正态分布拟合，发现疏散速度服从 N（0.94，0.09），人员疏散时的平均速度为 0.94m/s。三次实验的疏散时间汇总如图 5.12 所示，在实验 2.3 中，楼梯与电梯协同最佳，缩短了疏散时间。

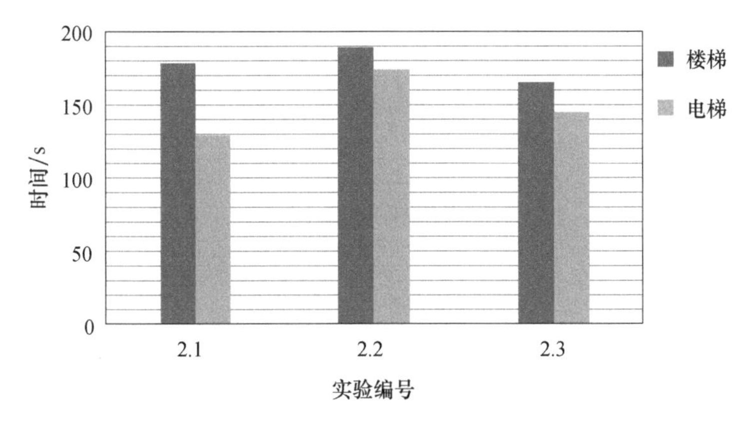

图 5.12 实验 2 中疏散时间汇总

5.3 电梯优化调度模型

首先，针对电梯优化调度问题，引入了一种新的电梯控制系统，该系统有两种模式：日常服务模式和紧急疏散模式。其次，该系统考虑了各个楼层等待电梯疏散的人数和各个楼层的危险程度。最后，针对区域电梯和疏散电梯的特点与功能，对区域电梯进行了优化调度，并对疏散电梯调度进行了建模。

如上所述，本节中的电梯群控系统有两种模式：日常服务模式和紧急疏散模式。在日常服务模式下，电梯可以有效地服务乘客上下楼。当建筑遭遇火灾时，电梯则会切换到紧急疏散模式，转换流程如图 5.13 所示。如果在火灾发生时电梯内还有乘客，则无视其目的层，将所有乘客运送到第 1 层（假设第 1 层为大厅所在层）后切换到紧急疏散模式；如果没有乘客，则电梯直接切换到紧急疏散模式。

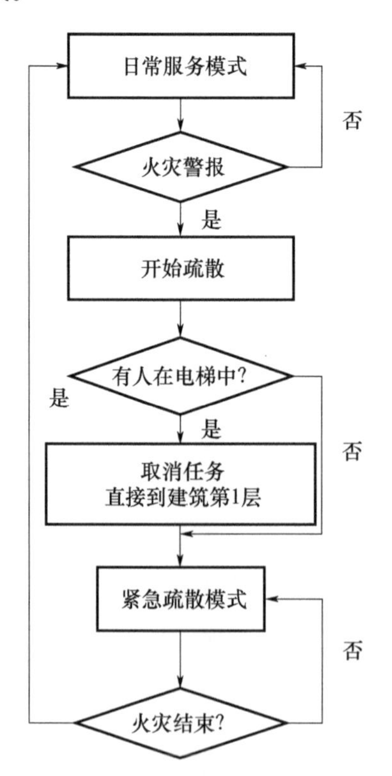

图 5.13　电梯模式转换示意图

假设在一个高层建筑中，有 N_f 层楼层和 N_e 部电梯，火警在 t_0 时刻响起。在疏散过程中，由于火灾，不是所有的楼层都安全，电梯也不能到达有危险的楼层。假设电梯可以被指派到的楼层集合为 S_S。如果有人要使用电梯进行疏散，他们将会呼叫电梯，这些任务组成的集合为 R，其元素为 r_i，$i=1$，2，…，N_f，其中 i 代表楼层数。每个呼叫对应的等待乘客人数为 $n(r_i,\ t)$，呼叫发生的时间记为 t_i^r，未完成的普通楼层任务组成的集合为 R_U，未完成的避难层任务组成的集合为 R_R。电梯运行的参数设置如下：t_i^a 代表电梯到达任务 r_i 所在楼层的时间，t_i^l 表示 r_i 的乘客到达一楼大厅的时间，t^{oc} 是电梯开关门时间。$\tau(f)$ 为电梯在不同楼层间运行的时间，f 表示楼层数。在整个疏散过程中，疏散者的目的地是建筑大厅，一般为第1层，记 $f_i^d=1$，电梯只能在接到疏散者后向下运行，且不能乘坐电梯向比其所在楼层更高的楼层移动。在该电梯控制系统中，有两个关键的状态：新的呼叫要求和等待电梯乘客的数量。当这两个状态改变时，则系统重新规划电梯调度方案。一旦分配给一部电梯的任务被确定后，则该电梯需要经过的楼层就形成了一个目的地的集合，电梯只要从其中的最高楼层运行到最低楼层即可。

电梯的调度过程如图5.14所示，一旦电梯到达某楼层，首先要打开电梯门，乘客上下电梯，而后关闭电梯门。不同于日常环境下的电梯运行，在紧急状况下，电梯的开关门时间并不与上下电梯的人数成正比。在紧急状况下，人员移动速度较快，且在电梯超载或者人员等待同伴的情况下，电梯门可能无法关闭，这也是使用电梯进行疏散的最主要的不确定因素。故在人数超载的情况下，电梯的开关门时间不与人数成正比。

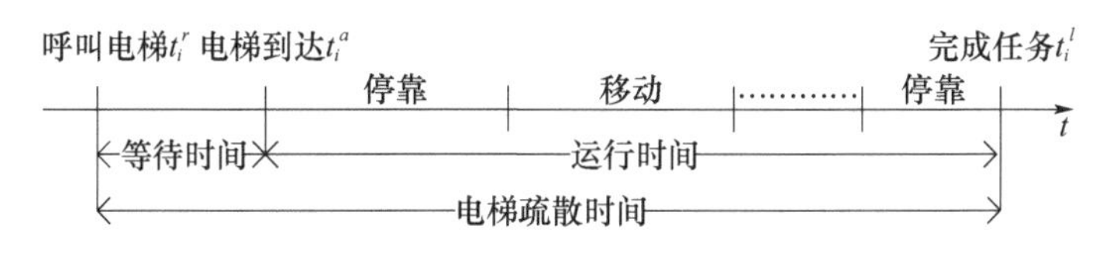

图5.14 电梯调度过程

5.3.1 区域电梯优化调度

对于单个的电梯，其运行速度如图5.15所示。在图中，x 轴表示楼层，y 轴表示电梯运行速度。由于电梯在运行时，先要加速到最大速度，如果能有足够的距离达到最大速度，电梯将保持该速度直到接近目标楼层时开始减速。在电梯运行时，假设其速度为 v，加速度为 a，加加速度为 k[1]，则电梯达到最大速度时所需要运行的最小距离 D_{min} 为：

$$D_{min} = v^2/a + va/k \tag{5.1}$$

故电梯在两个楼层之间的移动时间 T_m 取决于电梯移动的距离。

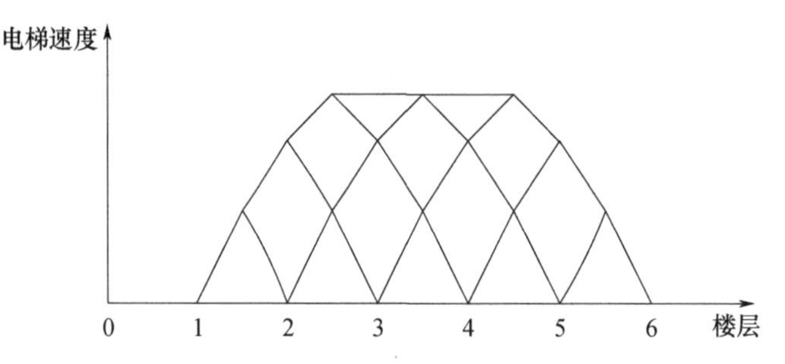

图 5.15 电梯运行速度与楼层之间的关系示意图

电梯控制系统在运行时需要得到必要的状态信息，该疏散电梯控制系统需要的最重要信息包括任务的状态和电梯移动状态（电梯的位置和运行方向）。如前所述，在避难层 i 上的疏散者等待电梯的时间为 WT_i，疏散者进入电梯后电梯的运行时间为 TT_i，二者的计算公式如下：

$$WT_i = \begin{cases} T_{m\,(from\ p_j\ to\ f_{max})} + \sum_{1}^{NS(f_{max},\ i)-1} T_m + \sum_{1}^{NS(f_{max},\ i)} T_s\text{，电梯向上运行} \\ \sum_{1}^{NS(p_j,\ i)} T_m + \sum_{1}^{NS(p_j,\ i)} T_s\text{，电梯向下运行} \end{cases} \tag{5.2}$$

$$TT_i = \sum_{1}^{NS(i,\ 1)-1} T_m + \sum_{1}^{NS(i,\ 1)} T_s \tag{5.3}$$

其中，T_s 为电梯停靠时间，T_m 为电梯移动时间，p_j 为电梯的位置，f_{max} 为电梯在本次运行时所要到达的最高楼层，NS 为电梯在运行时停靠的次数，例如 NS（a，b）为电梯从 a 层移动到 b 层所需要停靠的次数。

综上，对于第 i 楼层，电梯疏散时间 T_i^E 为：

---

〔1〕 Roschier N R, Kaakinen M J. New formulae for elevator round trip calculation[J]. Supplement to Elevator World for ACIST Members, 1979: 189-197.

$$T_{\mathrm{i}}^{E} = WT_{i} + TT_{i} \tag{5.4}$$

对于一栋建筑，电梯疏散总时间为：

$$T^{E} = \max\{ T_{\mathrm{i}}^{E} \mid \mathrm{i} = 1, 2, \cdots, N_{f}\} \tag{5.5}$$

（1）“任务-电梯”约束条件

任务-电梯分派的决策变量被记为矩阵 X，其中的元素 $x_{ij}=1$ 表示电梯 j 将被分派给任务 i，而 $x_{ij}=0$ 则表示不将电梯 j 分派给任务 i。且每一个任务只能由一部电梯提供服务，故有：

$$\sum_{j=1}^{N_{e}} x_{ij} = 1,\ r_{i} \in R_{U} \tag{5.6}$$

（2）“单部电梯”约束条件

在得到了任务-电梯分派矩阵 X 后，其中的列向量矩阵 X_j 表示分派给电梯 j 的任务。由于电梯将从这些任务所在楼层的最高楼层从上到下逐一服务，故可将其按照楼层进行降序排列，从而得到新的矩阵可以简化电梯运行的复杂度，记为 Y_j，其中的元素 $y_j^{\ k}$ 表示任务在第 k 层，故有：

$$Y_{j} = \{ y_{j}^{f_{\max}}, \cdots, y_{j}^{k}, \cdots, y_{j}^{1}\} \tag{5.7}$$

为了解决电梯超载问题带来的不确定性，缩短电梯开关门时间，提高电梯运行效率，要尽量保证电梯在运行时不会超载。假设电梯 j 的载荷为 C_j，则一部电梯服务的人员数量要小于其载荷：

$$\sum_{r_{i} \in R_{U}} \mathrm{n}(r_{i}, t) x_{ij} \leqslant C_{j} \tag{5.8}$$

如果在某一楼层，等待电梯的人数已经超过了电梯的载荷，则将有一部电梯只服务于这一层。

（3）目标函数

在高层火灾中，首先，火灾的位置对于人员疏散至关重要，起火的楼层对于疏散人员来说更加危险，如果可以调度电梯，则需要给予较大的权重；其次，危险的是起火层上下的楼层，这些楼层很可能因为火灾蔓延而陷入危险；再次，除了起火层上下的楼层，高于该起火层两层或以上的楼层也较为危险，处在这类楼层的人也需要尽快疏散；最后，除起火层上下的楼层之外，在起火层下方的楼层相对危险度较低。在第 i 楼层的危险度可以用参数 γ（r_i，*fire*）来表示，则有：

$$\gamma(r_i, fire) = \begin{cases} \gamma^F(t), \text{ 起火楼层} \\ \gamma^J(t), \text{ 与起火楼层相邻的上下楼层} \\ \gamma^H(t), \text{ 高于或低于起火楼层两层及以上的楼层} \\ \gamma^O(t), \text{ 其余楼层} \end{cases} \tag{5.9}$$

其中，$\gamma^F(t)$，$\gamma^J(t)$，$\gamma^H(t)$，$\gamma^O(t) \in [0, 1]$，γ 会随时间 t 而变化，其依据为火灾的蔓延情况，其值越大，表示楼层 i 越危险。

对于一个乘客而言，较长的等待时间和在电梯运行过程中多次经停其他楼层都是糟糕的体验。为了合理地平衡人员等待时间和电梯运行时间，该优化问题的最终优化目标是电梯等待时间和电梯运行时间的加权值，用 NT_i 表示，则有 $NT_i = \alpha_1 WT_i + \alpha_2 TT_i$，其中 α_1 和 α_2 分别为电梯等待时间和电梯运行时间的权重，且 α_1，$\alpha_2 \in [0, 1]$，$\alpha_1 + \alpha_2 = 1$。

在高层建筑火灾中，接近火灾源的人员应该最先被疏散。为了体现该疏散原则，目标函数 J_1 为各个需要疏散楼层的疏散时间加权值：

$$J_1 = \sum_{i \in R_U} w_i \mathrm{N}T_i \tag{5.10}$$

$$w_i = \frac{w'_i(\gamma(k))}{\sum_{i \in R_U} w'_i(\gamma(k))} \tag{5.11}$$

其中，$w'_i(\gamma(k)) = n(r_i, t) \times \gamma(r_i, fire)$，$w_i$ 为任务 i 的加权平均值。

综上，该电梯疏散优化控制问题的目标是将目标函数 J_1 最小化，即 min J_1，其对应的三个约束条件所对应的意义分别为：公式（5.6）表示一个任务只能被一部电梯服务；公式（5.8）表示分派给某一部电梯的人数不能超过其载荷。在电梯调度系统中，如果关键状态改变，则需要重新给出调度方案。本实验所考虑的关键状态为新的任务产生或者等待电梯的人数。两个关键状态中，有一个改变则需要重新优化电梯调度。

5.3.2 求解方法

区域电梯调度问题是 NP 难问题[1]，为了解决该问题，选择遗传算法（GA）对其求解。在使用遗传算法时，选择了 MATLAB 软件的遗传算法工具

〔1〕 Sun J, Zhao Q, Luh P B, et al. Estimation of optimal elevator scheduling performance [C]. Proceedings 2006 IEEE International Conference on Robotics and Automation, 2006: 1078-1083.

箱，在该工具箱中，用户可以根据自己的需求对模型参数以及算法参数进行定义。对算法参数的定义如下：代表染色体的变量为向量 x，其中包含了 N 个元素，有 $N = N_f \times N_e$，所有元素均为 0 或 1 变量，故该问题也是 0 或 1 整数规划问题。在模型中，决策变量等于 1 表示分派第 j 部电梯给任务 i 所在楼层，如果其等于 0 则表示不分派。如图 5.16 所示，向量 x 下边的数字（①位置）表示任务数（任务数等于楼层数），而每个任务对应着 N_e 部电梯，即每部电梯都有可能服务于该任务；上边的数字（②位置）表示变量的总数，即 $N = N_f \times N_e$。例如，第 $2N_e+1$ 个元素表示是否分派 1 号电梯给任务 3 所在楼层，如果其值为 1 则表示将 1 号电梯分派给任务 3 所在的楼层。

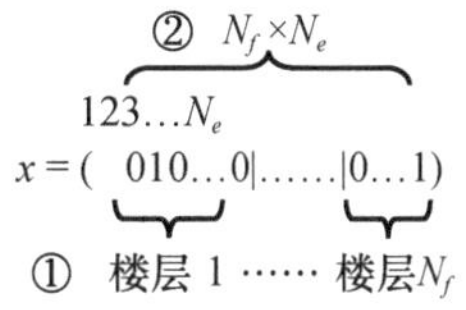

② $N_f \times N_e$
$123 \ldots N_e$
$x = (\ 010 \ldots 0 | \ldots\ldots | 0 \ldots 1)$
① 楼层 1 …… 楼层 N_f

图 5.16 算法中的变量

在定义遗传算法中的参数时，首先需要定义初始染色体数量和遗传的代数。在设置好初始参数后，需要设置遗传与选择过程中的参数，主要包括遗传编码、遗传算子、适应函数和选择规则。在 MATLAB 的 GA 工具箱内，可以将以上参数进行一一定义。

5.3.3 疏散电梯调度

疏散电梯是一种安全的、可靠的且可以用作大规模人员疏散的电梯，由于要保证电梯运行的安全，故在火灾情况下，人员只能在避难层使用此类电梯。在高层建筑疏散过程中，几乎所有从较高楼层进行疏散的人员都会经过避难层，故避难层人数较多，在乘坐电梯时容易发生拥挤。尤其在人员进入电梯过程中发生拥挤，可能导致电梯门无法关闭，从而大大降低电梯疏散效率、延误电梯疏散时间。为了避免这种潜在的拥堵，在本小节中，允许多部疏散电梯同时抵达同一避难层，从而对等待电梯的人群进行分流，降低电梯门因拥挤而无法关闭的概率，提高电梯运行效率。除此之外，人员进入电梯的时间将依据在之前实验中得到的正态分布给出，使电梯调度与实际更加相近。

由于疏散电梯只在避难层和建筑的第 1 层停靠，疏散者在避难层乘坐电梯后，将被直接运送到指定楼层，故不对电梯调度进行优化。在疏散过程中，避难层 i 的疏散时间为 RT_i，有 $RT_i = RWT_i + TT_i$。其中，RWT_i 是在第 i 个避难层等待时间最长的疏散者的等待时间，与区域电梯调度部分相同，TT_i 是电梯的运行时间，由停靠时间 T_s 和运行时间 T_m 所组成，见公式（5.3）。因此，疏散电梯的疏散时间 RT 为：

$$RT = \max\ \{RT_i\} \tag{5.12}$$

5.3.4 算例分析

本小节的3个算例都是基于MATLAB（版本7.8.0）进行的，并在一台装载有Windows系统的笔记本电脑上运行（处理器Intel Core i3，主频2.3，内存2GB RAM），对于前2个算例，参数设置见表5.8。在算例中，主要场景是一栋20层高的建筑，该建筑配有4部电梯，并假设第13层楼起火。在该场景中，理想化地认为没有拥挤或拥堵发生，所有乘客有序乘坐电梯疏散。算例5.1、算例5.2针对区域电梯优化调度展开，而算例5.3则针对疏散电梯调度展开。算例5.1主要被用来测试疏散模式与非疏散模式的区别。算例5.2被用来测试疏散指示对电梯疏散效率的影响。算例5.3被用来对比疏散电梯调度与普通电梯调度的区别。

表5.8 MATLAB参数设置

参数	取值或方法	参数	取值或方法
变量数	80	种群规模	20
存活精英数量	4	适应函数	模型的目标函数
选择方法	轮盘赌方法	突变概率	0.05
交叉规则	单点	非线性约束	模型的约束

如前所述，任务 i 对应的加权疏散时间为 $NT_i = \alpha_1 WT_i + \alpha_2 TT_i$，其中 α_1 和 α_2 分别是电梯等待时间和运行时间的权重，有 α_1，$\alpha_2 \in [0,\ 1]$，$\alpha_1 + \alpha_2 = 1$。在算例5.1和算例5.2中，权重均为0.5，而在算例5.3中，疏散电梯不涉及权重值 α_1 和 α_2 的取值问题。

算例5.1中，共有3个任务，用来体现疏散模式与日常模式的区别。电梯参数的设置如表5.9所示。疏散模式下的任务和结果见表5.10，3个任务分别在第13、第14和第15层，疏散者数量均为10人；为了避免电梯超载，每个任务都由一部电梯进行服务；人员的等待时间均为20s左右，总的疏散时间在49.8s到61.6s之间。对于同样3个任务，在日常模式下，控制系统可能只调度一部电梯去服务，当电梯超载时，会分派另一部电梯继续服务，故造成了较大延误，如表 5.11 所示，相比疏散模式，日常模式下的最长疏散时间为 102.5s。

表 5.9 算例 5.1 中电梯参数设置

参数	取值	参数	取值
速度/（m/s）	2.5	加速度/（m/s^2）	0.7
载荷/人	16	$\gamma^F(t)$，$\gamma^J(t)$，$\gamma^H(t)$，$\gamma^O(t)$	1，0.5，0.25，0
安全疏散时间/s	着火楼层：60 其他楼层：120		

表 5.10 算例 5.1 的区域电梯调度结果

任务	疏散者数量/人	到达楼层	到达时间/s	电梯编号	等待时间/s	疏散时间/s
1	10	13	1	2	17.9	49.8
2	10	14	2	1	19.1	53.2
3	10	15	3	4	20.3	61.6

表 5.11 算例 5.1 的普通电梯调度结果

任务	疏散者数量/人	到达楼层	到达时间/s	电梯编号	等待时间/s	疏散时间/s
1	10	13	1	2	71.6	102.5
2	10	14	2	2，3	39.4，58.5	66.5，102.5
3	10	15	3	3	18.3	66.5

注：在表 5.11 的案例中，控制系统先分配 3 号电梯服务 15 层的 10 个人，之后 3 号电梯服务 14 层的 6 个人，此时 3 号电梯达到载荷量；控制系统再调度 2 号电梯继续服务 14 层的 4 个人，之后 2 号电梯接着服务 13 层的 10 个人。由于 14 层的乘客分两批被服务，所以等待时间和疏散时间有两个数值。

根据相关研究[1]，人员在坡度为 30 度左右的楼梯上的步行速度为 0.7m/s。在该场景中，如果所有疏散者使用楼梯疏散，如表 5.12 所示，可以估算出疏散时间均大于 2 分钟。可见，使用电梯疏散确实可以在一些场景下提高整体疏散效率。

---

〔1〕 Chen T，Song W，Fan W，et al. Pedestrian evacuation flow from hallway to stairs[R]. Canada：Conseil International du Bâtiment，2003.

表 5.12 算例 5.1 的楼梯疏散结果

疏散者数量/人	疏散者所在楼层	等待时间/s	疏散时间/s
10	13	0	121
10	14	0	132
10	15	0	143

算例5.2包含3个子算例：算例5.2.1、算例5.2.2和算例5.2.3，电梯参数的设置如表5.13所示。算例5.2.2是对算例5.2.1的扩展，用来测试系统在遇到状态改变时，如何重新分派电梯以提高疏散效率。算例5.2.3与算例5.2.2的任务相同，不同的是在算例5.2.3中，加入了对人员的指示与引导，即引导部分楼层的人员去其他楼层乘坐电梯以提高疏散效率。当然，这个算例的基本假设是疏散人员服从疏散指示与调度安排。

表 5.13 算例 5.2 中电梯参数设置

参数	取值	参数	取值
速度/（m/s）	2.5	加速度/（m/s^2）	0.7
载荷/人	16	$\gamma^F(t)$，$\gamma^J(t)$，$\gamma^H(t)$，$\gamma^O(t)$	1，0.5，0.25，0

算例5.2.1的任务与电梯调度结果见表5.14，45位疏散人员的电梯疏散时间为81.2s。在算例5.2.2中，前9个任务与算例5.2.1相同，在这些任务后又加入了9个新的任务，故在算例5.2.2中，共有18个任务。在某些楼层上，一部分人呼叫电梯后，又有一部分晚到的疏散者准备乘坐电梯，电梯控制系统在检测到这一状态变化后会对电梯分派方案进行重新优化调整，并及时给出新的电梯分派方案。疏散任务与结果如表5.15所示，85位疏散人员的电梯疏散时间为144.3s。

表 5.14 算例 5.2.1 的区域电梯调度结果

任务	疏散者数量/人	到达楼层	到达时间/s	电梯编号	等待时间/s
1	5	12	0	1	81.2
2	5	13	3	3	72.1
3	5	14	3	4	72.7
4	5	15	3	2	64.9
5	5	16	5	2	64.9

续表

任务	疏散者数量/人	到达楼层	到达时间/s	电梯编号	等待时间/s
6	5	17	5	1	81.2
7	5	18	8	1	81.2
8	5	19	8	4	72.7
9	5	20	10	3	72.1

表 5.15 算例 5.2.2 的区域电梯调度结果

任务	疏散者数量/人	到达楼层	到达时间/s	电梯编号	等待时间/s
1	5	12	0	1	71.9
2	5	13	3	3	77.1
3	5	14	3	4	72.7
4	5	15	3	2	81.1
5	5	16	5	2	81.1
6	5	17	5	1	71.9
7	5	18	8	2	81.1
8	5	19	8	4	72.7
9	5	20	10	3	77.1
10	5	13	15	3	77.1
11	4	12	20	1	71.9
12	6	15	45	1	132
13	3	17	45	4	137.3
14	7	18	45	3	144.3
15	2	19	50	4	137.3
16	4	12	50	1	132
17	6	14	55	2	128.3
18	3	16	55	3	144.3

算例 5.2.3 中的任务与算例 5.2.2 相同，但在算例 5.2.3 中，对疏散人员进行了疏散指示，令一部分分属不同楼层的疏散者集中到同一楼层进行疏散。对人员的指示方案如表 5.16 所示，人员按照该表所示方案，集中到相应的楼层等待电梯。疏散结果如表 5.17 所示，疏散总时间减少了 21.9s，且大多数楼层的人员疏散时间在 60s 左右。可见，有效的疏散指示可以提高电梯疏散效率，减少人员疏散时间。

表 5.16 对算例 5.2.3 人员的疏散指示

新任务	算例 5.2.2 中的原任务	疏散指示
1	1，2，3	13 和 14 层的人员到 12 层
2	4，5，6	16 和 17 层的人员到 15 层
3	7，8，9	19 和 20 层的人员到 18 层
4	10，11	13 层的人员到 12 层
5	12，13，14	17 和 18 层的人员到 15 层
6	16	留在原楼层
7	15，17，18	14 和 19 层的人员到 16 层

表 5.17 算例 5.2.3 的区域电梯调度结果

任务	疏散者数量/人	到达楼层	到达时间/s	电梯编号	等待时间/s
1	15	12	3	2	54.4
2	15	15	5	3	63.6
3	15	18	8	1	73.8
4	9	12	20	4	65.4
5	16	15	45	2	114
6	4	12	50	3	104
7	11	16	55	4	122.4

算例 5.3 用来测试等待电梯人员数量和调度多部电梯到同一层对疏散电梯疏散效率的影响，电梯参数的设置如表 5.18 所示。

表 5.18 算例 5.3 中电梯参数设置

参数	取值	参数	取值
速度/（m/s）	2.5	加速度/（m/s^2）	0.7
载荷/人	13	安全疏散时间	13 层：60s；14 层：120s；15 层：180s

电梯调度结果如表 5.19 所示，如果无法对人员数量进行探测，13 层和 14 层人员的疏散时间为 113.8s 和 143.8s，分别大于各自楼层的安全疏散时间。如果可以探测到疏散者人数而不能考虑到可调度多部电梯到同一层，则总疏散时间为 134.9s，结果与前一个测试相近。不同于这两个测试的结果，利用算例 5.2.2 中的优化调度方法，总疏散时间为 104.7s，且每一层的疏散时间都在安全疏散时间以内，原因在于有效地避免了超载现象的发生。

表 5.19 算例 5.3 的疏散电梯调度结果

是否可探测到疏散者数量	是否可调度多部电梯到同一层	楼层	疏散者数量/人	疏散时间/s	安全疏散时间/s	是否超载
否	否	15	10	76.9	180	否
		14	20	143.8	120	是
		13	5	113.8	60	是
是	否	15	10	96.1	180	否
		14	20	134.9	120	是
		13	5	42.7	60	否
是	是	15	10	53.5	180	否
		14	20	104.7	120	否
		13	5	42.7	60	否

第6章

考虑个体行为的人员疏散模拟研究

在疏散过程中，个体的生理、心理等因素会影响个体行为，进而影响整个人群的疏散规律和动力学。本章采用模拟的方法，分别对考虑个体交互作用和合作行为演化的房间疏散以及考虑个体生理、心理和移动偏好的楼梯疏散进行动力学研究。

6.1 考虑个体交互作用和合作行为演化的水平疏散模拟研究

在人员疏散过程中，个体和群体的运动受外界环境和人员因素共同影响。由于人员的异质性、社会性和智能性，不同个体在疏散过程中所采取的合作竞争行为不同，且个体的合作竞争行为随着时空变化并不是一成不变的，而是会随着心理情绪、社会关系等因素以及与他人行为之间不断的交互作用进行演化，因此疏散过程实际上同时又是一个行为演化的过程。人员的合作行为演化已经成为多个学科关注的重要问题[1][2][3][4]。疏散中个体间的交互作用影响着人员合作行为的演化，而个体每时刻的合作竞争行为又进一步影响着行人路径选择等决策行为以及群体行为，因此对疏散中行人合作行为演化和交互作用及其对疏散动力学的影响开展研究显得十分有意义。

目前，大多数人员疏散模型研究主要关注人员疏散动力学问题，并没有

〔1〕 Pennisi E. How did cooperative behavior evolve? [J]. Science, 2005, 309 (5731): 93.

〔2〕 Buldyrev S V, Parshani R, Paul G, et al. Catastrophic cascade of failures in interdependent networks[J]. Nature, 2010, 464 (7291): 1025-1028.

〔3〕 Huang K, Cheng Y, Zheng X, et al. Cooperative behavior evolution of small groups on interconnected networks[J]. Chaos, Solitons and Fractals, 2015, 80: 90-95.

〔4〕 Watts D J, Strogatz S H. Collective dynamics of "small-world" networks[J]. Nature, 1998, 393 (6684): 440-442.

考虑行人在疏散过程中的合作行为演化问题。博弈模型是研究人员合作行为演化[1][2][3][4]和解决群体位置或出口冲突[5][6][7]的重要方法。近年来，少数学者开始关注人员疏散过程中合作行为演化过程并将博弈方法引入其相关研究中。Zheng 和 Cheng 等[8][9][10]首次将斗鸡博弈（Chicken Game）模型引入元胞自动机模型中来研究行人疏散过程中的合作行为演化。该研究认为不同行人在产生位置冲突时会进行互相博弈，可以用博弈的定量结果来解决冲突问题。行人在每次博弈后会根据一定的规则进行合作行为更新，因此在疏散过程中其策略会不断地更新演化，他们根据建立的模型研究了疏散紧急程度、行人的理性程度和从众行为对整个人群中人员合作比例和疏散时间的影响。不同于Zheng 等的研究，Shi 等[11]和 Guan 等[12]关注个体与其邻域行人的博弈，每个个体的博弈效益可以用来计算其选择邻域元胞的概率，但两者计算转移概率的方法有所不同，行人每次博弈后同样根据不同的规则进行策略更新，从而刻画行人合作行为在疏散过程中的演化过程。但现有考虑

---

〔1〕 Huang K, Zheng X, Li Z, et al. Understanding cooperative behavior based on the coevolution of game strategy and link weight[J]. Scientific Reports, 2015, 5 (1): 1-7.

〔2〕 Bandyopadhyay A, Kar S. Coevolution of cooperation and network structure in social dilemmas in evolutionary dynamic complex network[J]. Applied Mathematics and Computation, 2018, 320: 710-730.

〔3〕 Chu C, Liu J, Shen C, et al. Coevolution of game strategy and link weight promotes cooperation in structured population[J]. Chaos, Solitons and Fractals, 2017, 104: 28-32.

〔4〕 Roca C P, Cuesta J A, Sάnchez A. Effect of spatial structure on the evolution of cooperation[J]. Physical Review E, 2009, 80 (4): 046106.

〔5〕 Lo S M, Huang H C, Wang P, et al. A game theory based exit selection model for evacuation [J]. Fire Safety Journal, 2006, 41 (5): 364-369.

〔6〕 Song X, Ma L, Ma Y, et al. Selfishness-and selflessness-based models of pedestrian room evacuation[J]. Physica A: Statistical Mechanics and its Applications, 2016, 447: 455-466.

〔7〕 Sun L, Ma Y, Lian D. Game theory based exit selection model for evacuation[J]. Computer Systems and Applications, 2012, 21 (1): 111-114.

〔8〕 Zheng X, Cheng Y. Modeling cooperative and competitive behaviors in emergency evacuation: A game-theoretical approach[J]. Computers and Mathematics with Applications, 2011, 62 (12): 4627-4634.

〔9〕 Zheng X, Cheng Y. Conflict game in evacuation process: A study combining Cellular Automata model[J]. Physica A: Statistical Mechanics and its Applications, 2011, 390 (6): 1042-1050.

〔10〕 程远．基于演化博弈论的群体疏散行为研究[D]．北京化工大学，2012.

〔11〕 Shi D, Zhang W, Wang B. Modeling pedestrian evacuation by means of game theory[J]. Journal of Statistical Mechanics: Theory and Experiment, 2017 (4): 043407.

〔12〕 Guan J, Wang K, Chen F. A cellular automaton model for evacuation flow using game theory [J]. Physica A: Statistical Mechanics and its Applications, 2016, 461: 655-661.

疏散中行人行为演化的模型鲜有考虑局部行人个体间交互作用对个体路径决策行为的影响。局部个体的交互作用不但会影响个体合作行为的演化，也会影响个体逃生空间路径的选择，进而影响整个人群疏散行为和效率。

在前人研究的基础上，本章基于元胞自动机模型和博弈模型提出了一种考虑局部行人交互作用和个体合作行为演化的行为模型；并采用同步更新的规则，提出了解决行人位置冲突的方法。通过建立的模型，分析了疏散中行人行为演化过程，研究了互融意愿强度、心理紧张程度和摩擦强度等因素对行人疏散合作行为演化及房间场景中人员疏散动力学特征的影响。

6.1.1 模型

6.1.1.1 行人运动行为建模

元胞自动机模型中，实验场景被分成若干离散的网格，每个网格大小为0.4m×0.4m，其最多被一个行人占据。每个行人在每时间步运动过程中，只能根据个体决策选择邻区一个空置的网格或者静止不动。在本章中，行人的平均运动速度为1.3m/s，因此每时间步长为0.3s。

行人从一个网格移动到另一个网格即个体逃生路径规划过程中，要经过不断的个体决策，本章模型认为行人逃生过程中个体决策受环境因素和局部个体间的交互作用共同影响，因此行人从当前网格（i_t，j_t）移动到邻域任意网格（i，j）的概率 P_{ij} 由行人所获得的环境效用和其与他人交互作用所获得的行为互融效用共同决定，计算公式如下：

$$P_{ij} = \frac{\exp(M_{ij})}{\sum_{(i,\ j) \in \Phi} \exp(M_{ij})}(1 - n_{ij}) \tag{6.1}$$

$$M_{ij} = k_s S'_{ij} + k_u U'_{ij} \tag{6.2}$$

其中，M_{ij} 为行为从当前网格移动到目标网格所获得的总效用；S'_{ij}为行人个体从当前网格移动到目标网格所获得的环境效用，由行人目前所在网格和目标网格之间的距离决定；U'_{ij}是个体从当前网格移动到目标网格所获得的行为互融效用；敏感性参数 k_s 代表行人对出口的熟悉程度；k_u 为行为互融意愿强度，可以代表行人间的关系强度或者行人对局部交互作用的依赖强度；Φ 代表行人邻域网格的集合，在本章中，采用 Moore 邻域规则，因此每个网格有 8 个邻居，行人从当前网格移动到各邻域网格的概率如图 6.1 所示；n_{ij} 代表邻域网格的状态，当所选择的目标邻域网格为空时，$n_{ij}=0$，否则 $n_{ij}=1$。

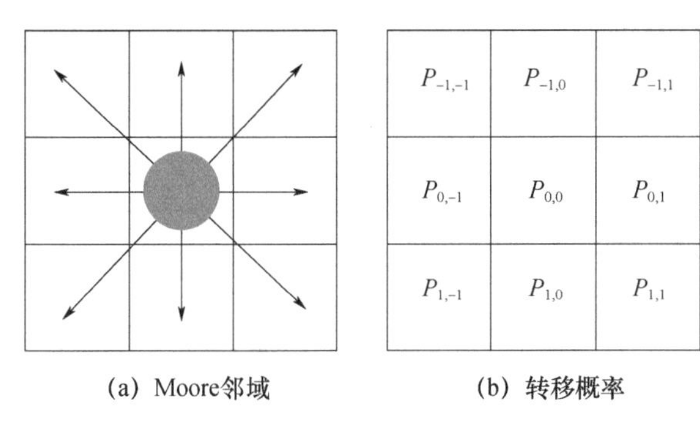

(a) Moore邻域　　(b) 转移概率

图 6.1　Moore 邻域和行人向各邻域网格转移概率

本章研究场景为无障碍的单出口房间，因此环境因素主要指的是出口位置因素。环境效用 S'_{ij} 的计算方法如公式（6.3）和（6.4）。其中（i_e, j_e）为房间出口坐标；（m，n）为房间场景内任意网络的坐标；S_{ij} 表示行人在位于网格（i，j）时与房间出口交互作用的收益，也叫网格（i，j）的静态场；而（i_t，j_t）和（i，j）分别为行人当前所在网格和其邻域目标网格的坐标，因此某一网格离出口越近，其对应的 S_{ij} 越大。

$$S'_{ij}=S_{ij}-S_{i_tj_t} \tag{6.3}$$

$$S_{ij}=\max\left(\sqrt{(i_e-m)^2+(j_e-n)^2}\right)-\sqrt{(i_e-i)^2+(j_e-j)^2} \tag{6.4}$$

行为互融效用 U'_{ij} 由公式（6.5）和（6.6）计算。其中，$U_{i_tj_t}$ 为行人在目前网格（i_t，j_t）时与其各邻域行人交互作用的总收益；U_{ij} 为假设行人在邻域网格（i，j）时与其周围邻域行为交互作用的总收益；E_{ij} 为行人与其某一邻域行人交互作用的收益；Ψ 为与行人发生交互作用的邻域人员集合。由于行人的异质性，每个行人在疏散中会表现出不同的合作竞争行为，根据行人合作竞争行为的不同，将采用合作行为的行人称为合作者，将采用竞争行为的行人称为竞争者。不同行人间的交互作用的收益不同，两行人个体间交互作用的收益按照雪球博弈方法计算所得，如表 6.1 所示：当两人都为合作者时，每个人交互作用的收益为 R；当一人为合作者，一人为竞争者时，合作者的收益为 S，竞争者的收益为 T；当两人都为竞争者时，每个人的收益皆为 P，其中 R=1，P=0，T=1+r，S=1−r，并且 $0<r<1$。实际上，从某种角度上说 r 代表了疏散中

行人的心理紧张（恐慌）程度。[1]

$$U'_{ij}=U_{ij}-U_{i_tj_t} \tag{6.5}$$

$$U_{ij}=\sum_{(i,\ j)\in\psi}E_{ij} \tag{6.6}$$

表 6.1 雪球博弈

	合作（C）	竞争（D）
合作（C）	(R, R)	(S, T)
竞争（D）	(T, S)	(P, P)

6.1.1.2 冲突解决

模型采用同步更新的方式对每时间步行人的位置进行更新。同步更新最重要的问题就是解决不同个体竞争同一位置时产生的冲突。采用 Shi 等[2]和 Guan 等[3]的研究方法，用个体与其邻域行人交互作用所获得的平均收益来表示个体的竞争能力，由于采用竞争行为的竞争者之间会产生摩擦，引入系数 λ 来表示竞争者个体的摩擦强度，竞争者人数越多，总的摩擦强度越高[4]，因此竞争同一位置的个体成功移动的概率 P_o 见公式（6.7）：

$$P_o=\frac{\exp(k_o\overline{U}_{i_tj_t})}{\lambda^{n_D}\sum_{(i,\ j)\in\Theta}\exp(k_o\overline{U}_{i_tj_t})} \tag{6.7}$$

其中，$\overline{U}_{i_tj_t}$ 为行人在网格（i_t，j_t）与其邻域行人交互作用所获得的平均收益；Θ 为竞争同一网格的所有人员的集合；k_o 为敏感性参数，反映人员的判断能力；λ 为竞争者个体摩擦强度，$\lambda\geqslant 1$；n_D 为竞争同一位置的采用竞争行为的竞争者数量。

6.1.1.3 行为演化

每时间步对行人位置更新的同时，个体的合作竞争行为也会随之更新。

---

〔1〕 Shi D, Zhang W, Wang B. Modeling pedestrian evacuation by means of game theory[J]. Journal of Statistical Mechanics: Theory and Experiment, 2017: 043407.

〔2〕 Shi D, Zhang W, Wang B. Modeling pedestrian evacuation by means of game theory[J]. Journal of Statistical Mechanics: Theory and Experiment, 2017: 043407.

〔3〕 Guan J, Wang K, Chen F. A cellular automaton model for evacuation flow using game theory[J]. Physica A: Statistical Mechanics and its Applications, 2016, 461: 655-661.

〔4〕 Yanagisawa D, Kimura A, Tomoeda A, et al. Introduction of frictional and turning function for pedestrian outflow with an obstacle[J]. Physical Review E, 2009, 80 (3): 036110.

假设疏散行人是具有一定理性的个体，对于可以成功移动的行人将保持现有的合作竞争行为，而不能成功移动的个体将按照 Fermi 规则[1]通过有限的自我总结方式来调整现有行为。疏散行人的合作竞争行为只有两种，因此没有成功移动的个体调整目前策略 x 为其相反策略 y 的概率 P（$x \to y$）如公式(6.8)：

$$P(x \to y) = \frac{1}{1 + \exp(k_c(\overline{U}_{i_t j_t}(x) - \overline{U}_{i_t j_t}(y)))} \tag{6.8}$$

其中，$\overline{U}_{i_t j_t}$（x）为位置更新前行人个体在网格（i_t，j_t）采用目前合作竞争行为与其邻域行人交互作用所获得的平均收益；而 $\overline{U}_{i_t j_t}$（y）为位置更新前行人个体在网格（i_t，j_t）采用相反合作竞争行为与其邻域行人交互作用所获得的平均收益；k_c 同 k_o 一样为敏感性参数，反映个体的理性程度。

6.1.2 模拟结果及分析

设置房间模拟场景大小为 10m×10m，出口位于房间一侧的中间位置，且其宽度 d 为 1 个网格。房间场景内行人密度为 $\rho = N/M$，N 为房间内行人数量，M 为房间场景元胞网格总数。初始时刻行人密度设为 $\rho = 0.6$，其中合作者比例 $\rho_C = 0.5$，合作者人员数量与竞争者人员数量相同，模拟开始前行人随机均匀地分布在房间内。同时，设置其他参数 k_o 和 k_c 都为 2。模拟过程中，统计每时间步疏散人群中合作行为人员比例，当行人成功疏散时，记录其离开出口前所采取的行为。每组场景模拟 50 次，每个数据点为 50 次模拟结果的平均值。图 6.2 为模拟人员疏散过程中产生的拥堵和拱形现象。

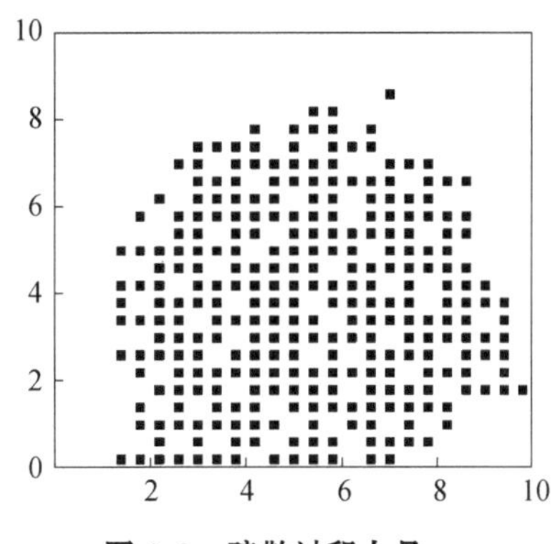

图 6.2 疏散过程人员拥堵和拱形现象

6.1.2.1 互融意愿强度的影响

图 6.3 和图 6.4 分别展示了人群疏散时间和合作行为人员比例与不同行人

[1] Szabó G, Fath G. Evolutionary games on graphs[J]. Physics Reports, 2007, 446 (4-6): 97-216.

互融意愿强度的关系。由图可以看出，行人互融意愿强度对行人疏散时间和合作行为人员比例皆有影响。图 6.3（a）和（b）表明，行人疏散时间随着行人互融意愿强度的增大而增加。但当 $k_s>3$，$k_u=1$ 和 $k_u=2$ 时，行人疏散时间小于 $k_u=0$ 时的疏散时间，说明当行人对出口具有一定熟悉程度的情况下，行人互融意愿强度较小时的交互作用有利于人员疏散，而由图 6.3（c）可以明显发现当 $k_s>5$ 时，几乎任何互融意愿强度下的行人交互作用都能降低人群疏散时间。图 6.3（d）中人群疏散时间与行人互融意愿强度的关系表现出不同的趋势，在 k_s 一定范围内，不同互融意愿强度的行人交互作用不但有利于人群疏散，且人群疏散时间反而随着互融意愿强度的增大而减小。对比分析图 6.3 各子图可以发现，个体间一定的交互作用有利于人群疏散，但互融意愿强度和个体间的交互作用对人群疏散效率的影响在不同参数范围内有所不同，其与行人个体的心理紧张程度、竞争者间的摩擦强度和行人对出口的熟悉程度有关。由于图 6.3 中行人在 $k_s=2$，$k_u=3$ 时，不同参数情况下的疏散时间相对较小，因此在 6.1.2.2 和 6.1.2.3 节模型计算中，设定 $k_s=2$，$k_u=3$。

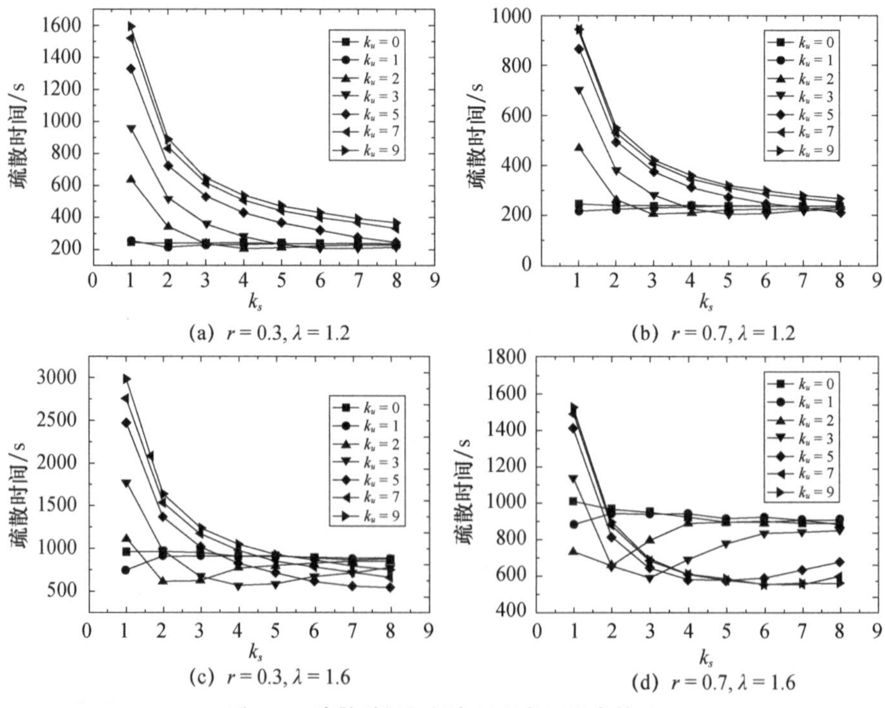

(a) $r=0.3, \lambda=1.2$ (b) $r=0.7, \lambda=1.2$

(c) $r=0.3, \lambda=1.6$ (d) $r=0.7, \lambda=1.6$

图 6.3 疏散时间与行人互融意愿强度关系

从图6.4整体来看，疏散人群中合作行为人员比例随着互融意愿强度的增大而减小。只有在一定参数范围内，如图6.4（b）和（d），较小互融意愿强度下的行人交互作用反而增大人群中合作行为人员比例。说明一定情况下，行人较小程度的交互作用有利于人群中人员的合作行为的形成，但随着行人互融意愿的增强，整个人群中人员合作行为比例随之下降。

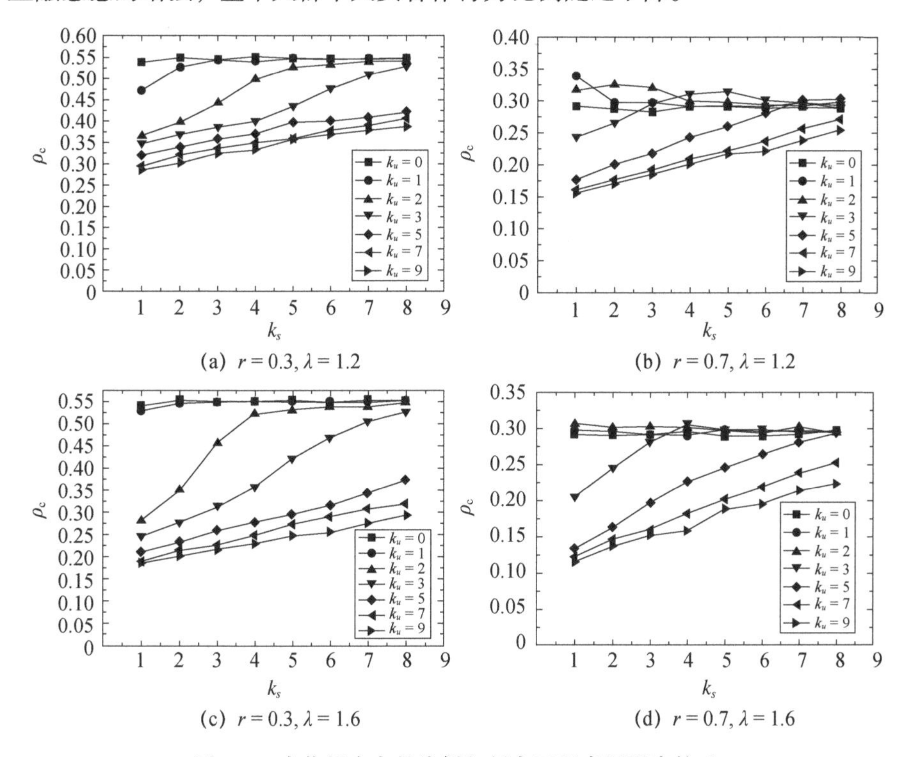

(a) $r=0.3, \lambda=1.2$ (b) $r=0.7, \lambda=1.2$

(c) $r=0.3, \lambda=1.6$ (d) $r=0.7, \lambda=1.6$

图6.4 合作行为人员比例与行人互融意愿强度关系

6.1.2.2 摩擦强度和紧张程度的影响

竞争者的摩擦强度和行人心理紧张（恐慌）程度影响人员疏散，如图6.5所示。由图6.5（a）可以发现，人群疏散时间随着摩擦强度增大而增大。这是因为摩擦强度越大，如公式（6.7）所示行人移动的可能性越小。另一方面由图6.5（b）可以看出，摩擦强度越大，在大部分参数一定的情况下，合作行为的人员比例越小，而同样由公式（6.7）可知人群中更多的竞争者进一步减小了行人运动的可能性，因此增加了疏散时间。值得注意的是，在图6.5（b）中，行人紧张程度较小时，人群中合作行为人员比例在一定摩擦强度之后有随着摩擦强度的增大却增大的趋势，这可能与行人合作行为演化过程有关。合作行为人员比例随着个体心理紧张程度的增大而减小，见图 6.5（b），这是因为 r 越大，由雪球博弈可知采用竞争行为的行人与合作者行人博弈时获得的收益越高，由公式（6.7）可知行人移动的可能性越大，因此行人更愿意表现竞争行为，合作行为人员比例随之减小。图 6.6 进一步展示了行人不同紧张程度下疏散人群中合作行为人员比例随时间的演化过程，可以发现相同参数下行人不同紧张程度时的合作行为人员比例整体上随时间演化有相似的趋势，合作行人比例先迅速变大或减少，然后在一定时间范围内保持不变，最后再随着时间变大而变小。但值得注意的是，人员心理紧张程度不同时，合作行为人员比例在随着时间增大而变小的阶段，合作行为人员比例减少的幅度不同。

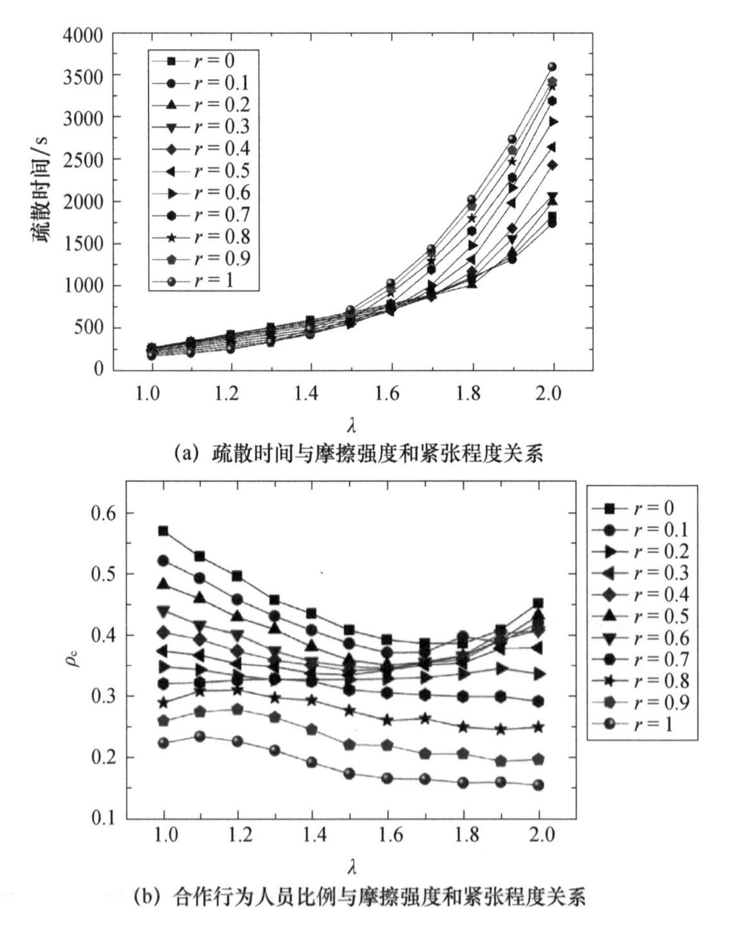

(a) 疏散时间与摩擦强度和紧张程度关系

(b) 合作行为人员比例与摩擦强度和紧张程度关系

图 6.5　疏散时间和合作行为人员比例与摩擦强度和紧张程度关系

在不同摩擦强度范围内，人群的疏散时间随着行人个体紧张程度的变化有所不同。由图6.5（a）可以看出，当摩擦强度$\lambda<1.4$，紧张程度$r=0$时，人群的疏散时间最长，且人群的疏散时间随着行人个体紧张程度的增大而减小。这是因为r越大，人员与他人交互作用所获得的收益越高。虽然随着r的增大，人群中的竞争者比例也会增加，但是由于竞争者与他人的摩擦强度很小，其给人员运动带来的负面影响相对较小。由公式（6.7）可知，人员在竞争相同位置时运动的可能性越大，进而加快了疏散过程。当$\lambda>1.4$，r大于一定值时，人员疏散时间随着个体紧张程度的增大而增大，这是因为摩擦强度较大时，竞争者间的摩擦作用对人员运动的负面作用占据了主导地位，越多的竞争者使得人群整体运动越困难，这实际上体现了人员疏散中的“快即是慢”现象。但仍可以观察得到，$r\geqslant0$的某个值时，疏散时间最短。这说明在紧急疏散中，行人表现出适当的紧张心理有利于提高人群疏散效率。

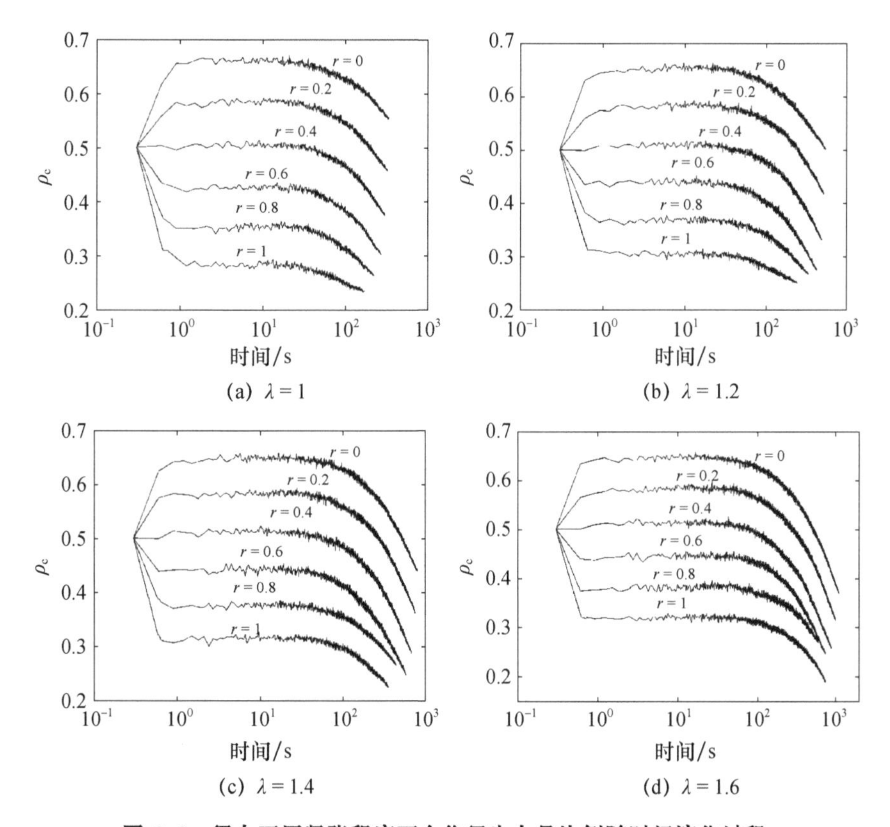

图6.6 行人不同紧张程度下合作行为人员比例随时间演化过程

6.1.2.3 初始合作行为人员比例的影响

在前面的研究中，主要对初始时刻合作者比例 $\rho_C = 0.5$ 的情况进行了分析，接下来探究初始时刻合作者比例不同对行人疏散时间和疏散合作行为演化过程的影响。如图 6.7 所示，可以明显看出人群疏散时间和合作行为人员比例并不随着初始合作行为人员比例的变化而变化，说明相同参数下，初始合作行为人员比例对人群疏散时间和最后合作行为的形成结果没有影响。

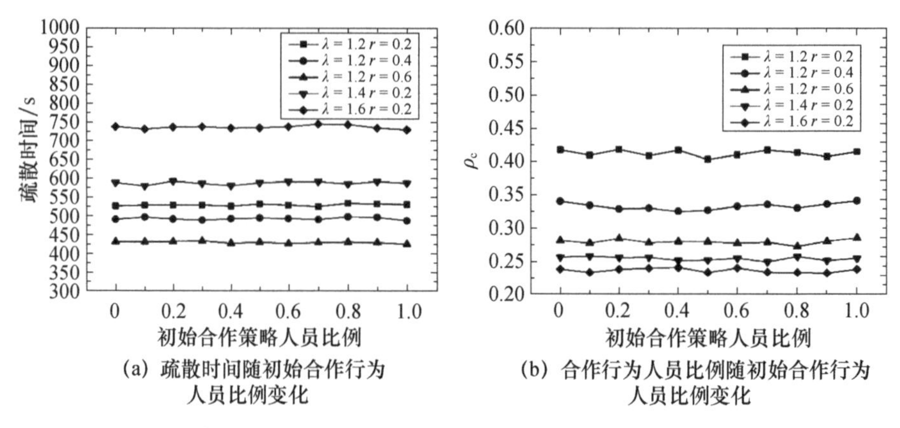

(a) 疏散时间随初始合作行为人员比例变化

(b) 合作行为人员比例随初始合作行为人员比例变化

图 6.7 疏散时间与合作行为人员比例随初始合作行为人员比例变化

6.2 楼梯疏散模拟研究

楼梯在建筑疏散过程中扮演着非常重要的角色，因为对于大多数建筑来讲，楼梯是最传统、最易被人接受，也是唯一的疏散方式。为了更好地通过设计来提高建筑安全度，著名的《生命安全规范》(Life Safety Code)[1] 建议设计者采用防火性能化设计，而在防火性能化设计中，需要使用仿真的方法代替以往通过简单的公式计算对人员疏散时间进行计算与评估。然而，现有的仿真并不准确，原因在于仿真中没有考虑到楼梯结构、人员行走偏好、人员生理条件和人员心理状态等因素。

微观仿真模型可以更好地刻画行人之间的相互作用，进而还可以反映行人

---

〔1〕 NFPA 101 life safety code[S]. National Fire Protection Association, 2021.

流的宏观特性，故大多数的楼梯内人员疏散仿真是基于微观模型的[1][2][3]。而在微观模型中，社会力模型由于其计算的复杂性，不适用于大规模疏散的仿真。较之社会力模型，元胞自动机模型（Cellular Automata，CA）[4][5][6][7]更加适合对大规模人员疏散进行仿真。另外，由于台阶和连接平台的存在，楼梯空间呈现出离散化的特性，更加适合利用元胞自动机模型对其进行仿真。故本节将基于元胞自动机模型对高层建筑中楼梯内的人员疏散仿真进行改进。然而，在改进基于元胞自动机的楼梯疏散仿真模型过程中，存在三个难点：（1）在现有的模型中，无法体现楼梯结构的特殊性——楼梯由台阶和转接平台组成，人员在台阶和平台上的移动轨迹不合理，直接的解决办法是增加人员移动的规则，从而更好地模拟人员的移动，但增加移动规则势必会增加计算机计算的复杂度，增加仿真耗时。（2）由于需要考虑以上提到的诸多因素，仿真需要实现人员速度的变化，故需要缩短系统更新时间，对同一疏散过程的仿真来讲，系统更新时间变短会导致计算时间变长，这也会增加仿真耗时。（3）仿真的验证一直以来都是一个难以解决的问题，一方面是因为疏散实证数据的缺失；另一方面是因为在仿真的验证方法上没有统一的标准，无法全面地验证仿真的效果。

---

[1] Fang Z，Song W，Li Z，et al. Experimental study on evacuation process in a stairwell of a high-rise building[J]. Building and Environment，2012，47：316-321.

[2] Pelechano N，Malkawi A. Evacuation simulation models：Challenges in modeling high rise building evacuation with cellular automata approaches[J]. Automation in Construction，2008，17（4）：377-385.

[3] NFPA 5000：Building construction and safety code[S]. National Fire Protection Association，2005.

[4] Zhao D，Yang L，Jian L. Exit dynamics of occupant evacuation in an emergency[J]. Physica A：Statistical Mechanics and its Applications，2006，363（2）：501-511.

[5] Perez G J，Tapang G，Lim M，et al. Streaming，disruptive interference and power-law behavior in the exit dynamics of confined pedestrians[J]. Physica A：Statistical Mechanics and its Applications，2002，312（3-4）：609-618.

[6] Varas A，Cornejo M D，Mainemer D，et al. Cellular automaton model for evacuation process with obstacles[J]. Physica A：Statistical Mechanics and its Applications，2007，382（2）：631-642.

[7] Yu Y，Song W. Cellular automaton simulation of pedestrian counter flow considering the surrounding environment[J]. Physical Review E，2007，75（4）：046112.

6.2.1 考虑行人行为特征的楼梯疏散仿真模型

在现有的行人元胞自动机仿真模型中，组成网格的元胞格尺寸是固定的，一般为0.4m×0.4m或者0.5m×0.5m。然而，楼梯本身由于台阶的存在，其空间的离散化应该按照台阶的尺寸而定，如此才能在仿真中体现出楼梯结构。为了从根本上改进楼梯内行人元胞自动机仿真技术，我们提出了一种新的网格和改进的元胞格尺寸。

整个楼梯可以分为台阶部分和转接平台部分，故在对仿真网格进行定义时，同样考虑了这两部分的差别，分别对两部分的网格进行单独的划分，而后将两部分进行整合，将此类网格划分方法称作“分割-重组”法。对于台阶部分来讲，一个台阶在纵向上一般只能容纳一个行人，在横向上能并排容纳行人的数量则需根据台阶的宽度以及行人的宽度来决定，故将台阶上的元胞格尺寸定义为“台阶的步幅长度×行人的肩宽”。对于大多数的台阶来讲，其步幅长度一般为0.27m~0.3m，且根据中国《住宅设计规范》[1]，其长度不能小于0.22m。根据《中国成年人人体尺寸》[2]国家标准，国人肩宽平均值为0.431m。对于连接部分的平台来讲，行人需要在其上完成转弯动作，故其元胞格尺寸取决于行人的宽度，将其尺寸定义为“行人的肩宽×行人的肩宽”。由于需要将台阶部分和平台部分连接起来，故在横向上将两种元胞格尺寸都设置成行人的肩宽，以方便两部分的衔接。如果楼梯的结构如图6.8（a）所示，其对应的仿真网格划分如图6.8（b）所示，将其分成了6个部分，区域a~f，其中的区域a、b、d、e表示平台部分，两个平台被分成4个区域是为了接下来定义人员的移动方向；区域c、f表示台阶部分。人员从区域b进入楼梯，在区域f的末端进入下一楼层。

人员在楼梯中移动时，会受到周围人员的影响，为了刻画人员之间的相互影响，模型中引入了邻居对其进行刻画。对于某个元胞格来说，其邻居为其相邻的元胞格。根据之前对网格的定义，在台阶上的行人邻居如图6.9（a）和图6.9（b）阴影所示，图中箭头为行人移动方向，A类邻居指低密度情况下行人下楼移动方向上其前方6个元胞格，B类邻居指高密度情况下行人下楼移动方

---

〔1〕《住宅设计规范》（GB 50096—2011）.
〔2〕《中国成年人人体尺寸》（GB 10000—88）.

向上其前方3个元胞格；对于在平台上的行人来讲，其邻居为该行人周边的8个元胞格，如图6.9（c）阴影所示，此类邻居也是最典型的Moore[1]邻居。

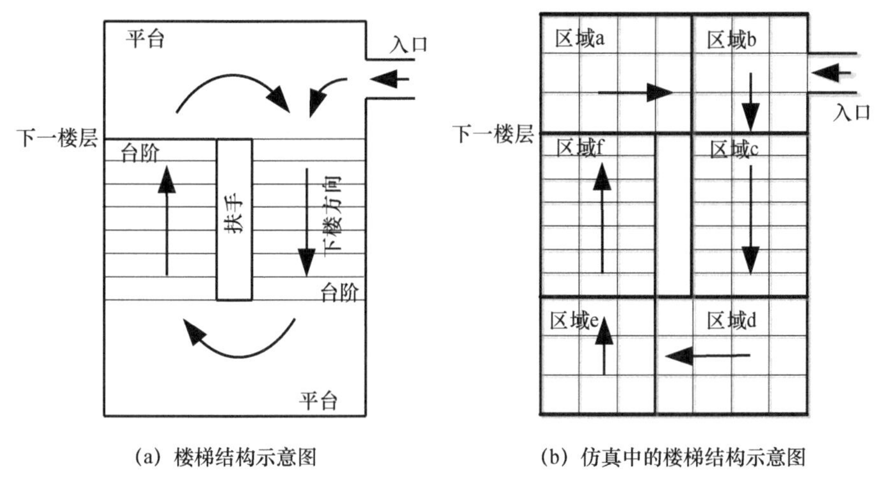

（a）楼梯结构示意图　　（b）仿真中的楼梯结构示意图

图6.8　楼梯结构与仿真中的楼梯结构示意图

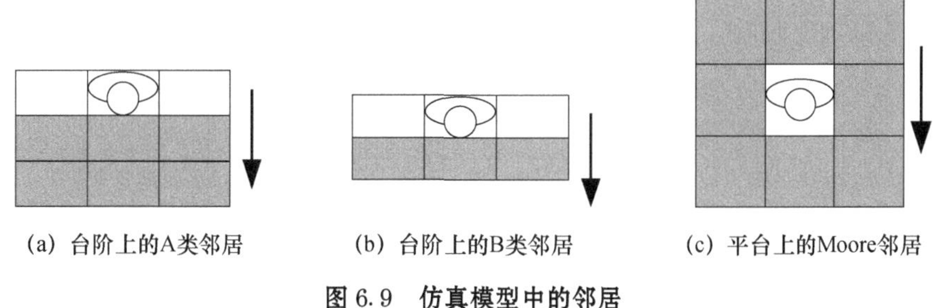

（a）台阶上的A类邻居　　（b）台阶上的B类邻居　　（c）平台上的Moore邻居

图6.9　仿真模型中的邻居

为了在仿真中刻画人员对动态空间的需求，在人群密度低的情况下，人员会与前面的行人保持一个元胞格的距离。在低密度情况下，人员倾向于与前方人员保持一定的距离，其邻居如图6.10所示，当一个行人的前两个元胞格内有另外一个行人时，则其不能向正前方的一个元胞格（如图中阴影元胞格所示）移动。但当行人流密度增加时，行人则难以考虑与前方人员的距离，

[1] Pelechano N, Malkawi A. Evacuation simulation models: Challenges in modeling high rise building evacuation with cellular automata approaches[J]. Automation in construction, 2008, 17 (4): 377-385.

其邻居如图 6.10 所示，当一个行人的前两个元胞格内有另外一个行人时，则其可以向正前方的一个元胞格移动。低密度与高密度的分界用临界密度 D_c 来刻画，该密度值在 1.4～2.1p/m^2 之间。[1] 但该密度值是在日常情况下统计得出的，在紧急情况下则需要进行一定的修正。在紧急情况下，行人处在烟气和火的环境中，其心理状态可能会改变，焦虑和紧张的情绪可能使得行人不再愿意保持动态空间。如果将真实情况下的密度值记为 D'_c，则有 $D'_c = D_c \times r$。其中，r 是衰减系数，该系数需要根据人员疏散的数据进行赋值。

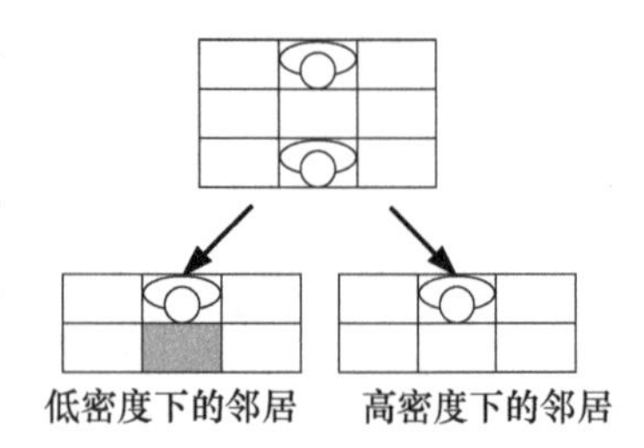

图 6.10 不同密度下的邻居示意图

对于在楼梯内移动的行人来说，其移动方向会经常改变。如前所述，为了区分行人移动方向的变化，将每一层的楼梯分成了 6 个区域。在这 6 个区域上，行人的移动方向如图 6.11 所示，箭头表示行人移动方向。在平台上，行人通过在不同区域上采用不同的移动方向而改变位置。例如，一个行人从楼梯区域 c 走到楼梯区域 f 需要改变几次方向，方向分别为“下—左—上”，其经过的区域方向恰好符合该行人方向的改变。

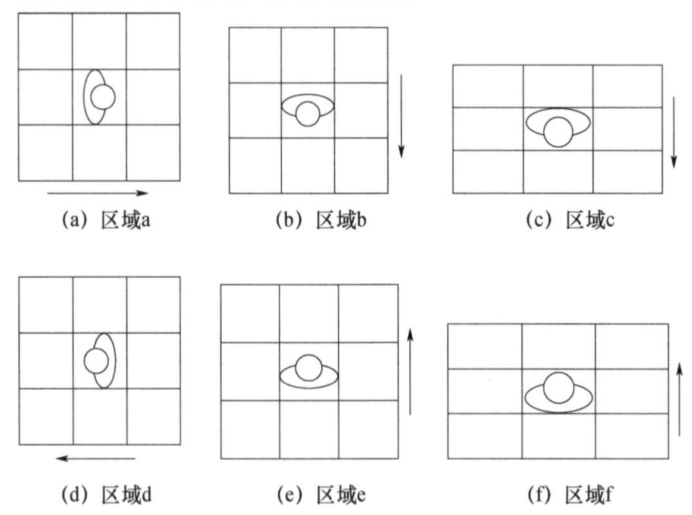

图 6.11 人员在各个区域上的移动方向

---

[1] Fruin J J. Designing for pedestrians: A lever-of-service [J]. Highway Research Record, 1971, (355).

在元胞自动机模型中，人员的移动由状态转移规则来刻画，在以往的元胞自动机模型中，一般只有唯一的状态转移规则，但一条规则难以将行人在台阶和平台上的移动轨迹都刻画好。在新模型中，将每层的楼梯划分成了6个区域，每个区域上都有其相应的状态转移规则，这些规则可以按照台阶和平台分成两类。

对于台阶上的行人来讲，人员只能向正前方、左前方和右前方移动，如果其前进方向上的元胞格被其他人占用，则行人对移动方向的选择会改变。以区域c上的行人为例，其向正前方、左前方、右前方和停留在原地的概率分别用 P_F、P_L、P_R 和 P_S 来表示，则有 $P_F+P_L+P_R+P_S=1$。行人在低密度和高密度情况下移动的可能情况如图6.12所示，图中元胞格阴影表示该元胞格被其他行人占据，行人根据这些可能情况向各个方向移动的概率为：

$$P_F=1/3,\ P_L=1/3-a,\ P_R=1/3+a,\ P_S=0 \tag{6.9}$$

$$P_F=0,\ P_L=0,\ P_R=0,\ P_S=1 \tag{6.10}$$

$$P_F=1/2-3a/2,\ P_L=0,\ P_R=1/2+3a/2,\ P_S=0 \tag{6.11}$$

$$P_F=0,\ P_L=1/2-3a/2,\ P_R=1/2+3a/2,\ P_S=0 \tag{6.12}$$

$$P_F=1/2+3a/2,\ P_L=1/2-3a/2,\ P_R=0,\ P_S=0 \tag{6.13}$$

$$P_F=0,\ P_L=1,\ P_R=0,\ P_S=0 \tag{6.14}$$

$$P_F=1,\ P_L=0,\ P_R=0,\ P_S=0 \tag{6.15}$$

$$P_F=0,\ P_L=0,\ P_R=1,\ P_S=0 \tag{6.16}$$

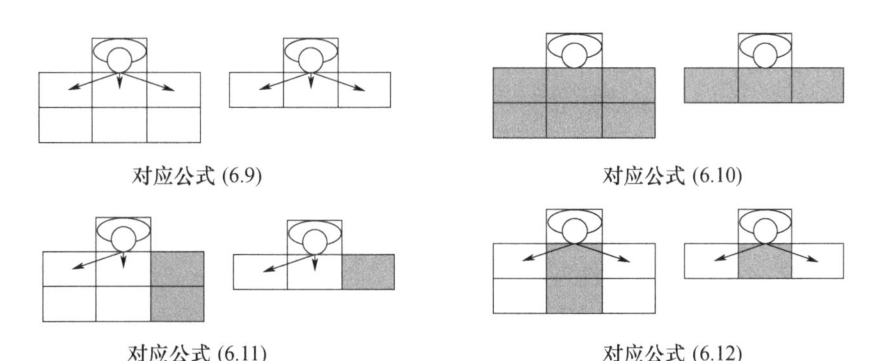

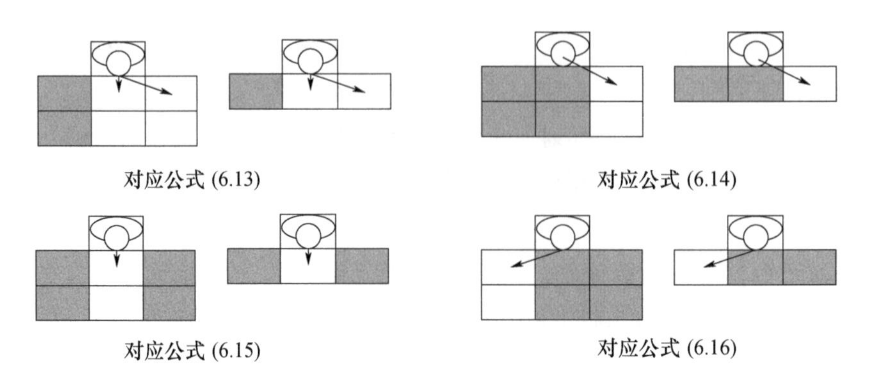

图 6.12　楼梯内人员移动方向示意图

当行人下楼梯时，人员会尽可能地沿着楼梯下降的内侧行走，因为这样下楼经过的距离最短，且可以在下楼时扶着楼梯扶手。参数 a 表示人员倾向于沿下楼方向的内侧移动的特性，且 $0 \leqslant a \leqslant 1/3$。

对于在平台上的行人来讲，每个行人可以向其所在位置的周围行走或者停留在原地。为了量化行人向各个方向移动的概率，对其赋予一个收益矩阵 B，该矩阵所包含的元素为 b_{ij}，有 $i, j = -1, 0, 1$，如图 6.13 所示。假设行人向前移动的收益值为 1 的话，即 $b_{1,0} = 1$，则行人向后移动的收益值为 -1。当一个目标元胞格被其他行人所占用时，该元胞格的收益值为 -2。当行人下楼梯时，人员会尽可能地沿着楼梯下降的内侧行走，因为这样下楼经过的距离最短，且可以在下楼时扶着楼梯扶手。为了刻画行人的这种移动偏好，在收益矩阵中，沿着楼梯下降的内侧方向的收益值赋值为 d，有 $0 \leqslant d \leqslant 1$。根据前几章提到的实验和演习数据，大多数行人倾向于沿着楼梯内侧走，故在本处 $d=1$。相反地，行人向外侧移动的收益值为 $-d$。综上，人员在各个区域上向各个方向移动的收益矩阵如图 6.14 所示。

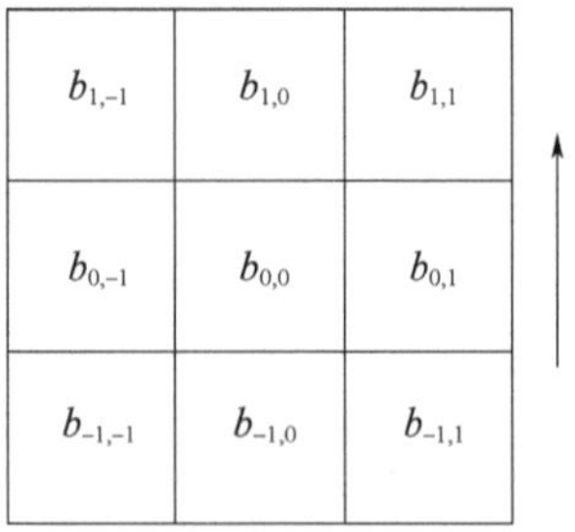

$b_{1,-1}$	$b_{1,0}$	$b_{1,1}$
$b_{0,-1}$	$b_{0,0}$	$b_{0,1}$
$b_{-1,-1}$	$b_{-1,0}$	$b_{-1,1}$

图 6.13　平台上行人向各方向移动的收益示意图

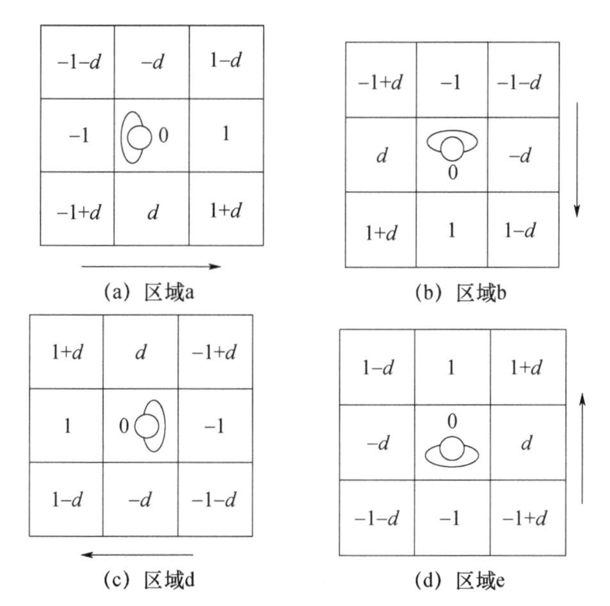

图 6.14 平台上各区域的行人移动收益矩阵

人员向各个方向移动的概率 P_{ij} 如下：

$$P_{ij} = \frac{b'_{ij}}{\sum_{i,\ j=-1,\ 0,\ 1} b'_{ij}} \tag{6.17}$$

$$b'_{ij} = \begin{cases} c & b_{ij} = 0 \\ 0 & b_{ij} < 0 \\ b_{ij} & b_{ij} > 0 \end{cases} \tag{6.18}$$

其中，b'_{ij}是收益值 b_{ij} 的正数转换值，c 是一个足够小的正数以保证在前方所有位置都被占用时，行人可以保持在原地或者左右移动。在图 6.15 中，P_{ij} 是人员移动到位置（i，j）的概率值，计算公式如公式（6.17）所示，位置（0，0）代表行人所在位置。

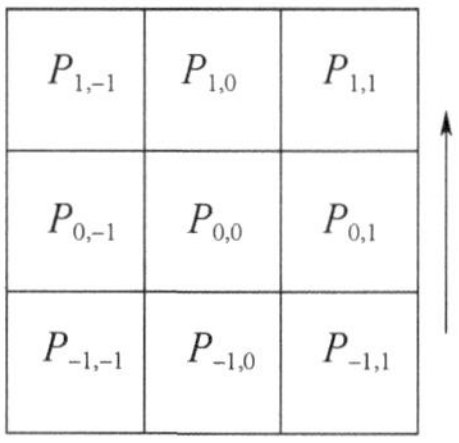

$P_{1,-1}$	$P_{1,0}$	$P_{1,1}$
$P_{0,-1}$	$P_{0,0}$	$P_{0,1}$
$P_{-1,-1}$	$P_{-1,0}$	$P_{-1,1}$

图 6.15 人员移动至邻居元胞格的转移概率

6.2.2　模型验证

在仿真中，所有的信息都来源于需要对比的疏散演习数据，即某高校公寓疏散演习数据，包括疏散人数、疏散开始时间、人员移动速度等。由于演习发生在 11 月，参与者都穿着较厚的外套，故行人的肩宽取 0.5m，这个值又恰好是两倍的台阶宽度。也就是说，在台阶上，元胞格的尺寸为 0.5m×0.275m，在平台上，元胞格的尺寸为 0.5m×0.5m。除了利用新模型进行仿真，还用已有的模型进行仿真以求对比。在已有的仿真模型中，以上提到的重要因素（楼梯结构、人员行走偏好、人员生理条件和人员心理状态），并没有被考虑其中。将基于已有模型的仿真称作仿真 1，将基于新模型的仿真称作仿真 2。

仿真基于 MATLAB 版本 6.8.0，并在一台装载有 Windows 系统的笔记本电脑上运行（处理器 Intel Core i3，主频 2.3，内存 2GB RAM）。由于元胞自动机模型中的行人移动规则是基于概率的，故在仿真中伴随着不确定性，每次仿真的结果（最主要的结果为人员的疏散时间）不尽相同。为了减少不确定性对仿真结果的影响，需要进行多次仿真。确定仿真次数的方法基于欧氏相对差（Euclidean Relative Difference，ERD）。[1] 假设人员使用楼梯的总疏散时间为 T^S，则基于 ERD 有：

$$T_{avn}^{S}=\frac{1}{n}\sum_{i=1}^{n}T_{i}^{S} \tag{6.19}$$

$$T_{\mathrm{convn}}^{S}=\left|\frac{T_{avn}^{S}-T_{avn-1}^{S}}{T_{avn}^{S}}\right| \tag{6.20}$$

其中，T_{avn}^{S}是 n 次仿真的总疏散时间的平均值，n 是仿真的次数，T_{i}^{S}表示第 i 次仿真的楼梯疏散时间，T_{avn-1}^{S}是前 $n-1$ 次的总疏散时间平均值。T_{convn}^{S}用来评价总疏散时间的收敛程度，该值小于 1 时，总疏散时间收敛。

通过 35 次仿真，发现总疏散时间收敛，两类仿真的平均运行时间分别为 9.35s（仿真 1）和 5.61s（仿真 2）。可见，由于新仿真模型引入了整数倍基本时间间隔的更新机制，CPU 的运行时间减少了 42%。

仿真的某时刻截图见图 6.16，仿真的结果如图 6.17 所示。火灾演习的人

〔1〕 Ma J，Song W，Tian W，et al. Experimental study on an ultra high-rise building evacuation in China[J]. Safety Science，2012，50（8）：1665-1674.

员总疏散时间为477s，仿真1的人员总疏散时间为438s，仿真2的人员总疏散时间为476s。可见，仿真2更加准确地模拟了火灾演习的人员疏散。另外，如果仿真的场景是基于更高的高层建筑时，已有的仿真误差将会更大。

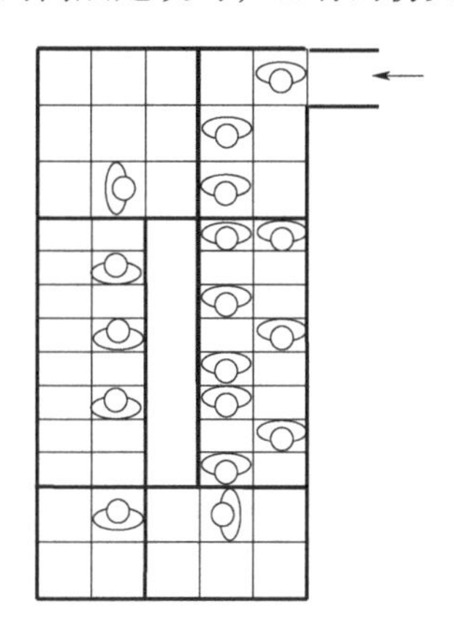

图6.16 某大学公寓仿真2截图

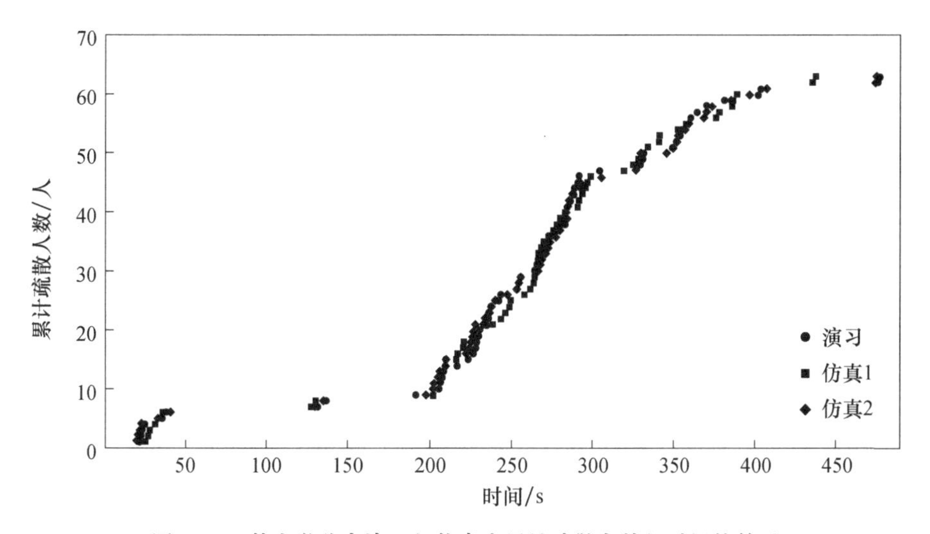

图6.17 某大学公寓演习与仿真中累计疏散人数与时间的关系

对演习数据和仿真数据分别作线性回归（基于IBM SPSS Statistics 19软件），自变量x为疏散时间，因变量y为累计疏散人数，R^2是相关系数，则有：

演习：$y=0.167x-11.321$，$R^2=0.852$；

仿真1：$y=0.173x-12.715$，$R^2=0.864$；

仿真 2：$y=0.167x-11.241$，$R^2=0.867$。

可见，仿真 2 的斜率和截距与演习更加相似，故仿真 2 的结果更加接近于演习的结果。

为了进一步对仿真进行验证，我们对真实数据和仿真数据的分段疏散时间进行了对比。分段疏散主要指从 11 层到 9 层、从 9 层到 7 层、从 7 层到 5 层、从 5 层到 3 层的疏散时间，其仿真数据如图 6.18 至图 6.25 及表 6.2 和表 6.3 所示。

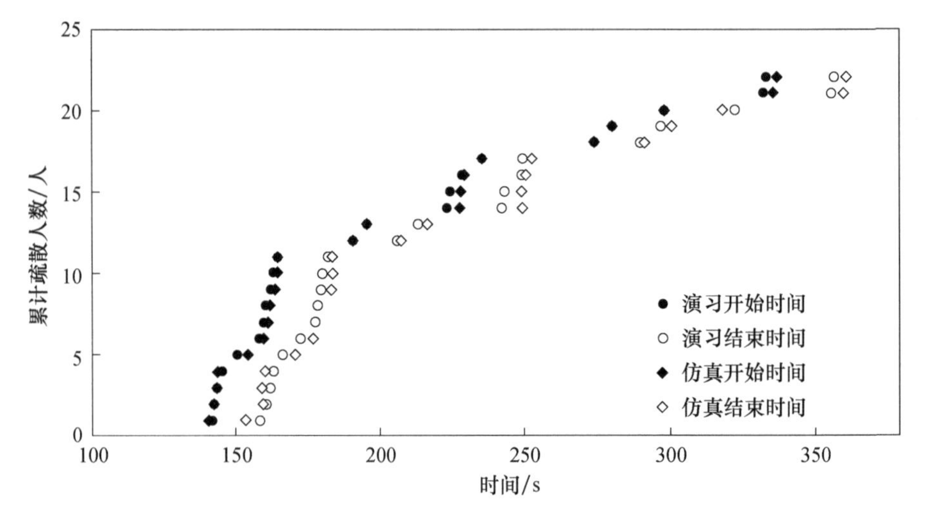

图 6.18　某大学公寓 11 层到 9 层演习与仿真中累计疏散人数与时间的关系

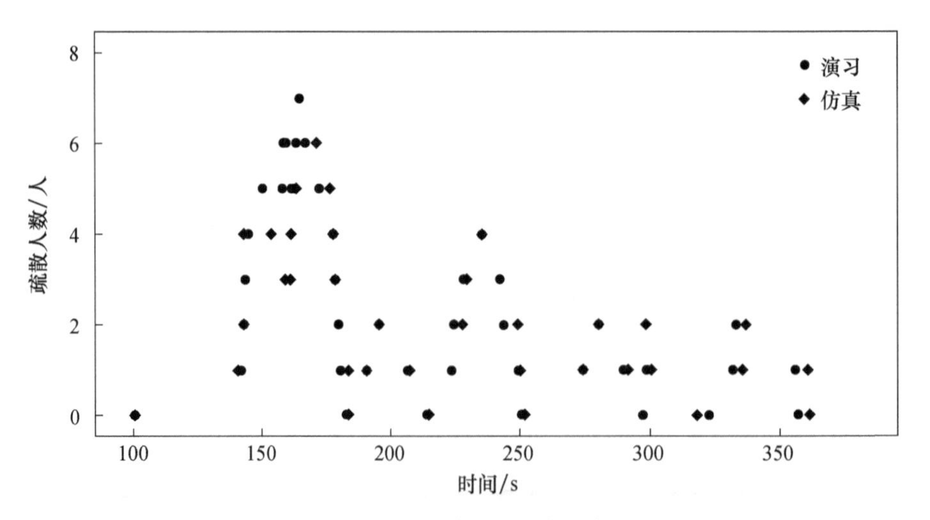

图 6.19　某大学公寓 11 层到 9 层演习与仿真中疏散人数与时间的关系

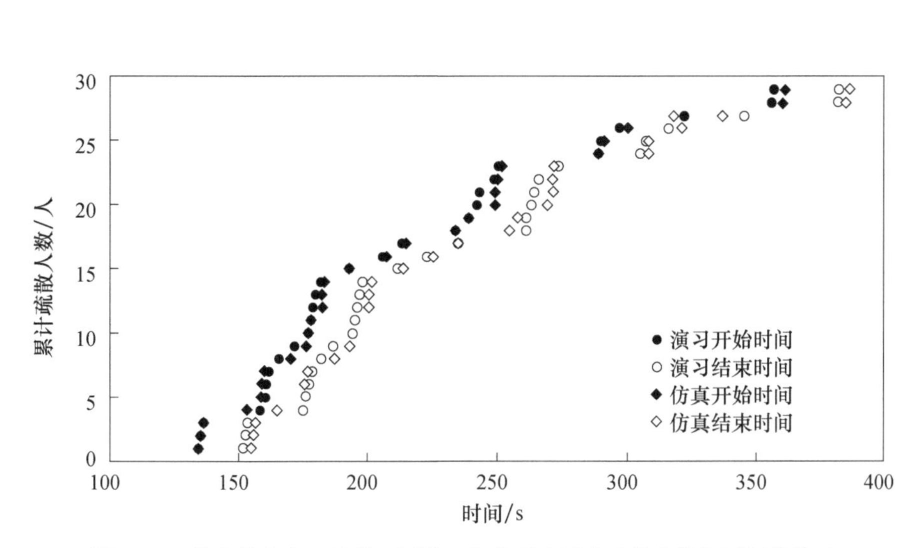

图 6.20 某大学公寓 9 层到 7 层演习与仿真中累计疏散人数与时间的关系

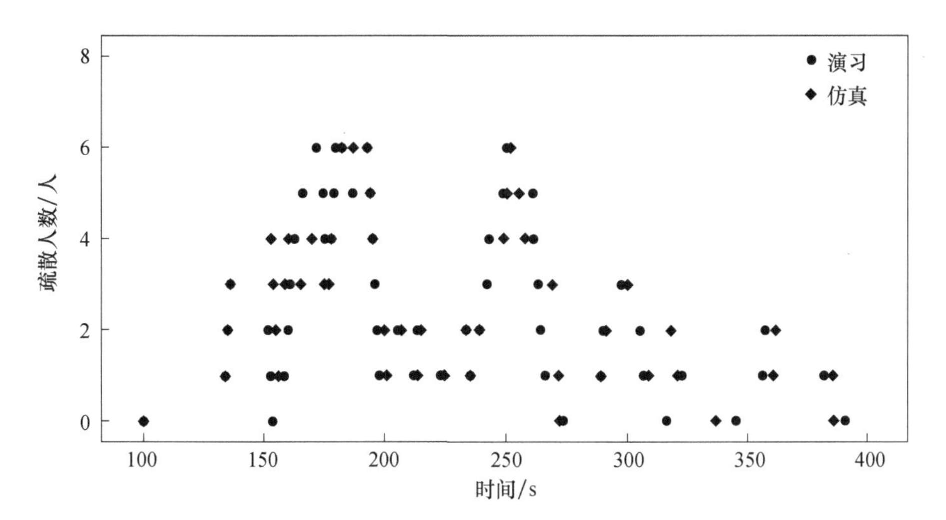

图 6.21 某大学公寓 9 层到 7 层演习与仿真中疏散人数与时间的关系

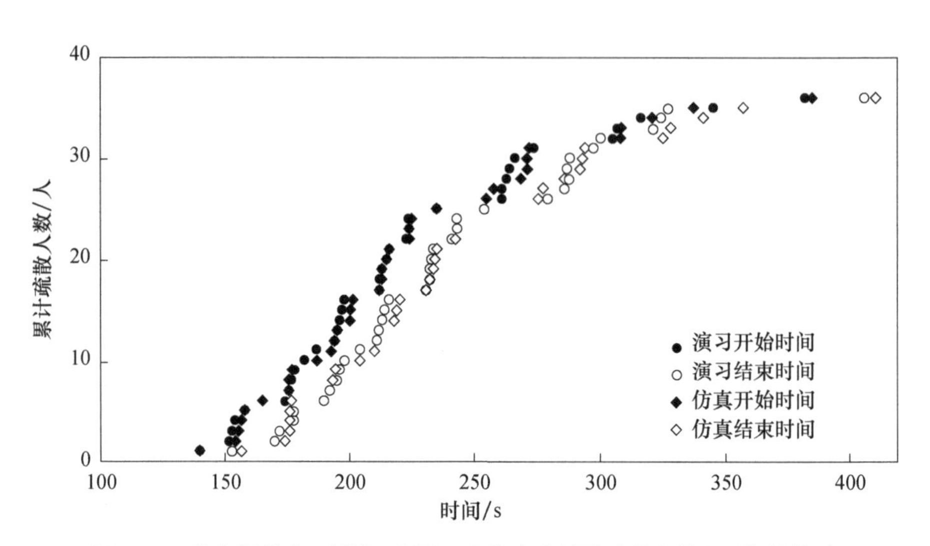

图 6.22 某大学公寓 7 层到 5 层演习与仿真中累计疏散人数与时间的关系

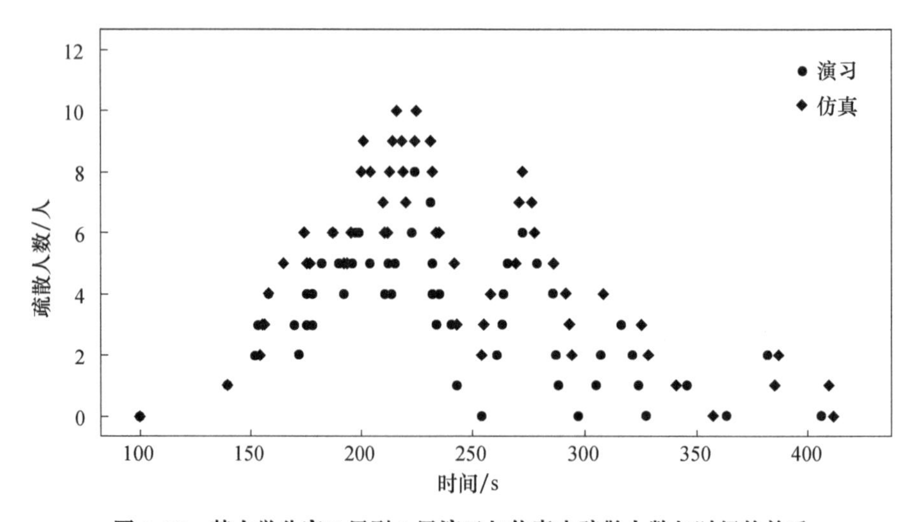

图 6.23 某大学公寓 7 层到 5 层演习与仿真中疏散人数与时间的关系

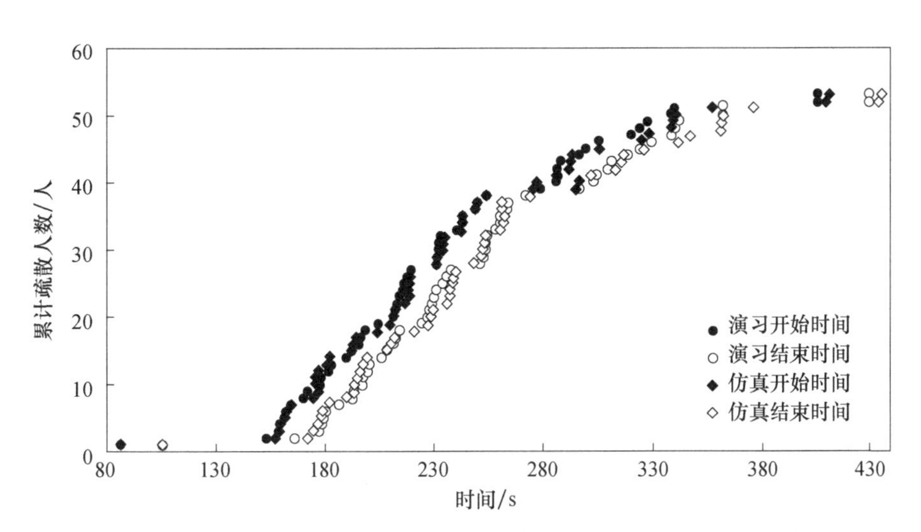

图 6.24 某大学公寓 5 层到 3 层演习与仿真中累计疏散人数与时间的关系

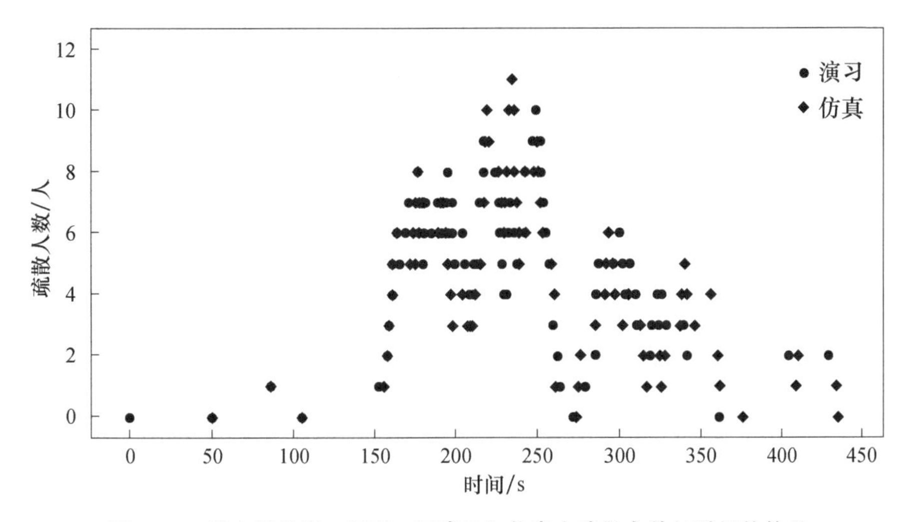

图 6.25 某大学公寓 5 层到 3 层演习与仿真中疏散人数与时间的关系

演习与仿真结果的汇总见表 6.2，基于以上的数据，同样对分段疏散数据进行线性回归，实验结果如表 6.3 所示。通过线性回归分析，可见所有的仿真 2 的数据结果与真实数据非常相似。

表 6.2 某大学公寓不同楼层疏散演习与仿真的疏散时间汇总

疏散楼层	演习疏散时间/s	仿真疏散时间/s
11~9	357	361
9~7	382	386
7~5	406	410
5~3	430	436

表 6.3 某大学公寓不同楼层疏散演习与仿真的疏散人数与时间的线性回归结果

疏散楼层	线性回归
11~9	演习开始时间：$y=0.097x-8.237$，$R^2=0.887$ 仿真开始时间：$y=0.096x-8.166$，$R^2=0.887$ 演习结束时间：$y=0.093x-9.324$，$R^2=0.880$ 仿真结束时间：$y=0.093x-9.270$，$R^2=0.890$
9~7	演习开始时间：$y=0.126x-12.300$，$R^2=0.919$ 仿真开始时间：$y=0.125x-12.164$，$R^2=0.924$ 演习结束时间：$y=0.122x-13.672$，$R^2=0.915$ 仿真结束时间：$y=0.122x-13.729$，$R^2=0.921$
7~5	演习开始时间：$y=0.175x-20.446$，$R^2=0.901$ 仿真开始时间：$y=0.174x-20.553$，$R^2=0.905$ 演习结束时间：$y=0.182x-25.094$，$R^2=0.909$ 仿真结束时间：$y=0.171x-22.891$，$R^2=0.903$
5~3	演习开始时间：$y=0.227x-26.177$，$R^2=0.915$ 仿真开始时间：$y=0.218x-24.611$，$R^2=0.911$ 演习结束时间：$y=0.222x-29.318$，$R^2=0.909$ 仿真结束时间：$y=0.213x-27.416$，$R^2=0.908$

第 7 章

建筑应急疏散系统和应急演练

7.1 应急疏散演练

7.1.1 应急疏散演练概述

7.1.1.1 应急疏散演练的定义

疏散就是将人员、物资等分散转移，使其在安全时间内脱险。应急疏散演练是指根据事先制定的应急疏散预案，对假设性疏散事件进行模拟训练，以期通过演练来检验疏散预案的具体实施效果以及对疏散过程的适应性，验证疏散预案应对紧急情况的能力。应急疏散演练是检验疏散能力和疏散预案效果的最好度量标准，可以促进预案的进一步修改和完善，能够增强各单位、各部门和各系统之间的协调能力，进而有助于实现疏散水平的全面提升。

7.1.1.2 应急疏散演练的分类

应急疏散演练的类型多种多样，以演练内容、组织形式、演练目的、行业特点等为标准可以划分出许多类型，如图 7.1 所示。[1]

1. 按照演练内容，应急疏散演练可以分为单项演练和综合演练

（1）单项演练。单项演练是指，针对应急疏散中的指挥、组织、协调、控制等单项疏散管理功能或其中某些应急疏散行动而举行的演练活动。其主要目的是检测、评价各项应急疏散功能的发挥效率及应急疏散预案的响应能力和实施效果。例如，指挥和控制功能的单项演练可以检验疏散指挥部门在紧急状态下实现所有部门协调运行和人员物资合理分配的能力。演练地点主要集中在若干个应急疏散指挥中心或现场指挥部，只开展有限的现场活动，

---

〔1〕 张立安，康润家，吕晓哲，等．双盲消防灭火救援演练模式构建[J]．中国安全生产科学技术，2019，15（8）：144-149.

调用有限的外部资源。

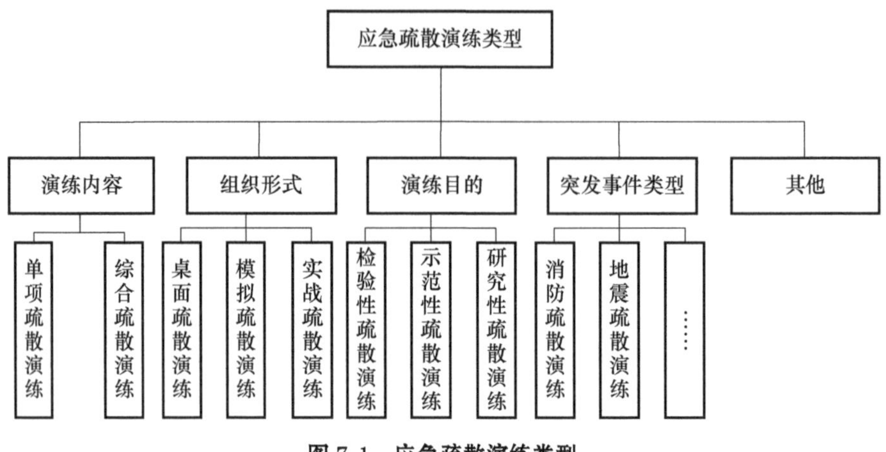

图 7.1 应急疏散演练类型

（2）综合演练。综合演练指，针对应急疏散预案中全部或大部分疏散功能，检验、评价疏散相关部门的应急疏散能力的演练活动，是一种实战性演练。其目的是检验部门间、人员间相互协调及人员与资源有效配置等多方面的应急疏散能力。综合演练一般要求持续几个小时，采取交互式方法进行，演练过程要求尽量真实，调用更多的疏散人员和资源。综合演练完成后，除采取口头评论、书面汇报外，还应提交正式的书面总结报告。

2. 按照组织形式，应急疏散演练可以分为桌面演练、模拟演练和实战演练

（1）桌面演练。桌面演练是指，由参与疏散的相关部门的代表或关键岗位人员参加，按照应急疏散预案及其工作程序，讨论紧急情况时应采取行动的演练活动。桌面演练一般在会议室内按照突发事件发生后可能出现的疏散情景进行口头演练，主要目的是锻炼参演人员解决问题的能力，以及解决疏散部门相互协作和职责划分的问题。桌面演练一般在有限的应急疏散响应和内部协调活动中进行，事后采取口头评论方式收集参演人员的建议，并提交一份书面总结报告。桌面演练成本较低，耗费小，主要是为实战演练做准备。

（2）模拟演练。模拟演练是指，通过建立数字化的灾害模拟和疏散模拟模型，在计算机上对疏散演练参演人员、可用资源、疏散环境及其相互关系

进行模拟推演的一种演练活动。其核心内容是利用虚拟技术模仿出真实的灾害和疏散场景。虚拟演练具有可控制、可多次重复、安全、经济、节能降污、不受外界环境限制等突出优点。

（3）实战演练。实战演练是指，疏散参演人员利用疏散活动涉及的设备和物资等，针对事先设置的疏散情景，通过实际决策、行动和操作，完成真实的应急疏散过程，从而检验和提高相关人员、部门的临场组织指挥、队伍调动、应急处置和后勤保障等能力。实战演练通常在特定的场所完成，需要进行大量的事前准备工作以确保演练安全顺利地完成。

3. 按照目的，应急疏散演练可以分为检验性演练、示范性演练和研究性演练

（1）检验性演练。检验性演练是指，为检验应急疏散预案的可行性、疏散准备工作的充分性、疏散管理机制的协调性及相关人员的应急疏散能力而组织的演练。我国应急疏散演练模式主要是检验性演练，目的在于展示训练阶段性成果。检验性演练前要明确灾情种类、灾情发展趋势、演练任务分工和流程，该演练能够强化相关疏散人员对处置事故的标准流程的掌握程度。

（2）示范性演练。示范性演练是指，为向观摩人员展示应急疏散能力或提供示范教学，严格按照应急疏散预案规定开展的表演性疏散演练。示范性演练要事先经过反复预演，所有疏散演练参演人员的一切细节包括每一句话都预先规定，参演人员在真正演练时只是照本宣科，很难达到检验实战能力的目的。

（3）研究性演练。研究性演练是指，为研究和解决紧急情况疏散重点、难点问题，试验新方案、新技术、新装备而组织的演练。研究性演练可作为新预案制定和完善的依据，同时可作为平时训练专业应急疏散队伍的一种重要手段，适用性和实用性较强。

此外，应急疏散演练按照突发事件类型还可分为消防疏散演练、地震疏散演练等，按照建筑物特点又可分为地铁站应急疏散演练、商场应急疏散演练等，按行业及企业特点可以分为化工企业疏散演练、钢铁企业疏散演练等。不同类型的演练相互组合，还可以形成单项桌面演练、综合桌面演练、综合实战演练、消防示范型演练、消防研究性演练等。应急疏散演练是在无风险的环境下，用以训练、评估、检验、改进应急疏散能力、应急疏散预案的核心手段，需要进一步向制度化、规范化和常态化发展。

7.1.1.3 应急疏散演练的特点

1. 预先性

应急疏散演练的目的不仅在于检验预案的可行性和适用性，更重要的是帮助相关部门以及人员熟悉应急疏散预案运作流程、疏散场所环境和自身职责。通过演练的形式帮助疏散人群切身体会疏散场景，身临其境，提高他们的临场反应能力，丰富他们的疏散经验。

2. 周密性

应急疏散演练的实施需要进行周密的组织和详细的安排，需要大量的事前准备工作来确保演练的正常开展和参演人员的安全。应急疏散演练预案要对演练目标、具体任务和人员物资等作出具体安排，要制定突发情况的应对措施，缜密考虑每一个演练环节。

3. 针对性

针对紧急事件发生概率大和容易发生人群拥堵的特点，或是针对疏散过程中存在的不足，应急疏散演练可以设计相关情景，确定具体的疏散目标，通过刻意训练来克服薄弱环节，查漏补缺，提升疏散能力。

4. 实践性

高低层建筑的疏散要求不同，疏散难点也不同。结合各种疏散场景的真实情况，制定最优的疏散预案，设计疏散演练场景，模拟推演疏散过程，切实提高疏散能力，发挥应急疏散演练的最大价值。

5. 低消耗高效益

相较于火灾、地震、踩踏、爆炸等事件发生时，因不合理疏散造成的生命安全与财产损失，应急疏散演练消耗和占用的资源所产生的成本要少得多。而且，应急疏散演练可以促进疏散能力的提升，提高群众自救互救的水平，由此带来的效益远远高于演练成本。

7.1.1.4 应急疏散演练的目的和意义

1. 应急疏散演练的目的

应急疏散演练的目的主要是期望通过演练、培训、评估等手段，提高城市的疏散能力，提高保护人民群众生命财产安全和城市安全的能力。具体分析主要有以下几点：

（1）检验应急疏散预案，通过应急疏散演练找出预案整体或局部的不足，便于进一步修改和完善；

（2）检验应急疏散预案是否能够有效地应用于实践；

（3）检验应急疏散预案对可能发生的诸多紧急事件的适应性；

（4）检验应急疏散预案职责划分的合理性，判断各演练参与方是否熟悉并履行自身职责；

（5）检验各部门、各单位和疏散系统对紧急疏散任务的响应能力和组织能力，对群众的动员能力；

（6）检验各演练参与方之间的协调性，进而优化合作方式。

2. 应急疏散演练的意义

应急疏散能力的提升是一个长期过程，需要持续性的努力，在此过程中，应急疏散演练可以发挥重要作用：

（1）评估参与应急疏散各单位的应急准备和响应能力，发现执行过程中存在的不足并及时修改应急疏散预案；

（2）以疏散演练这样的实践形式，检验相关单位和人员职责划分的合理性，提升他们之间的协调性；

（3）增进疏散人员和单位对疏散预案与疏散场景的熟悉程度和适应性，丰富疏散经验；

（4）应急疏散演练也是一种学习和培训的手段，可以通过控制疏散难度和侧重点，提高临场反应能力和决策能力，全面提升业务素质和水平。

7.1.2 应急疏散演练的依据和原则

7.1.2.1 应急疏散演练的依据

应急疏散演练是应急演练的重要组成部分，是其中不可缺少的一个环节，在我国逐渐普及，开展范围越来越广。《中华人民共和国突发事件应对法》对演练作了总体性的规定，《国家突发公共事件总体应急预案》强调要完善紧急疏散管理办法和程序，国务院应急管理办公室更是编制《突发事件应急演练指南》，教育部办公厅也研究制定了《中小学幼儿园应急疏散演练指南》。同时，也出台了不少行业或领域相关的应急疏散演练指南或标准，例如《生产安全事故应急演练指南》《生产经营单位应急演练规定（征求意见稿）》，它们直接对应急演练的组织实施、监督管理和法律责任等进行了相应的规定。

7.1.2.2 应急疏散演练的原则

1. 安全第一

应急疏散演练的首要原则是安全第一，一切演练工作都要在保证安全的前提下进行。演练前，要充分做好相关准备工作，提前制定突发情况应对措施，确保疏散演练所有人员的安全，更要严防拥挤踩踏事件的发生。

2. 科学合理

应急疏散演练的设计和实施必须符合实际情况，疏散预案的制定也要科学合理，要立足于模拟紧急事件的真实情景，不因片面追求疏散效果而偏离实际，要结合现实情况确定演练的目的、时间地点、参与人员、演练内容以及疏散路线等，将每一个细节每一个环节落实到位，保障应急疏散演练科学进行。

3. 制度为纲

制度为纲原则要求将应急疏散演练纳入应急管理体制，使应急疏散演练向常态化、制度化发展，疏散演练的准备、实施等一切流程要严格按照制度执行。同时，应急疏散演练制度化也可以引起相关参演部门和参演人员对疏散演练的重视。

4. 循序渐进

疏散能力的提高并非一朝一夕之事，也不能通过一场疏散演练带来质的飞跃。因此，在制定应急疏散预案和疏散演练方案时，要牢记循序渐进的原则，逐步地合理适度地增加疏散演练难度，逐渐缩减安全疏散事件，通过经常性的演练达到最终目标。

5. 厉行节约

严格地实行节约制度，并将这一原则落实贯彻到应急疏散演练的各个环节，统筹规划应急疏散演练活动，适当开展综合性演练，充分利用现有人员、物资、资金等，努力提高应急疏散演练效益。

6. 事后评估

评估是应急疏散演练环节中的重头戏，对演练效果进行考核、评估以及总结可以帮助我们发现疏散预案和疏散执行方案的不足，找出疏散过程中存在的问题，也是演练人员进行自我评价的机会，有助于我们认识问题、研究问题和整改问题。

7.1.3 应急疏散演练方案的编制

应急疏散演练方案是在搜集相关信息、分析其后果以及应急疏散能力的基础上，针对可能出现的突发事件而提前制定的疏散模拟计划。方案可采用四种编写结构：（1）树形结构；（2）条文式结构；（3）分部式结构；（4）顺序式结构。[1]

7.1.3.1 编制内容

一个完整的疏散演练方案框架通常主要包括如下六大要素：

1. 总则

规定疏散演练方案的指导思想、编制目的、工作原则、编制依据和适用范围。

2. 组织指挥体系及职责

组织指挥体系具体规定了应急疏散管理机构、参加单位、参加人员及其作用；疏散总指挥以及每一具体行动的负责人；本区域以外能够提供帮助的有关机构；政府和其他相关组织在演练中各应尽的职责。对组织指挥体系及其职责进行规定的基本原则是，要在统一的管理体系之下，对下面的部门资源能够重新组合优化。从组织层次来看，可以把管理机构分为领导机构、执行机构、保障机构三大类，它们共同构成一个科学的组织指挥体系。

3. 管理流程

突发事件的发生通常都会遵循一个特定的生命周期，每一个级别的突发事件都有发生、发展和减缓的阶段，需要采取不同的应急措施。应急疏散管理流程正是基于这个生命周期对疏散进行管理，目的在于编制一个全面的疏散演练方案。

根据突发事件发生的危害程度，疏散演练可以在总体上划分为预防预警、应急响应和后期处置三个阶段。

（1）预防预警。主要包括信息的监测与报告、预警行动、预警级别发布等，目的在于当模拟突发事件发生时，管理机构能够及时进行开启疏散演练的行动。

（2）应急响应。主要措施包括信息处理、指挥和协调，当模拟突发事件

---

〔1〕 宋英华．突发事件应急管理导论［M］．中国经济出版社，2009：23-56.

发生时，管理机构能够对其迅速作出反应，并将信息传递到下行机构，立即组织群众有序进行疏散。

（3）后期处置。主要包括演练结束后的总结讲评，内容主要包括演练组织情况、演练目标及效果、演练中暴露的问题及解决办法等，对演练场地进行清理和恢复，回收演练物资装备。

4. 保障措施

演练前要对演练人员的身体状况做一次问询检查，凡有特异体质（先天性心脏病、癫痫等）的人员，演练前发烧、腿受伤等不宜紧张和进行奔跑活动的人员，要给予特殊考虑和安排。后勤保障组要负责好治安保护工作，布置好演练场地，维护好演练秩序，拉响演练警报，准备通信、标识、广播、救助等演练所需物资，检查、恢复建筑水电、通信等后勤保障措施。

5. 附则

包括专业术语、方案的管理与更新、奖励与责任、制定与解释权、实施或生效时间等。

6. 附录

主要包括各种规范化格式文本、相关组织和人员通讯录等。

以上是应急疏散演练方案的六个要件，它们之间相互联系、互为支撑，共同构成了一个完整的疏散演练方案框架。其中，组织指挥体系及职责、管理流程、保障措施是演练方案的重点内容，也是整个方案编制和管理的难点所在。

7.1.3.2 编制程序

演练方案的编制程序主要包括以下内容：

（1）成立方案的编制小组。编制小组应尽可能包括与演练相关的利益关系人，同时必须包括应急工作人员、管理人员和技术人员三类人员。小组人员应具备较强的工作能力，具备一定的应急疏散管理专业知识。此外，为保证编制小组高效工作，小组成员规模不宜过大。涉及相关人员较多时，可在保证公正性和代表性的前提下选择部分人员参加编制小组。明确编制小组的任务、工作程序和期限。在编制小组内部，还要根据相关人员的特点，制定小组负责人，明确小组成员分工。

（2）明确演练方案的目的、适用对象、适用范围和编制的前提条件。

（3）查阅与突发事件相关的法律、条例、管理办法和之前方案的编制。

（4）对突发事件的疏散方案和既往应对工作进行分析，获取有用信息。

（5）编制疏散演练方案。

（6）方案的审核和发布。演练方案编制工作完成后，编制小组应组织内部审核，确保语句通畅、疏散的完整性和准确性。内部审核完成后，应修订方案并组织外部审核。外部审核可分为上级主管部门审核、专家审核和实际工作人员审核。外部审核侧重方案的科学性、可行性、权威性等方面。

（7）方案的维护、演练、更新和变更。一方面，只有通过演练才能实现方案的不断完善；另一方面，可以通过演练验证方案的有效性。

7.1.4 应急疏散演练的实施保障与效果评估

7.1.4.1 实施保障

确保应急疏散演练的成功施行需要一定的保障，大体可分为三个阶段进行。

1. 演练前的准备阶段

演练准备阶段应包括制定演练方案、成立演练组织结构、进行演练前宣传教育及其他准备工作。

（1）制定演练方案。应急疏散演练方案应根据建筑自身的性质、地理环境、周边环境和建筑内的人员等实际情况，依据《国家突发公共事件总体应急预案》等相应应急预案制定。演练方案一般应包括以下内容：演练主题、演练目的和意义、演练时间和地点、参与演练人员、演练组织结构及人员分工、演练准备工作、疏散路线、演练流程、保障措施、善后处置和信息报告等。演练方案应做到，内容完整、简洁规范、责任明确、路线科学、措施具体、便于操作。

相关具体要求：

①应急疏散场所：通常利用应急疏散场所，应通风通畅，相对宽阔。应急疏散场所应远离高大建（构）筑物，与建（构）筑物的距离应大于其高度的1/3；避开有对人身安全可能产生影响的地段，如有毒气体储放地、易燃易爆物或核放射物储放地；避开陡坡等易发生地质灾害的地段；有方向不同的两条以上与外界相通的疏散道路。

②应急疏散通道：保持疏散通道、安全出口畅通，禁止占用疏散通道；禁止将安全出口、安全门上锁或堵塞；应将房间的老式内开窗户改成外开式

或平移式窗户，一楼窗户的防护栏应符合消防要求，应急情况下防护栏能迅速打开。

③应急疏散路线：根据人员分布和建筑物结构，合理确定疏散路线，合理分流。要建立规范，细化措施，保障大量人员在楼道相遇或意外情况发生等情况下不发生拥堵甚至踩踏。疏散路线要避免穿越公路、交通密集和易发生危险的路段。

④应急警报信号：警报信号应具备很强的覆盖性、独立性和差异性，并考虑在断电等特殊情况下的备选方案。覆盖性指的是警报信号能有效地覆盖建筑的每个地点；独立性指的是在无法或不能及时采取广播等辅助手段的情况下，警报信号能独立向人员传递准确信息；差异性指的是与建筑物日常的音乐声、广播声等声音要有所差异。避险信号和疏散信号也应有明显区分。[1]

（2）成立演练组织结构。应根据演练方案的要求，建立健全演练组织机构。成立由有关领导及工作人员组成的演练指挥部（领导小组），全面负责演练活动的组织领导和协调指挥工作，同时落实每位成员在演练中的具体工作；设总指挥、副总指挥及相关成员。

（3）演练前宣传教育。应根据演练的主题，在演练前依托板报、宣传橱窗、公告栏等传播载体，通过专题会议，向全体人员宣讲演练疏散方案，让全体人员明确演练的必要性和基本步骤，熟悉疏散程序、疏散信号、疏散路线、疏散顺序、疏散后的集合场地和时间要求等。有针对性地组织学习安全知识，掌握避险、撤离、疏散和自救互救的方法、技能等。

（4）其他准备工作。①加强协调宣传工作。预告演练的时间、地点、内容，避免发生误解、谣传和恐慌，保证演练安全顺利进行。②印制演练相关文件。包括演练方案、演练人员手册、演练脚本等。③张贴疏散路线图和指示标志。在每个办公楼都张贴应急疏散示意图，在疏散通道张贴应急疏散指示标志，避险场所应标有文字说明的指示标识、平面图和疏散示意图。

2. 演练实施阶段

演练实施一般包括避险科目、疏散科目。可根据实际情况，酌情增加或强化医疗救护、卫生防疫、人员搜救、治安维护、火灾处置、危化品处置等

---

〔1〕 曹同国．学校应急疏散演练常态化的环节及保障措施［J］．中国教育学刊，2014（3）：106-107.

科目及内容。

（1）避险科目。①总指挥宣布演练开始，同时避险警报信号（电铃声、警报声、哨声等）响起，长鸣60秒。②听到信号后，在建筑楼的人员应第一时间迅速关闭火源、电源、气源等，处理好易燃、易爆、易起化学反应的物品等。

（2）疏散科目。①需要进行疏散时，广播响起，全体人员立即疏散，同时，疏散警报信号（电铃声、警报声、哨声等）响起，长鸣60秒，停30秒，反复两遍为一个周期，时间共3分钟。②疏散引导组在第一时间赶到指定位置（楼梯口、转角处、楼门口等）引导疏散，指挥人员保持秩序，控制速度，逐次疏散。同时，视实际情况可喊“大家注意脚下，防止滑倒”“保持秩序，不要拥挤”“注意保护头部，小心坠物”“有人摔倒了，大家小心”“不要向回跑，不要捡东西”等提示语，帮助有困难的人员疏散。如出现拥挤摔倒等突发情况，负责疏散引导的人员应立即向指挥部报告，等险情排除后，再组织人员有序撤出。待人员疏散完毕后，方可撤离。③人员疏散到避险场所后，应按照队列在指定位置站好，避免混乱。领导者或负责统计的人员进行统计；安全保障组检查身体、心理状况，进行临时救治、心理疏导；后勤保障组检查各项设施、物资等。完成后，各小组负责人及时向总指挥报告，并根据总指挥的指令采取下一步行动。④总指挥宣布演练结束。

3. 演练总结阶段

（1）总指挥对演练进行现场总结讲评，内容主要包括演练组织情况、演练目标及效果、演练中暴露的问题及解决办法等。（2）结合演练的主题和目的，可适当开展相应的安全教育。（3）对演练进行总结评估，各部门和有关人员通过访谈、填写评价表、提交报告等方式，进行总结评估。（4）将演练文字及视频资料进行整理、保存。

7.1.4.2 效果评估

应急演练评估是基于演练结果和相关观察记录，通过比较演练实际情况与演练目标，参演人员完成情况与演练任务来对应急演练进行整体、全面、客观评估的过程。[1]

对演练结束后进行总结与讲评，是全面评价演练是否达到演练目标，应急准备水平及是否需要改进的一个重要环节，也是演练人员进行自我评价的

---

〔1〕 王黎．地震应急综合演练效果评估指标体系设计与方法研究[D]．武汉理工大学，2015.

机会。演练总结与讲评可以通过访谈、汇报、协商、自我评价、公开会议和通报等形式完成。

策划小组负责人应在演练结束规定期限内，根据评价人员演练过程中收集和整理的资料，以及演练人员和公开会议中获得的信息，编写演练报告，并提交给有关管理部门。

为确保参演应急组织能从演练中取得最大收益，策划小组应对演练发现的问题进行充分研究，明确导致该问题的根本原因、纠正方法、纠正措施及完成时间，并指定专人负责对演练中发现的不足项和整改项的纠正过程实施追踪，监督检查纠正措施的进展情况。

7.2 应急疏散系统

7.2.1 应急疏散系统概述

7.2.1.1 应急疏散系统定义

突发事件多呈现突然性、复杂性、多变性、破坏性和蔓延性等特点，突发事件发生后如何快速有效地疏散人群是对应急管理能力的一大考验。疏散就是将人员、物资等分散转移，使其在安全时间内脱险。

应急疏散系统是一个集合了应急疏散指挥系统、应急疏散装置系统、应急疏散环境布局和应急疏散管理制度等多个部分的有机整体，如图 7.2 所示，可以对潜在隐患以及灾情做出迅速有效的反应，并通过各部分系统功能的协调运作，组织人员和物资安全疏散，降低疏散风险和损失，最大限度地减少突发事件的影响。

7.2.1.2 应急疏散系统基本原理

应急疏散系统以突发事件的探测信息、疏散人群的布局及行为状态、疏散设施的运行状态等因素作为输入信息，通过对突发事件的蔓延状态、疏散空间的位置布局和疏散路径的初始状态的动态识别，运用智能优化算法动态输出建筑物空间内最佳的人员疏散路径和疏散策略，从而为人员疏散和危险事件的处置作业提供照明和疏散指示，以实现使受困人群安全、准确、就近、迅速、均衡地应急逃生及对突发事件快速处置的目的。图 7.3 为应急疏散系统原理图。

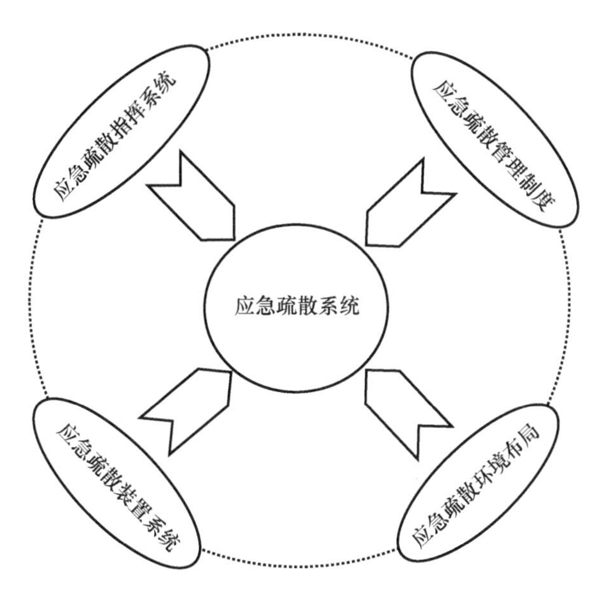

图 7.2　应急疏散系统示意图

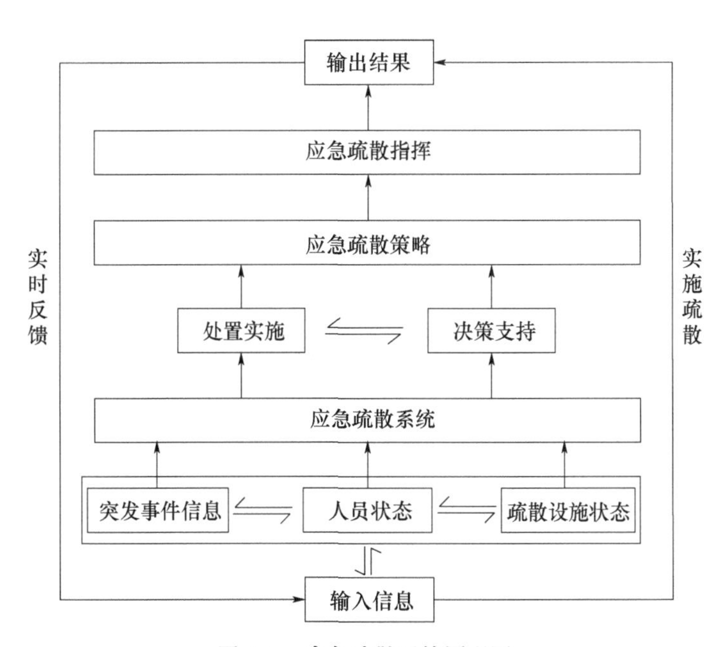

图 7.3　应急疏散系统原理图

7.2.1.3 应急疏散系统的特点

1. 实时动态监控

在应急疏散系统中，实时监控的内容主要包括建筑物的人群分布状态、疏散设施状态、建筑物不同空间所发生的事件等。要密切注意建筑物中的人员分布位置、分布数量、分布状态（单人、双人或群体）；同时要密切关注疏散设施是否安全无故障，比如疏散通道是否通畅，应急照明灯具是否正常运行等；还要实时监测建筑物内不同的空间所发生的事情，观察是否有不利于建筑物或疏散设施行为的事件发生。

2. 及时应急响应

当突发事件发生时，系统会第一时间接收危险信号，并开始带动整个系统高速运转，发出报警信号，使建筑内的人群得到警示，以便立即展开疏散，逃离危险区域。

3. 智能人员疏散

智能人员疏散功能主要和报警系统相连接，当突发事件发生时，根据报警信号，系统会立即确定疏散路线和疏散指示灯的箭头方向以及应急照明灯具的开启情况，协调好建筑物内人员的疏散行动，指引人员安全快速逃离建筑物。

7.2.2 应急疏散系统的组成

7.2.2.1 应急疏散指挥系统

应急疏散系统中，应急疏散指挥系统统筹各部分疏散子系统，负责疏散过程中的一切组织领导工作，对保障疏散系统高效协调运转，确保疏散工作有序进行，进而对保障人们的生命安全和财产安全，减少突发事件造成的损失，消除社会的负面影响有着重要作用。应急疏散指挥系统一般包括指挥控制子系统、综合协调子系统、疏散引导子系统、人员救援子系统以及疏散能力评估子系统等[1]，如图 7.4 所示。

---

〔1〕 陆秋琴，赵毛亚，黄光球．地下商场火灾应急疏散策略仿真模型[J]．消防科学与技术，2019，38（12）：1684-1689.

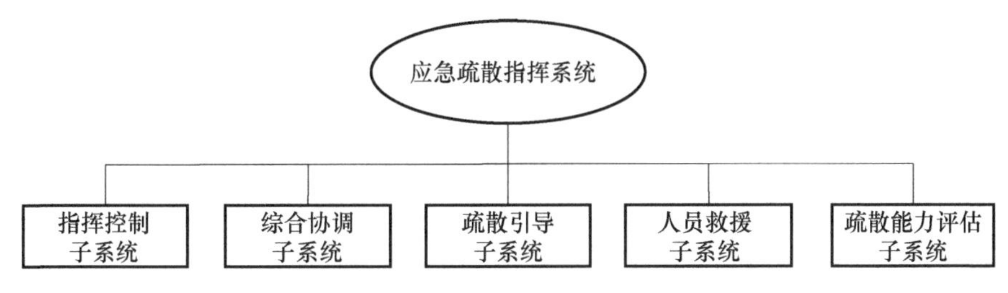

图 7.4 应急疏散指挥系统结构图

1. 指挥控制子系统

指挥控制子系统是应急疏散指挥系统的核心，负责疏散过程中的指挥工作。当突发事件危及群众生命安全时指挥控制子系统要立即作出有效的疏散决策，并进行人员、设备、物资等的调配，以确保在最短时间内完成人群的疏散。指挥控制子系统既要了解被疏散的人员数量，又要掌握疏散的设施、设备和物资的种类等。疏散活动涉及的人员众多，情况复杂且多变，因此，疏散控制子系统必须严格按照疏散方案分配疏散任务，责任到人，明确各单位、各系统、各人员的职责范围，采取多种指挥方式，运用多种指挥手段，实时掌握疏散任务的完成情况，迅速解决疏散过程中出现的问题，必要时可以在疏散现场设立指挥中心，确保各种疏散工作高效开展。

2. 综合协调子系统

疏散涉及多个系统、多个部门，人员类型多样、物资种类复杂，需要多部门参与、多系统协调运作。综合协调子系统的设置可以解决多部门多系统协作疏散时的冲突和缺失问题。综合协调子系统是指在疏散方案的指导下，通过对各部门各单位和各系统职责的组合，实现它们之间的功能互补和互助，使得疏散工作协调进行。

各部分的综合协调运作对应急疏散系统的正常运行有着重要作用，是实施有效疏散的前提。通过对疏散系统组成部分进行职责划分和确定，厘清系统之间的协调机制，有利于疏散系统各部分发挥所长，实现有效合作。此外，明确各部门各单位的性质、地位、职责权限，建立合理的疏散协调机制，不仅有利于疏散活动的顺利进行，也可以促进各部门各单位各司其职、相互配合，达到多层次合作，高效率运行的疏散水平。

3. 疏散引导子系统

疏散引导子系统是落实疏散行动，确保疏散指令准确执行的关键，需要引导群众按照既定的疏散路线安全有序地抵达指定地点。疏散引导子系统的作用在于加快疏散速度，提升疏散效果。在复杂的建筑环境内，人们往往并不熟悉所处环境，在紧急情况下，人们更是存在巨大的心理压力，同时突发事件导致的不确定性使人们仅依靠自己很难找到合适的逃生路径，恐慌心理也使得他们很难稳定情绪来观察周边的疏散指示。此时，疏散引导员将发挥巨大的作用。疏散引导员能够使逃生者在视觉以及听觉上得到引导，可以帮助他们找到最优的逃生路线，也能稳定群众情绪，维护现场疏散秩序，有助于缩短疏散时间，更可以避免踩踏事件对人们造成二次伤害。

4. 人员救援子系统

人员救援子系统指在疏散过程中，为最大程度保护受伤人员安全，提高疏散效率，对受伤人员所采取的救援疏散措施或行动。救援人员是影响救援疏散效果的主要因素，是救援活动的主体，救援人员数量和素质决定了其在疏散过程中发挥的作用大小。同时，疏散演练能够帮助救援人员构建救援疏散情景，增加对救援疏散的熟悉程度，提升他们在紧急情况下的响应能力。因此，应当加强救援人员的专业化培训、应急知识培训和疏散演练培训等，这是提升救援能力的体现，也是能否在疏散过程中实施有效救援的关键。

5. 疏散能力评估子系统

应急疏散能力评估是基于疏散结果和相关观察记录，通过比较疏散时的实际情况，来对应急疏散进行整体、全面、客观评估的过程。当应急疏散结束以后，能力评估子系统需要对疏散设施配置情况、人员到位情况、物资到位情况、协调组织情况、后勤保障情况等进行评估，总结其中的优点，找出不足之处，从而改进疏散设施的配置、优化疏散路线、提高人员的应急疏散能力等，使应急疏散系统更趋于完善。其中，评估人员和评估指标体系决定着评估结果的真实性和可靠性。评估人员要理性客观，避免偏见、感情等主观因素造成的评估偏差，评估指标体系要能真实反映疏散系统的优势和不足。

7.2.2.2 应急疏散装置系统

疏散设备是人群疏散的主要载体，其配置的完善性和合理性将直接决定疏散能力的大小。疏散设备系统指突发事件发生时，用于帮助人员顺利逃生和完成疏散所需借助的设备，由基础设施和应急疏散专用设备构成[1]，具体包括通

---

〔1〕 巴宇航．高速铁路客运站人员应急疏散研究[D]．西南交通大学，2016.

风、电梯、消防、安全出口等基础设施，以及疏散照明、疏散指示、配电装置、监控装置、控制装置等疏散专用设备，同时也包括火灾、地震、恐怖活动等紧急情况下需要应用的特定设备。应急疏散装置系统结构如图 7.5 所示。

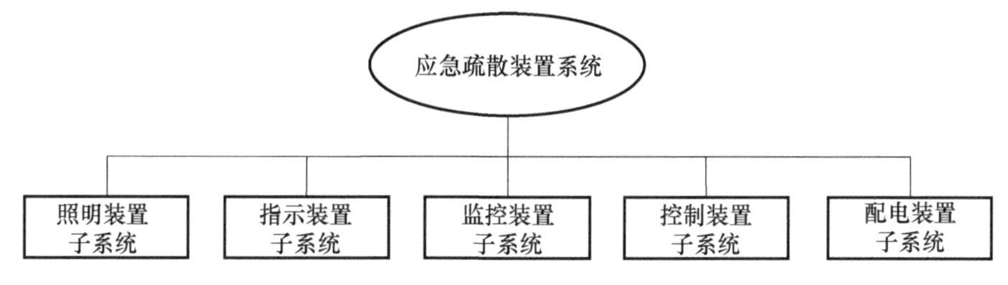

图 7.5　应急疏散装置系统结构图

1. 照明装置子系统

疏散照明指在正常照明电源因故障中断时，为确保人们在紧急情况下有效辨认和使用疏散走道而设置的应急照明。随着建筑物向大型化和高层化发展，人群的疏散难度也逐渐增加，疏散照明设备以及其他疏散设备的使用可以为建筑物内人员疏散到安全区域提供便利与帮助。

疏散照明系统由疏散照明中的一般照明和指示照明组成。[1] 一般照明是指不考虑特殊部位、特殊场景的需要，为照亮整个场地而设置的照明，是常用的照明方式。指示照明需要清晰地指示出疏散路线和疏散出口的位置，或引导人们找到疏散通道中存放的消防设备。疏散照明设备按照电灯状态可以分为闪光型、减光型和平时不点燃型三种，按照灯的构造可以分为普通型、防尘型、防水型和防爆型等，按照尺寸大小也有大型、中型和小型几种。[2] 照明灯的位置设置应保证为人员在疏散路线及相关区域的疏散提供基本的照度。标志灯的位置设置应保证人员能够清晰地辨认疏散路径、疏散方向、安全出口的位置、所处的楼层。室外疏散楼梯也应该配备疏散设备，保障人们的正常疏散。

2. 指示装置子系统

疏散指示系统可以在突发事件发生时第一时间向疏散群众提供疏散方向

〔1〕 邹万流．应急照明概念与设计[J]．电气应用，2011，30（14）：80-84.

〔2〕《中国电力百科全书》编辑委员会，中国电力出版社《中国电力百科全书》编辑部．中国电力百科全书[M]．3 版．中国电力出版社，2014.

指示，引导人们进行安全转移。疏散指示装置按指示标志可以分为灯光疏散指示标志和蓄光疏散指示标志，按照系统工作方式可以分为静态疏散指示系统和动态疏散指示系统。静态疏散指示系统在我国建筑内比较常见，主要由安装在地面以及墙面的方形或圆形的各种指示牌组成，例如安装在通道转角、走廊、安全出口的疏散标识、疏散路线图等，它们之间相互独立，均为了引导人们到达安全区域或避难场所。

高层建筑多功能建筑的存在对疏散指示系统提出了更高的疏散要求。普通的静态疏散系统无法根据灾情变化做出反应，标识和设备之间相互独立工作，在大型灾害面前难以发挥作用，甚至有可能将人群引向更加危险的地方。因此，近年来动态疏散指示系统开始逐渐运用到高层多功能建筑中。动态疏散指示系统主要通过总线技术和网络通信技术将所有节点的指示牌和主控机连接起来，组成动态的疏散系统，能够根据现场灾情蔓延情况和疏散场景指挥疏散标识发生改变，并动态规划疏散路线，动态引导人群完成疏散。

3. 监控装置子系统

监控系统是疏散系统的重要组成部分，主要由视频监控设备和语音设备两部分组成。一方面，它可以监视照明灯具、指示标识、配电装置等的运行状态，进行故障报警和故障定位，消除疏散逃生盲区。另一方面，监控系统能够通过调动各监控设备实时掌握建筑内人员分布和流动情况，为疏散指挥人员制定疏散计划提供依据。在进行疏散时，疏散指挥人员可以通过监控系统掌握疏散现场情况，以视频和远程语音同现场疏散人员相结合的方式，引导人们沿正确的路线疏散，及时阻止危险行为。此外，监控系统也便于相关部门发现疏散过程中存在的问题，进行事后总结。监控系统是疏散系统的眼睛，充分利用监控系统能极大地提高应急疏散效率。

4. 控制装置子系统

控制系统连接着照明与指示系统、配电装置和监控装置，它能够根据疏散场景对上述被控制系统或装置的工作状态进行控制，实时监控整个疏散系统的运行状况，采集疏散现场信息为应急疏散指挥系统提供决策支持。例如中央控制模块可以接收报警器的报警信号，向疏散指挥系统和疏散设备系统发送包含疏散指示信息的疏散指示指令。

根据不同突发事件的类型和特点，控制系统的设计和功能也存在一定差异。以消防疏散控制系统为例，最新国家标准《消防应急照明和疏散指示系统技术标准》（GB 51309—2018）将消防应急照明和疏散指示系统按照应急灯具的控制方式分为集中控制系统和非集中控制系统两类。集中控制系统是指具备专门的应急照明控制器控制系统内的应急照明集中电源或配电箱。非集中控制系统是未配备专门的应急照明控制器，由系统内应急照明集中电源或配电箱分别控制应急照明和疏散指示系统。控制系统可以代替或部分代替人的直接参与，弥补静态照明指示系统和监控系统的不足，缩短应急响应时间和安全疏散时间。

5. 配电装置子系统

建筑物的配电系统是电力系统从降压配电变电站出口到用户端的系统。配电系统是由多种配电设备和配电设施所组成的变化电压和直接向最终用户分配电能的一个电力网络系统，它主要包括电源、应急照明灯具以及报警器等。

向用电设备供给电能的独立电源叫主电源，当主电源的电能被消耗完时，还有备用电源继续提供电能。对于电源还有几个基本要求：（1）具有可靠性。当突发事件发生时，用电设备会失去作用，贻误疏散时机，造成生命财产的损失，因此要确保电源的可靠性，这是诸要求中首先应该考虑的问题。（2）具有耐受性。应当具有抵抗某些轻微灾害，以保障不断供电的能力。（3）具有安全性。在使用期间，要保障人身安全，防止触电事故。

7.2.2.3 应急疏散环境布局

应急疏散环境应依据不同建筑物性质特征、空间布局、使用用途等特点进行设置，其目的是满足建筑物的安全疏散时间。为保证紧急情况下疏散人群安全地撤离危险区域，应事先制定疏散计划，研究疏散方案和疏散路线，配备必要的疏散设施，计算疏散流量和全部人员撤出危险区域的安全疏散允许时间，在保证走道和楼梯等通行能力的基础上确定安全疏散宽度，也需设置引导人们疏散、离开危险区的视听信号。

安全疏散允许时间是指建筑物发生火灾时，人员离开着火建筑物到达安全区域的时间。若建筑物为防烟楼梯，则楼梯上的疏散时间不予计算。高层建筑安全疏散允许的时间一般为 5~7 分钟。安全疏散允许时间，是确定安全疏散距离、安全疏散宽度、安全设施数量的重要依据。

民用建筑的安全疏散距离指从房间门或住宅户门至最近的外部出口或楼梯间的最大距离；厂房的安全疏散距离指厂房内最远工作点到外部出口或楼

梯间的最大距离。限制安全疏散距离的目的在于确保人们尽快疏散到安全区域。

为尽快地进行安全疏散，除设置足够的安全出口和适当限制安全疏散的距离以外，安全出口（包括楼梯、走道和门）的宽度也必须适当。建筑物安全疏散宽度指走道、疏散楼梯的最小净宽，不同场所对宽度的要求不同。例如高层民用建筑内走道、疏散楼梯间及其前室的门的最小净宽，以及地下室、半地下室中人员密集的厅、室疏散出口的最小总宽度，应按通过人数 100 人/m 计算。

一般来讲，建筑物的安全疏散设施有疏散楼梯和楼梯间、疏散走道、安全出口、应急照明和疏散指示标志、应急广播及辅助救生设施等。高层建筑还应设置消防电梯，超高层建筑需设置避难层和直升机停机坪等。

7.2.2.4 应急疏散管理制度

应急疏散管理制度主要包括应急疏散管理机构设置、应急疏散设施管理规定、应急疏散预案编制、应急疏散演练等内容。

安全疏散管理机构包括指挥领导小组、疏散引导组、安全保障组以及后勤保障组。指挥领导小组由应急疏散总指挥和副总指挥及各部门负责人组成，主要指导日常的消防安全、应急疏散、突发事件发生时的宣传、教育、培训和演练，在突发事件发生时指导各部门开展工作，将安全隐患消灭在初始阶段，配合到达现场的人员开展救援行动以及疏散行动，协助好相关部门做好事故调查和善后处理。疏散引导组应设置组长和副组长，主要负责现场自救，应急疏散的现场教育、培训、演练等具体事务，当突发事件发生时负责组织人员和物资的疏散撤离和自救工作。安全保障组应设置组长和副组长至少两名管理人员，主要进行日常性的安全保障工作，培训职员对突发事件的快速反应能力，以及做好日常生活中对安全设施等的维护、保养以及维修。后勤保障组也应设置相应的组长和副组长，主要由办公室等人员构成，主要负责突发事件发生后的现场整理以及物资等的供应。

安全疏散设施的管理规定是对安全出口、疏散楼梯、消防电梯、应急照明灯具等疏散设施进行管理，包括日常检查、日常维护、及时发现故障并进行维修。首先，要定期检查安全通道、楼梯等是否保持畅通，不得有占用和堵塞楼梯的现象，要定时检查应急照明灯具的线路是否完好，是否能保持正常的疏散工作状态。其次，要注意疏散楼梯栏杆的稳定性，以及路面的湿滑程度，做好日常管理，防止疏散时人员滑倒导致踩踏事件发生。最后，一旦检查出这些疏散设施有损坏，应立即上报给维修部门，做好维修工作。

应急疏散预案是在搜集相关信息、分析其后果以及应急疏散能力的基础上，针对可能出现的突发事件而提前制定的疏散模拟计划。应急预案有利于对突发事件及时作出响应和处置；有助于避免突发事件扩大或升级，最大限度地减少突发事件造成的损失；有利于提高人员防范社会风险的意识，保证管理的顺利进行，使管理层有据可依，确保人员安全撤离，有序疏散。

7.2.3 应急疏散系统的功能

如何有效安全地进行人员疏散是建筑物应急管理工作中的一个关键问题，应急疏散系统引入了安全引导疏散的理念，以外部的突发事件信息、应急设施状态为输入信号，根据突发事件实时的发展情况，将信号迅速地传递到疏散管理部门，以便相应部门立即作出应急响应，并动态地调整优化疏散路线，以做到人群安全、可靠、快速的疏散。应急疏散系统功能如图7.6所示。

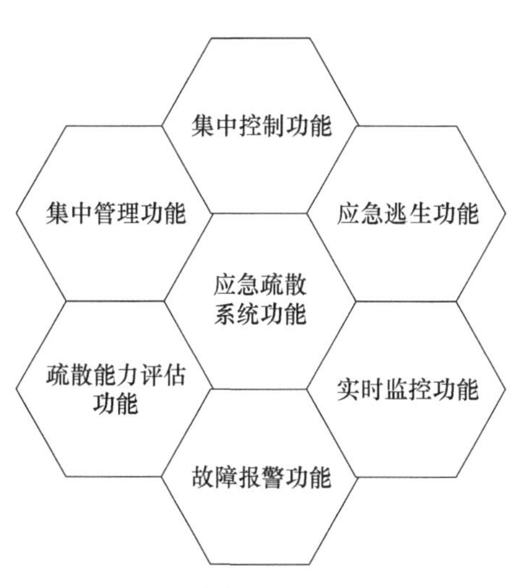

图7.6 应急疏散系统功能图

(1) 集中管理功能。对于层数较高、人员密集、疏散距离远、疏散通道多、拐弯多、环境复杂的建筑，采用普通的疏散指示往往不能满足实际疏散需求。而疏散系统将以往疏散信号“就近引导疏散”的理念，转化为“安全引导疏散”的理念，将以往独立型的管理整合到网络系统中，形成了一套完整有序的疏散管理系统。

（2）集中控制功能。当灾害事件发生时，管理机构能够第一时间得到信号，立即开启疏散系统，疏散系统能够及时有效地控制人员和疏散设施。管理机构能够对危急情况迅速作出反应，及时下达命令，直观明了，方便指挥调度。[1]

（3）应急逃生功能。系统会根据所处的环境状态和疏散设备信息，及时地绘制出最合理的逃生路线，并选取一条最有利的逃生通道，帮助建筑物内被困人群迅速逃离现场。[2]

（4）实时监控功能。各个建筑物内都会有相应的负责人员每隔一定的时间周期进行巡逻勘察，当发生事故时，便于第一时间知道发生地点和发生原因，制定有效的解决措施，及时做好人员的疏散和撤离。

（5）故障报警功能。在突发事件发生过程中，若某一个环节或疏散设施等出现差错，系统中的人员可以及时发现错误，并报告给上一级以及通知到下一级人员，此时该系统就起到了故障报警功能。

（6）疏散能力评估功能。应急疏散结束后，疏散系统可以对疏散过程中的人员和物资到位情况、组织的协调情况以及后勤保障能力等方面进行评估，从而为疏散方案制定、疏散路线优化提供依据，促使系统向完善化发展。

7.2.4 应急疏散系统的应用

疏散系统应用到疏散过程是确保群众生命财产安全，提高疏散效率和水平，完善疏散管理的现实需要。在商场、超市、酒店、地铁站、医院、体育场馆、学校以及各种大型建筑等内部空间复杂、人流量大的场所，突发事件发生时仅依靠群众自身难以快速逃生、迅速疏散，疏散系统的应用可以有效地提高建筑内人群的疏散速度，提升疏散效果。

疏散系统是一个复杂的系统，集指挥调度、信息管理、疏散设备管理等功能于一体，可以协同各部分系统，共享信息与资源，共同完成疏散行动。

---

〔1〕 吴少华．智能型消防应急照明和疏散指示系统的探讨及应用[J]．科技创新与应用，2019(14)：168-169.

〔2〕 魏清河，唐晓栋．消防应急照明和疏散指示系统简析[J]．智能建筑电气技术，2018，12(1)：83-85.

其中，疏散指挥系统是疏散系统的核心，主要起决策和协调的作用；疏散装置系统是疏散指令的执行者，要保证群众按照指挥系统的要求完成疏散；疏散环境布局和疏散管理制度旨在为指挥系统和疏散设备的运行提供多方面支持与保障。各个系统之间分工协作、相互支持，实现了疏散过程中的快速响应和高效行动。

第 8 章

高层建筑应急管理完善路径

8.1 基于风险地位的分析路径

高层建筑安全风险巨大，因为其既是绝佳攻击目标，亦是绝佳攻击平台。例如，“9·11”事件中，高层建筑“双子塔”是本·拉登的首要攻击目标，对其成功攻击造成了近万人的伤亡，对美国造成的经济损失高达 2000 亿美元，这是人类文明史上的惨痛经历。又如，在 2017 年拉斯维加斯赌场枪击事件中，袭击者以高层建筑曼德勒海湾酒店为攻击平台向参加音乐节的观众扫射，造成 586 人伤亡，是美国历史上最惨烈的大规模枪击案。因此，根据高层建筑与风险承受对象的关系（或其在风险承受过程中的地位），相关安全风险可分为两类：作为承灾体的风险和作为助灾体的风险。这种划分可作为管理者分析高层建筑风险的一种主要认识方式。

8.1.1 高层建筑作为风险承灾体

作为风险的承灾体，又称受灾体，高层建筑安全风险主要包括突发火灾事故、爆炸等恐怖袭击事件等。因此，国内外学者关于高层建筑风险防控的研究内容主要集中在高层建筑规范标准建立、建筑材料性能防火研究、应急疏散行为研究、建筑物爆炸及坍塌过程、建筑内发生恐怖袭击情景构建与推演等方面，具体如下：

火灾在高层建筑面临的社会安全风险中占比最大。自高层建筑出现开始，人们就不得不面对高层火灾的安全隐患，如伦敦格兰菲尔塔火灾、北京中央电视塔火灾、上海静安区火灾等，均造成了惨重伤亡。自 20 世纪 80 年代起，国内外就相继开展建筑材料性能化防火设计的理论研究与实践，并取得不同程度的进展。英国 1985 年完成的建筑规范，包括对防火规范的性能化修改，制定了第一部性能化消防设计指南——《火灾安全工程原理应用指南》；美国于 1998 年开始建筑材料性能化消防规范研究，在 2001 年公布了《国际化建筑性能规范》草案和《国际防火性能规范》草案；新西兰于 1992 年颁布了《新西兰建筑规范》；日本在 1989 年出版了《建筑物综合防火设计》一书，并在 1996 年开始修改《建筑标准法》。[1] 在同一时间，中国国内相关职能管理部门亦制定了一系列相关法律及规范来确保公共设施的安全管理及灾害事故的应急处理，主要有《突发公共卫生事件应急条例》《核电厂核事故应急管理条例》《中华人民共和国消防法》《建筑设计防火规范》《高层民用建筑设计防火规范》《人民防空工程设计规范》等。由于高层建筑在发生火灾后人员逃生困难，因此相关学者对于如何疏散人群进行了系统的研究。司戈总结了高层建筑发生火灾时在吸入有毒烟气、楼梯的宽度设计不合理、消防队员难以靠近起火点和特殊人群疏散受限等方面存在的逃生难点。[2] 王秀秀从避难层的面积要求、设置方式、间隔层数三个方面对高层建筑避难层进行了优化设计研究，以期在火灾发生时能够缓冲人流进而提高疏散人群的效率。[3] 郑乐通过事故树方法（Fault Tree Analysis，FTA）对高层建筑火灾事故进行编制分析，通过计算得知高层建筑一旦发生火灾，建筑自动灭火系统及自动报警对预防和控制事故具有重要的作用，而正确使用消防栓及灭火器，及时发现和扑救火灾，可以有效减少火灾发生后的经济损失。[4]

针对高层建筑实施的爆炸极易导致次生危害，如人群恐慌引起的踩踏事故、爆炸引起的火灾及建筑物坍塌等。美国俄克拉荷马市联邦大楼爆炸发生后，司法部在总统授权下，根据 1995 年 6 月的《马修斯报告》（即联邦设施的易受攻击性评估报告），制定了关于加强建筑物防爆及防止其他可能威胁的国家标准。目前，对于高层建筑实施爆炸的相关研究主要集中于爆炸时的破坏特征及预防措施。Bilow 等对混凝土框架建筑的爆破进行了研究，总结了爆

---

〔1〕 倪照鹏．国外以性能为基础的建筑防火规范研究综述[J]．消防技术与产品信息，2001，(10) 3-6.

〔2〕 司戈．高层建筑非传统安全疏散理念探讨[J]．消防科学与技术，2009，28（6）：404-407.

〔3〕 王秀秀．某超高层建筑避难层优化设计[J]．消防科学与技术，2010，29（9）：774-776.

〔4〕 郑乐．高层建筑火灾风险分析及对策研究[J]．中国安全科学学报，2009，19（10）：72-76.

破过程的特征。[1] Hayes 等研究了建筑对于爆破或垮塌的阻碍性，表明可通过调整建筑布局来提高这种阻碍性。[2] 美国国防部出版的《建筑物最低防恐标准》（UFC4-010-01），详细地给出了各类建筑结构所需进行的安全规划。此标准提出的抗爆设计策略包括加大隔离距离、阻止建筑结构连续倒塌、减少有害飞行碎片、提供有效的建筑布局、限制空气污染和提供民众通知等方面。[3]《建筑物防御潜在恐怖袭击参考手册》（FEMA426）给出了建筑减少恐怖威胁的设计方法，包括通过易损性和风险评估确定建筑的防护等级，然后给出相应的场地布局设计指南和建筑设计指南。[4] 潘丽以世界贸易中心爆炸案为例，认为针对高层建筑发生的爆炸事件应在如下几方面对高层建筑进行改进：设置直升机停机坪、建筑周围应有天然水源或备用水池、保证备用电源的可靠性、改善无线通信设备等。[5] 天津大学方磊在《建筑结构抗爆设防标准及抗爆概念设计研究》一文中也对建筑结构的抗爆设计安全规划进行了一定的描述。该文在防护距离、场地选择、外部空间设计、建筑体型、结构布置、建筑功能布局和设计分区等方面对建筑结构的抗爆进行了定性的分析。另外，该文还根据建筑在爆炸事件中的破坏程度并结合防护等级给出了建筑结构抗爆防护安全距离。[6]

针对高层建筑实施的恐怖袭击会造成巨大的人员伤亡及财产损失并引起全球恐慌，“9·11”事件后，美国学者从建筑材料、消防规范、疏散行为、恐怖袭击的目标特征、建筑物倒塌过程等方方面面进行了广泛细致的研究。国内的部分学者也进行了相应的研究，如崔铁军针对使用航空器对高层建筑

---

〔1〕 Bilow D N, Kamara M. US General Services Administration progressive collapse design guidelines applied to concrete moment-resisting frame buildings[M]. Structures 2004: Building on the Past, Securing the Future, 2004: 1-27.

〔2〕 Hayes Jr. J R, Woodson S C, Pekelnicky R G, et al. Can strengthening for earthquake improve blast and progressive collapse resistance? [J]. Journal of Structural Engineering, 2005, 131 (8): 1157-1177.

〔3〕 DoD U S. UFC 4-010-01 DoD Minimum Antiterrorism Standards For Buildings[S]. Department of Defense, 2012.

〔4〕 Department of Homeland Security, Federal Emergency Management Agency. Reference manual to mitigate potential terrorist attacks against buildings[M]. Government Printing Office, 2003.

〔5〕 潘丽．从美国“世贸中心大厦”的爆炸火灾分析谈超高层建筑的避难设施[J]．建筑知识，1995 (6): 32-35.

〔6〕 方磊．建筑结构抗爆设防标准及抗爆概念设计研究[D]．天津大学，2012.

的不同高度进行撞击后会导致何种后果进行了模拟实验分析，分析结果展示出飞机分别撞击高层建筑 100m 与 250m 高度时的区别，建筑破坏的不同点是：对建筑 250m 的高度结构进行撞击时，爆炸引起的火灾会加速上部建筑的倾倒，同时建筑倾倒也会使发生坐塌所需的上部建筑结构重力作用消失，因此，最终撞击处下部建筑结构仍完整，这个过程时间较长。而对 100 m 建筑结构进行撞击时，火灾几乎未起到任何助力坍塌的作用，建筑便已经开始出现不可逆的坐塌过程。[1] 张庭伟则提出了针对高层建筑实施恐怖袭击后的"治表""治本"对策。张庭伟认为在新的建造法规中，应特别加强对结构形式、钢结构防火等问题的规定；对材料的耐久度（如玻璃幕墙的抗击能力）、耐火度，以至平面设计上紧急出口应进行设置。在"治表"的同时，更应关注"治本"问题。他提倡建立不同收入、不同族裔人们的混合居住区，尊重文化的多样性，进行包容性规划等。[2] 联邦应急管理局给出了商业建筑减少被恐怖袭击的设计方法，其中包括场地布局、建筑结构、建筑外围、机电设备和生物化学放射防护等方面的设计策略。[3]

8.1.2 高层建筑作为风险助灾体

作为助灾体，高层建筑可以成为窥探情报的瞭望塔和实施袭击的狙击点。作为窥探情报的瞭望塔，国内外反动势力通过高层建筑的地缘及高度优势，可以轻松获取周边建筑物的涉密信息，尤其当高层建筑为中外合资或外商独资所有时，如 2018 年 5 月海南省黎族人黄某在台湾省间谍"王芳瑜"的指使下，多次在三亚某高层建筑上通过望远镜对我国军港进行观测并不断提供港内军舰和潜艇停靠情况。作为实施袭击的狙击点的案例，如 2017 年 10 月 1 日发生在美国拉斯维加斯曼德勒海湾度假村音乐节的惨案，嫌犯在高层酒店瞄准参加音乐节的人群疯狂扫射，造成重大人员伤亡，就属于这一种情形。另外如 2019 年 4 月 21 日发生在斯里兰卡的 8 起连环恐怖袭击事件，造成了 253 人死亡、500 余人受伤的严重后果，其中有超过 4 起发生在五星级宾馆，而这些宾馆均属于高层建筑。

---

〔1〕 崔铁军，李莎莎，马云东，等．飞机撞击引起爆炸-火灾后建筑坍塌过程模拟[J]．安全与环境学报，2017，17（5）：1766-1771.

〔2〕 张庭伟．恐怖分子袭击后的美国规划建筑界[J]．城市规划汇刊，2002（1）：37-39.

〔3〕 Hinman E. Primer for design of commercial buildings to mitigate terrorist attacks[J]. Risk Management Series FEMA. Federal Emergency Management Agency, Washington, DC, 2003.

可见，高层建筑作为社会安全的风险助灾体的形势正在愈演愈烈。但是出于国家安全及隐私考虑，学术界针对这些社会安全风险预控机制的研究非常有限。

依据高层建筑在风险承受过程中所处地位对相关风险的划分，既有助于管理者全面认识管理对象所面临的风险，削减风险盲区，也有利于安全责任的进一步落实。

8.2 基于典型案例的完善路径分析

8.2.1 承灾体案例 1：美国“9·11”事件

1. 事件概况

美国当地时间 2001 年 9 月 11 日，恐怖分子共劫持 3 架民航客机，其中 2 架撞击了纽约著名地标性建筑世界贸易中心，导致世界贸易中心南北两栋超高建筑轰然倒塌。据估算，当时南北双子塔中共有 58000 余人，而事故共造成 2830 人死亡，其中包括 403 名应急支援人员，数以万计的人员遭受不同程度的身体伤害与精神创伤，美国直接经济损失近 2000 亿美元。而另一架被劫持的客机则撞向美国国防部所在的五角大楼，各方面共造成 309 人死亡，给美国情报与军事机构带来重大损失。“9·11”事件是自珍珠港事件后，美国本土遭受的最为严重的暴力袭击，是美国历史上超高建筑灾难致死人数与财产损失最多的一次，使得美国意识到国际环境的不安定性与恐怖袭击的危害性。

在“9·11”事件发生后不到 6 周时间，美国总统布什签署《爱国者法案》，赋予美国国家安全部门更为强力的侦查权，并加强对赴美移民与外国留学生的监控与审查力度。同年 10 月，美国发动阿富汗战争，以期推翻塔利班政权，并铲除基地组织势力。阿富汗战争余热未消，美国即于 2003 年 3 月再次发动伊拉克战争，成功推翻萨达姆政权。可以说，“9·11”事件是美国历史上经历过的最为严峻的危机之一，美国政府一系列的法案与战争侧映出该事件的重大历史意义，该事件也使得美国深刻认识到维护国家安全的重要性。同时，纽约世界贸易中心是当时高度位居世界前列的超高建筑，分析发生于此的“9·11”事件中的风险防控不足与成因问题，可以为超高建筑物风险防控提供有益的经验与教训。

2. 纽约世界贸易中心基本情况

美国纽约世界贸易中心是建筑领域典雅主义的代表作之一，由日本建筑师山崎实设计，建于1966—1973年，位于纽约曼哈顿岛西南端。建筑群由两座并立的塔式摩天楼和4幢7层建筑组成，其中世界贸易中心一号楼和世界贸易中心二号楼曾为美国纽约最高的建筑物及标志性建筑。世界贸易中心的两座摩天大楼分别为楼高417m的北塔和楼高415m的南塔，两座塔式大厦均为地上110层，地下6层。两座高塔的建筑面积为120万m^2，办公面积有84万m^2，可容纳5万名工作人员办公，同时可容纳2万人就餐。原貌照片如图8.1。

图8.1 世界贸易中心南北塔原貌

世界贸易中心南北塔楼层分租给世界各国800多家厂商和公司。内部除垂直交通、管道系统外，均为办公面积与公共服务设施。大楼全部采用钢结构，外表用铝合金板饰面。塔楼平面为正方形，边长为63.5m，结构体系为外柱承重，9层以下外柱距为3m，9层以上外柱距为1m，窗宽为0.5m。大厦共设电梯104部。在第44及78层上分别设有“高空门厅”，并有银行、邮局、餐厅等服务设施。地下有可供2000辆车停靠的车库。西塔楼屋顶上装有电视塔，塔高100.6m。南塔楼屋顶开放，供人登高游览。

世界贸易中心南北塔采用密集的钢结构组成，如图8.2所示，其防固程度较高，理论上来说仅靠飞机的撞击力无法导致两座超高建筑轰然倒塌。根据理雅结构工程咨询公司（LERA）公布的美国联邦应急管理局和美国土木工程师学会（ASCE）的联合调查报告，世界贸易中心南北塔的设计已经考虑到承受不同程度的撞击，高强度的钢结构造型可以有效保障南北塔，即使是在遭受重大自然灾害时也可以支撑相当长一段时间而不倒塌，例如强烈的风暴与地震。

图 8.2 世界贸易中心大厦密集的钢结构

3. “9・11” 事件折射出的防控漏洞

（1）纽约世界贸易中心的设计、建造与维护。通过对“9・11”事件诸方面的论证报告，我们可以得出世界贸易中心在设计、建造与维护中存在如下问题与漏洞：

首先，作为超高建筑，其建筑物自重量巨大，建设难度较高。当时施工方为减少高楼重量，适当降低建造成本，选用钢结构作为外围的受力保护层。钢结构确实减少了世界贸易中心的重量，但钢材的强度极易受到温度的影响而产生变化。通常而言，大部分钢材在温度达到 600℃时，即丧失大部分的刚度和强度，而航空燃油剧烈燃烧的温度最高可达到 1000℃。因此选用钢结构的世界贸易中心，必然无法逃避钢材软化进而最终崩塌的结果。与之形成对比的是美国帝国大厦撞击事故，1945 年，一架 B-25 轰炸机由于大雾迷航，以 300km/h 的高速撞向帝国大厦的 78～80 层结构。该事故虽然同样因为燃油泄漏导致楼内火灾，但是由于帝国大厦采用花岗岩与钢架双重支撑结构，大火蔓延并未造成楼层坍塌的危害后果，事故发生仅两天后，帝国大厦即重新面向公众开放。

其次，没有针对纽约世界贸易中心建筑群设计必要的应急救援方案。作为世界著名的建筑群，同时拥有两栋超过400m 的超高建筑主楼，世界贸易中心大楼在运营维护时却没有针对风险设计行之有效的救援机制。在美国“9・11”事件两党联合调查中发现，世界贸易中心管理者很少开展有针对性的风险防控宣传教育，更没有定期开展应急疏散演练等重要的避灾防灾行为，导致楼内工作人员缺乏必要的风险控制意识与灾后自救知识。在撞击发生后，世界贸易中心内陷入混乱，楼内人员四散而逃，导致遇难者中有相当一部分人是由于现场秩序混乱、求生通道堵塞，疏散不及时而无法生还。

最后，世界贸易中心设计时过于关注建筑物承受撞击的能力，而没有考虑到如何应对外力冲击所引发的其他危害后果。理雅结构工程咨询公司公布的调查报告指出，世界贸易中心在设计时已经充分强化其抗击外部冲击的能力，可以在地震、强风暴与剧烈撞击中保持楼体结构稳固。但是设计者与建造者并未考虑到如何应对冲击后产生的其他后果。例如，世界贸易中心被飞机撞击后，其撞击部位在楼层上部，如图 8. 3 所示，整体结构相对稳定，的确证实了世界贸易中心抗外力伤害的能力，但是飞机撞击后所引发的爆炸与火灾，在设计伊始却没有得到充分的考量与论证，最终导致严重后果的发生。这也告诫我们，在超高建筑风险防控时，应当将灾难发生与灾难的派生结果立体化地纳入建设方案设计，全面防控才能确保无虞。

（2）美国救援制度。美国重大事故发生后的应急救援制度存在问题。一方面，应急救援组织能力不足。在“9・11”事件发生后，首位目击灾难的救援人员是纽约消防局的队长，他根据纽约消防局的应急预案，率先在世界贸易中心一号楼设立了救援指挥部。纽约消防局局长到场后，考虑到楼层可能发生坍塌与杂物坠落的风险，选择将指挥部迁出一号楼，但是仍然留有数百名救灾人员在楼内组织救援并等待指令。在一号楼发生坍塌后，楼内指挥员通过无线电发出撤退命令，但是由于消防组织不力与通信设备较落后等问题，大部分消防员并没有收到该指令，导致数以百计的消防员在坍塌中罹难。而在世界贸易中心二号楼坍塌后，已经迁移出一号楼的救援指挥部也被摧毁，救援组织能力进一步降低，大部分消防员与紧急医务人员陷入无组织救援状态。

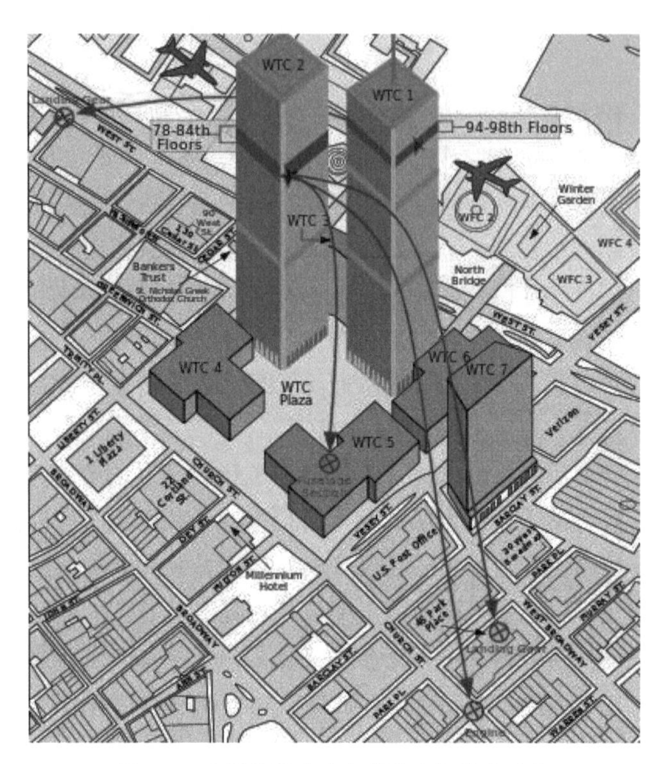

图 8.3　世界贸易中心各楼分布与撞击示意

另一方面，通信保障能力不足。在“9·11”事件发生后，有救援职责的各部门通过无线电向紧急医疗机构发出求援信息，同时大部分公民在目击事故后向纽约警局与 911 救援中心通电，以期找寻家人或提供救援线索，大规模人群的通信行为导致灾后救援通信线路一度陷入瘫痪。各部门、各权责主体不断向紧急医疗救护部门发出重复性的救援申请，大量救护车被反复派遣到世界贸易中心参加救援，进一步加剧了通信线路堵塞问题。同时在一线救援人员的个人通信也无法得到保障，大部分救援人员无法及时接收指挥指令，这也是上文中提到的导致一号楼内消防员无法及时撤离最终罹难的关键因素。

（3）反恐防控机制。“9·11”事件最终演变为美国历史上最严重的恐怖袭击的根本原因在于，美国当时并没有建立起行之有效的反恐防恐机制。

第一，入境安全审查形同虚设。19 名劫机分子在 2001 年 6 月前就已经全数进入美国境内。据美国“9·11”事件两党调查报告指出，上述恐怖分子通过 10 趟航班分次进入美国，其中有 11 名恐怖分子在进入美国时存在问题，例如有一部分人使用假护照，有一部分人在签证办理时说谎，上述行为没有被美国边境管理机构发现。更令人吃惊的是，“9・11”事件的主要策划者哈立德・谢赫・穆罕默德（Khalid Sheikh Mohammed）早在 1995 年就已因为策划暗杀美国前总统吉米・卡特而被美国情报机构列为恐怖分子，但即使如此他也通过使用假护照获准进入美国，全程指挥“9・11”恐怖袭击行动。与此同时，19 名劫机人员在登机时都接受了各式的安全检测，却没有引起安检人员的怀疑，最终导致其有能力劫持机组人员。

第二，反恐情报价值认识偏差与信息孤岛。“9・11”事件调查报告显示，在 2000 年 1 月，基地组织在吉隆坡召开所谓“马来西亚会议”，哈立德・谢赫・穆罕默德赶赴马来西亚参加会议，正式进入美国情报机构的监控视野，但中央情报局并没有针对此会议开展专门的监听工作。报告还提到，中央情报局很早就获悉哈立德・谢赫・穆罕默德有进入美国的合法护照，但并没有通知联邦调查局，这也导致其顺利入境。2001 年 5 月至 7 月，美国情报部门在监听中搜集到 30 余条涉及“即将发生恐怖袭击”的消息，但都没有重视。除上述情况外，在调查中也提及美国情报部门所忽视的众多信息，反映出其对反恐情报价值的认识不足。此外，由于各部门间职责分工的不同，缺乏反恐情报互通共享机制，即使是有部分部门意识到存在恐怖袭击的风险，也无法传递情报，最终导致信息孤岛的出现，“9・11”恐袭未能避免。

4. “9・11”事件对我国超高建筑风险防控的启示

（1）建立超高建筑规范。超高建筑不同于普通建筑，由于其地标性，往往容易成为恐怖袭击的目标。同时，超高的楼体结构与较大的楼体重量，也使得超高建筑容易受到各种外力冲击，发生意料之外的灾难。必须针对超高建筑设立相应的设计、建设与管理的风险防控标准。首先，出台超高建筑有关规范，从国家层面规范超高建筑的设计、建设与管理。其次，在考虑充分抵御外力冲击因素的基础上，必须强化超高建筑防火、救火、耐火的能力。最后，从紧急预案设计、应急疏散演练与救灾队伍建设等方面入手，建立常态化、标准化的应急救灾机制。

（2）完善现有救援制度。目前，我国设有应急管理部门，整合国务院应急管理、公安消防管理与民政救灾等职责，全面负责安全生产、灾害管理与灾后救援等方面的工作。可以说，我国已经初步建立起权责统一、步调一致的应急管理制度，可以有效应对绝大部分灾害的救援工作。但是，超高建筑的灾害救援有其特殊性。超高建筑的救援空间相对狭小，但楼内人数众多，所需要承担的救援疏散任务极为繁重，我国应急管理制度有必要针对超高建筑的特殊性设计相应的预案，保证救援救灾的有效性。

（3）超高建筑恐袭防控。恐怖活动犯罪是当下国际安全秩序最严峻的威胁之一，恐怖袭击具有极高的隐蔽性与跨区域性，侦查难度极高，在事故发生前很难确定其是否存在。恐怖袭击通常需要一定时间的策划与人员、工具的准备，我们必须利用这一特征提前监测预警恐怖活动。随着大数据与人工智能逐渐应用于安防领域，我国反恐防控机制逐步完善，对涉恐信息的分析能力空前提高。而超高建筑作为恐怖袭击的重点目标，必须纳入反恐防控机制的保护对象，充分应用现代科技力量保护超高建筑安全。

8.2.2　承灾体案例 2：上海市静安区“11·15”火灾事件

1. 事件概况

2010 年 11 月 15 日 14 时左右，上海市静安区余姚路一栋高 28 层的教师公寓大楼突发火灾，如图 8.4 所示。当时该公寓楼正在开展节能综合改造，施工人员操作不慎，在大楼 10 层脚手架中违规开展电焊作业，导致楼层发生大火，起火楼层大致在 9~12 层之间。由于楼内所住居民大多为离退休教师，平均年龄较大，疏散撤退能力较低，且火势较猛，事故最终造成 58 人遇难，71 人受伤，楼层着火面积超过 12000m^2。

图 8.4　教师公寓火灾现场图

事故发生后，上海市有关部门积极开展救援工作，到当日 16 时 30 分，该楼火势已经基本被消防部门扑灭，并在此后的救援行动中救出大部分被困人员。针对该项目在监管审批过程中的违纪、违规、违法行为，《国务院安委会办公室关于上海市静安区胶州路公寓大楼“11·15”特别重大火灾事故调查处理结果的通报》（以下简称《调查通报》）指出：依照调查批复意见，已有 54 名事故责任人受到处罚，其中 26 名责任人移交司法机关追究刑事责任，28 名责任人受到党纪政务处分；其中上海市静安区建交委原主任高伟忠被判处有期徒刑 16 年，项目施工单位的法定代表人、经理黄佩信因犯重大责任事故罪被判处有期徒刑 16 年。

2. 教师公寓大楼与火灾详情

位于静安区的教师大楼于 1998 年 1 月建成，该公寓共 28 层，建筑面积近 18000m^2，其底部的 2~4 层为商业办公所用，5~28 层是普通居民住宅，共有 500 户居民，其中大部分住户为教师且包括大量的离退休老教师。由于该教师公寓建成时间较长，整体设施相对老化，静安区建设与交通委员会于 2010 年 9 月 24 日组织对该公寓开展综合改造工程，施工内容主要包括外墙整体修整、楼外搭设脚手架、更换楼体外窗与喷涂保温材料等。

该综合改造工程的建设单位是上海静安区建交委，总承包单位是静安区建设总公司，监督单位是上海静安建设工程监理有限公司。静安区建设总公司承包该工程后，即将工程转包给其子公司上海佳艺建筑装饰工程公司（以下简称“佳艺公司”），佳艺公司又将具体工程拆分成诸部分，再次分包给 7 家不同的施工单位。

法院判决表明，2010 年 6 月上旬，时任静安区建交委主任的高伟忠，接受佳艺公司原法定代表人、经理黄佩信的请求，违规决定由静安区建设总公司承包静安胶州路教师公寓节能改造工程，并将该工程整体转包给不具备相应资质的佳艺公司，由时任静安区建交委副主任的姚亚明等人以违规招投标等方式具体落实。此后，黄佩信与佳艺公司副经理马义镑又决定将工程拆分后再行分包。其中，脚手架搭设项目由没有资质的被告人支上邦、沈建丰，经劳伟星同意，非法借用上海迪姆物业管理公司的资质承接。脚手架项目中的电焊作业又被交给不具备资质的沈建新承包，沈建新再委托马东启帮助招用未持有效特种作业操作证的吴国略和王永亮等人从事电焊作业。

同年 9 月下旬，高伟忠在该工程没有进行项目申报、没有取得施工许可证及未全部完成施工方案审批等情况下决定开工。静安区建交委综合管理科周建民等积极执行该违规决定。同年 10 月中旬，为赶工期，教师公寓项目执行经理沈大同在没有制定新的施工方案的情况下，提出搭设脚手架和喷涂外墙保温材料实行交叉施工，马义镑和现场总监理工程师张永新等人对此严重违规做法均未制止。施工期间，存在未经审批动火、电焊作业工人无有效特种作业证、电焊作业时未配备灭火器及接火盆等严重安全事故隐患。黄佩信等人没有落实安全生产制度，对工地存在的重大安全事故隐患未进行检查及督促整改。张永新等人作为监理方，未认真履行监理职责。沈大同等未按规定履行安全生产管理职责。上述被告人的行为致使教师公寓节能改造项目施工组织管理混乱，施工安全监管缺失，施工重大安全事故隐患未能及时排除。同年11月15日，支上邦在没有申请动火证的情况下，要求马东启完成胶州路728号10层脚手架增加斜撑的施工，电焊工吴国略及电焊辅助工王永亮在无灭火器及接火盆的情况下违规进行电焊作业，电焊溅落的金属熔融物引燃下方9层脚手架防护平台上堆积的聚氨酯材料碎块、碎屑，引发火灾，造成58人死亡、71人受伤等特别严重后果。

3. 事故发生的主要原因

国务院的《调查通报》指出，事故发生的主要原因有如下几点：

（1）工程建设单位、投标单位与招标代理机构存在虚假招标、串通勾连的问题，并且存在严重违法转包与监管缺位等问题。项目承建单位通过行贿、人情往来等非法手段获取项目建设权后，将工程拆分违法转包给资质有瑕疵的企业或个人，而上述违规违法行为均没有受到及时有效的监管。

（2）工程项目施工组织管理混乱。佳艺公司将项目拆分后，再次转包给7家施工单位，其中部分施工单位本身没有施工资质，通过借用资质或制造虚假资质等非法手段获取施工项目。在具体施工开始后，承包单位各自为战，缺乏统一的组织与管理，导致出现楼层违规摆放大量易燃物与违规开展电焊作业的情况，这也是引发火灾的直接原因。

（3）上海市与静安区建设主管部门监管失责。该综合改造工程的建设单位是上海市静安区建交委，总承包单位是静安区建设总公司，但不论是建交委还是静安区建设总公司都没有在工程建设中履行必要的监督管理职责。主管单位对佳艺公司的转包行为监督缺位，对施工现场安全管理不到位。部分主管部门领导甚至存在收受贿赂、操纵招投标等犯罪行为。

（4）消防机构对工程项目监督检查失职。在我国应急管理体制改革之前，公安消防部门承担对施工项目防火安全监督检查的职能，任何施工场地都必须开展全面的消防安全评估，并对施工的具体过程开展全过程监督，确保施工过程的安全性。但是在“11·15”特大火灾案中，施工现场存在大量火灾隐患，例如易燃物大量堆积、无相应资质人员从事电焊工作等，但消防管理机构并没有对施工现场开展必要的消防检查，存在严重失职。

4. 事故折射出高层建筑建设改造的风险与漏洞

改革开放后，我国经济步入快速增长期，高层建筑如雨后春笋般在全国城市落地生根。随着时间流逝，部分高层建筑存在的设计缺陷与老旧问题逐渐暴露，许多高楼亟须开展相应的改造维护或维修工程。此类工程施工时面临着楼道设施老化、楼内住户较多、安全防护设计落后等问题，威胁着施工人员与楼内人员的安全。“11・15”特大火灾案折射出我国在高层建筑改造施工中存在的风险与漏洞。

（1）项目招投标与承建存在监管漏洞。老旧高楼改造升级与普通的高楼建设工程同样需要施工方拥有符合标准的施工资质与严格的施工管理，并且必须依法转分包。但是在我国施工行业实践中，借用资质、虚假资质、沟通串标、违法分包等现象屡禁不止，监管部门不作为、滥作为的现象同样不容小觑，存在显著的漏洞。

（2）项目承建方施工质量参差不齐。即使是通过合法渠道承接项目的建筑商，也存在着项目施工质量难以得到保障的问题。在“11・15”特大火灾案中，引发火灾的直接责任施工公司具有相应的建筑资质，但是在员工管理与作业安排方面存在着明显的过错，最终导致火灾后果的发生。建筑施工行业缺乏必要的行业自律与外部监督，导致各公司在具体施工时没有统一的标准，加剧了灾害发生的风险。

（3）老旧高楼升级改造组织管理混乱。近年来，随着国务院加大对老旧小区改造的力度，全国各地积极响应国家号召，加大资金投入鼓励地区内老旧小区开展外墙粉刷、加装电梯等工作。但是由于各地资金来源、管理组织方式等不同，老旧小区改造实践中出现组织管理混乱的问题，且政府主管部门常因为工作人员不足而放松对项目施工的监管。例如，在“11・15”特大火灾案中，作为主管部门的上海静安区建交委主要负责项目的招投标，没有履行必要的监管责任，最终导致火灾的发生。

（4）消防安全责任难以落实。如上文所述，消防部门没有有效履行消防安全检查义务，施工现场堆放大量易燃物却无人问津。消防部门承担消防安全责任，但是实践中该责任落实却存在着诸多问题，特别是由政府部门牵头的建设施工项目。例如，“11・15”特大火灾案中的项目主管单位是上海静安区建交委，是静安区的消防部门的同级部门，在实际的消防检查中很难要求其全面履行职责。

5. 事故的教训与反思

（1）加强建设工程全流程监督管理。建设工程时间跨度较长、安全风险较大，任何环节的渎职懈怠都可能酿成无法挽回的过错，必须对其招投标、工程承包转包、施工现场与工程验收全流程开展行之有效的监督管理。特别是高层建筑相关的施工项目，其相较于低楼有更重的安全保障任务。由于人员密集，任何涉高层建筑灾难的发生都有可能造成更为严峻的人员伤亡与财产损失，高层建筑施工项目全流程监管确有必要。在招投标环节，必须保障招投标过程的公开、透明、合法，坚决抵制虚假招标、串通投标等问题；在建筑施工环节，施工主管部门必须积极履行管理职责，定期开展安全施工检查，及时发现问题、解决问题，防患于未然；在工程验收环节，必须依照法律开展工程验收，保障工程质量，并对前置施工行为开展审查，及时追究违法违规行为。

（2）严格落实施工项目消防安全责任。随着应急管理体制落地，我国消防检查职能被转隶到各级应急管理部门，其安全保障职能也更加纯粹，理应更好发挥其消防安全保障效能。我国经济发展已经进入转型期，建设新高层建筑的脚步逐步放缓，愈来愈多的老旧高层建筑的改造施工成为必然趋势，应急管理部门应深刻认识，主动积极履行消防检查职责，落实消防安全责任。

（3）进一步加强高层建筑风险防控装备建设。在“11·15”特大火灾案中，当地消防部门缺少扑灭高层建筑火灾的必要装备，导致火势一度无法控制。目前，在我国大中城市中，高层建筑建设已经成为主要趋势，各地应当进一步加大对高层建筑风险防控设备的投入，结合本地区实际，配备诸如高层消防车、高空营救车等设备，增强城市高层建筑及超高层建筑的扑救和应急救援能力，以适应城市建筑发展趋势的需求。

8.2.3 助灾体案例：拉斯维加斯赌场枪击案

1. 案发经过

拉斯维加斯赌场枪击案被称为美国历史上最惨重的枪击案。该起案件是犯罪嫌疑人利用高层建筑物对人群发动“独狼式”恐怖袭击的典型案例。2017年10月1日，约3万人聚集在拉斯维加斯曼德勒湾酒店赌场外，参加“91号公路丰收音乐节”。22时许，一名64岁的当地白人男子斯蒂芬·帕多克（Stephen Paddock）利用多把来复枪，从酒店高楼32层扫射地面上音乐会人群，枪击持续了10~15分钟，中间没有停息。枪声响起后，观众以为是烟花或者烟花燃放操作失误，密集的枪声多次响起，人们紧急疏散或者躲避，导致现场人员挤压，最终造成了59人死亡、800多人受伤的惨痛后果。警方在枪击事件发生72分钟后定位到了帕多克所在的房间，在他们撞门试图进入房间时，帕多克曾向他们开枪，一名酒店安保人员在门外被击中腿部，但在他们进入房间后，发现帕多克已经饮弹自尽。事发后，拉斯维加斯警方以及联邦调查局的特殊武器和战术部队（SWAT）都派员前往现场，封锁事发地点周围的街道。随后在帕多克的酒店房间内，找到一份手写的笔记，笔记记录了从酒店的32层朝人群开枪射击的距离以及子弹可能运行的轨迹。[1]

2. 案发现场

2017年10月1日是“91号公路丰收音乐节”的最后一天。该音乐节在拉斯维加斯大道3901号一个面积约为15英亩的露天场地举行。整个会场周围都是深色的铁丝网围栏。西面是拉斯维加斯大道，北面是里诺大道，东面是吉尔斯街，南面是曼德勒海湾路。如图8.5所示，路灯、舞台灯光和周边临时灯架的灯光都很昏暗。

Route 91 Harvest Festival

图8.5 现场方位图

〔1〕 参见10·1拉斯维加斯赌场枪击事件. https：//baike. baidu. com/item/10·1拉斯维加斯赌场枪击事件/22150062？=aladdin，2022.

2017 年 9 月 25 日，帕多克在曼德勒湾酒店预定了 32 层 135 房间，并计划 10 月 2 日离店。9 月 29 日，帕多克用其女友的名字登记了与 135 房间相邻的 32 层 134 房间。自 9 月 25 日起，帕多克往房间搬送了多个行李箱，并多次往返得克萨斯州。射击地点位于曼德勒海湾酒店 32 楼，该层由北向的走廊组成，东侧为偶数编号房间，西侧为奇数编号房间，房间编号从 32-101 到 32-135，如图 8.6 所示。

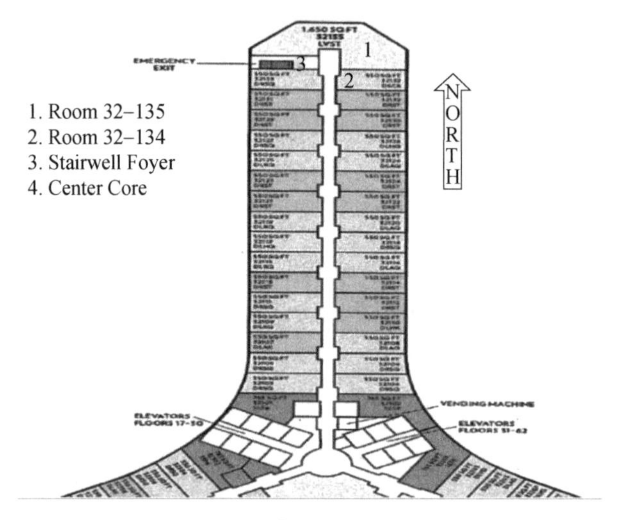

图 8.6　案发楼层示意图

32-135 室位于该层楼的最北端，朝南的是双入口门。32-134 室位于该楼层的北端，是通往 32-135 室的连通室。32-134 室位于 32-135 室入口的东侧，一扇入口门朝西，一扇通往门厅的门可通往楼梯，位于走廊的北端。在 32-135 室入口的西侧，一个入口门朝东。具体现场如图 8.7 所示。

3. 案件反思

该案件造成极大伤亡，并引起美国全国恐慌。世界各国亦给予该案高度关注，力求减少、杜绝该类案件的发生。该案件暴露了酒店管理方面的严重漏洞和警察工作的诸多疏忽之处。

（1）进出安检疏漏。帕多克将 20 多把枪支、200 多发子弹、1 枚自制的化学爆炸装置带进酒店，酒店安保管理人员毫无察觉，将随身携带的五六个行李箱搬运至房间内也未引起酒店的丝毫警觉。可见酒店无论是对进出人员携带物品的安检，还是对可疑包裹的查验都存在严重疏忽。

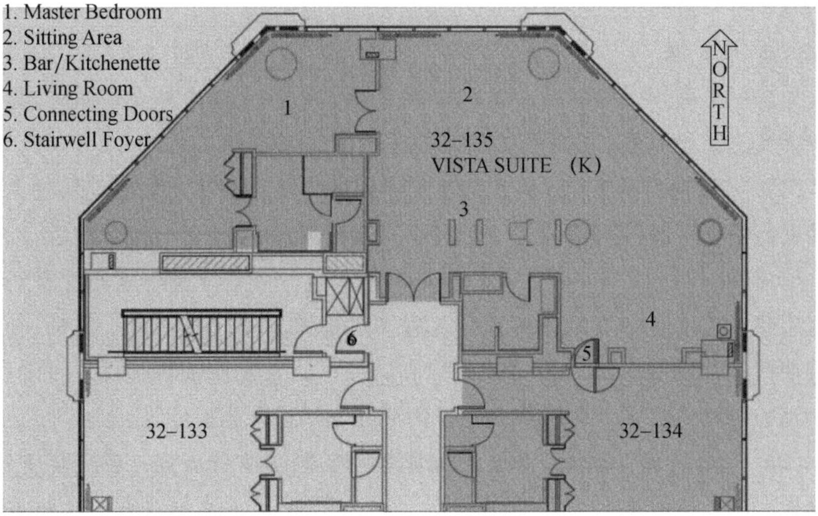

图 8.7 案发现场示意图

（2）高层管控缺位。凶手在 32 楼开辟了两个射击点（砸破两个窗户的玻璃），以不同方向居高临下对露天音乐会的观众进行射击，在短时间内造成大量人员伤亡。酒店对高层建筑管控的严重缺位是显而易见的：一是重视不足，未能认识到高层建筑对毗邻下方空间造成的巨大安全隐患；二是监测不到位，在高层玻璃被击碎、凶手开始射击时，未能第一时间发现凶手，延误了战机，导致伤亡扩大；三是处置不及时，酒店没有制定详尽的应急处置预案，没有第一时间反应并采取有效措施，导致了伤亡的扩大。此外，案发现场独特环境因素也是不容忽视的：其一，作案时间是当地 22 时许，酒店被笼罩在浓浓夜幕之下，凶手因此被隐蔽起来，而露天音乐会的灯光则使观众暴露在凶手的视野之中。在黑暗中射击有光源的目标对取得狩猎资格证的凶手来说应该是一件不太难做到的事情，何况目标如此众多、明显。其二，高层视野开阔，有利于凶手向人员密集处射击。其三，子弹从上方射击，击中头部概率较大，且观众很难隐蔽（趴在地上反而增加被击中的概率），因而遇难者众多。

（3）警民合作不畅。此次案件暴露出酒店与警方之间的协作障碍。警方对高层建筑的环境并不充分熟悉，在 2 万余人的大型群众活动中没有布置充分警力实施安保，在突发事件过程中反应处置不够迅猛果断，没有及时疏散疏导现场群众，没有第一时间发现嫌疑人，使得凶手持续作案，警察到达现场时仍有充分的时间自尽。

4. 对策建议

我国经济高速发展，高层建筑如雨后春笋在各大城市林立。面对国内外复杂多变的反恐形势，要切实重视高层建筑的反恐工作。

（1）人员物品清晰化。使用制度加科技的方式，对进出高层建筑的人员、物品进行安检，确保排除隐患。对进出高层建筑的人员一律实名核验，通过人脸比对确定身份，对高危人员一律排除在外。借鉴新疆等地的反恐经验，在高层建筑的出入口安装情绪识别装置，对情绪异常（如激动、悲伤、亢奋等极端情绪）的非重点人员有效识别和防控，防止发生极端事件。对进出高层建筑的物品进行X光检验以防止任何危险物品进入高层建筑。

（2）全面监管实时化。高层建筑管理者要落实监管责任，成立高层建筑安全指挥部，实时监控危险点的状况。对高层窗口处的人员动向及时关注，对建筑物内冒烟起火、物品损坏进行实时、自动报警，全方位、全天候监测建筑物内的异常举动与现象，杜绝危险事件的发生。

（3）形成合力常态化。公安民警要与高层建筑管理人员密切配合，畅通合作机制，完善应急处置预案。日常工作中，公安机关对建筑物的管控提出建议，加强日常监管，遇到突发事件，及时按照处置预案，快速反应，果断处置。做到预防在先、处置在前、打早打小，确保高层建筑本身安全的同时，不使其成为危害安全的“助灾体”。

8.3 基于安全防范体系标准的完善路径分析

安全防范是指作好准备和保护，以应对攻击或避免受害，从而使被保护对象处于没有危险、不受侵害、不出现事故的安全状态。因此，安全防范体系是指以维护社会公共安全为目的，采取的防入侵、防被盗、防破坏、防火、防爆和安全检查等措施。[1] 高层建筑安全防范重要部位通常包括：主要出入口、建筑结构关键构件及节点、停车场（库）、新风入口、新风机房、生活水箱、消防水池、高低压变压器房、燃气调压柜、发电机房、锅炉房、油库、信

〔1〕《安全防范工程技术标准》（GB 50348—2018）.

息中心机房、避难层、屋面层、直升机停机坪、垂直运输系统（消防电梯）、观光层、观光电梯、候梯厅、室外宣传屏幕及控制端、安防监控中心和公共广播系统控制室等。安全防范体系一般由物防、技防和人防三个部分组成。[1][2][3]

8.3.1 物防

1. 配置原则

物防配置应符合国家、省、市的相关法律法规、规章及有关标准对工程建设的要求；应纳入高层建筑建设工程总体规划，新建或改建项目应同步设计、同步建设、同步运行。使用的设备和设施应符合相关标准要求，并经检验或认证合格。

2. 物防组成

重点目标物防包括实体防护设施、个人应急防护装备、公共应急防护装备等。

3. 物防配置

高层建筑应急防范的物防配置应符合表 8.1 的要求。

表 8.1 物防配置表

序号	项目		安放区域或位置	设置标准
1	实体防护设施	机动车阻挡装置	主要出入口	应设
2		防暴阻车路障或隔离设施	主要出入口	应设
3		防盗安全门、金属防护门或防尾随联动互锁安全门	新风机房、生活水箱、消防水池、高低压变压器房、燃气调压柜、发电机房、锅炉房、油库、信息中心机房、直升机停机坪、室外宣传屏幕及控制端、安防监控中心和公共广播系统控制室	应设

〔1〕 广州市地方标准《反恐怖防范管理 第 38 部分：高层建筑》（DB4401/T 10.38—2020）.

〔2〕 杭州市地方标准《反恐怖防范系统管理规范 第 27 部分：商业综合体》（DB3301/T 65.27—2018）.

〔3〕 武汉市地方标准《武汉市反恐怖防范系统管理规范 第 9 部分：商场超市》（DB4201/T 569.9—2018）.

续表

序号	项目		安放区域或位置	设置标准
4	实体防护设施	防盗保险柜、防盗保险箱	财务室、档案室	应设
5		围栏或栅栏	新风入口	宜设
6		人车分离通道	主要出入口	应设
7		人行出入口通道闸	主要出入口	应设
8	个人应急防护装备	对讲机、强光手电、防暴棍	传达室、执勤岗位、主要出入口	应设
9		毛巾、口罩	各工作区域	应设
10		防毒面罩或防烟面罩	各工作区域、安防监控中心	应设
11		防暴盾牌、钢叉	装备室、主要出入口	应设
12		防暴头盔、防割（防刺）手套、防刺服	装备室、主要出入口	应设
13		化学防护服、铅衣及相关药品	装备室	宜设
14	公共应急防护装备及设施	防爆桶、防爆毯（含防爆围栏）	主要出入口、停车库（场）	应设
15		应急警报器	安防监控中心、主要出入口	应设
16		灭火器材	各工作区域	应设

8.3.2 技防

1. 建设原则

技防建设应符合国家、省、市的相关法律法规、规章及有关标准对工程建设的要求；应纳入高层建筑建设工程总体规划，新建或改建项目应同步设计、同步建设、同步运行。使用的设备设施应符合相关标准的要求，并经检验或认证合格。

2. 技防组成

高层建筑技防设施包括安防监控中心、电子防护系统、公共广播系统、无线通信对讲指挥调度系统、通讯显示记录系统等，其中电子防护系统包括视频监控系统、入侵和紧急报警系统、出入口控制系统、停车场（库）管理系统、电子巡查系统（巡更系统）、安全检查及探测系统、无人机监控系统、信息隔离控制系统（防火墙）、高层建筑结构监测系统等。

3. 技防配置

高层建筑应急防范的技防配置应符合表 8.2 要求。

表 8.2 技防配置表

序号	项目		安装区域或覆盖范围	设置标准
1	安防监控中心		—	应设
2	视频监控系统	摄像机	主要出入口	应设
3			高层建筑各功能分区出入口	应设
4			周界	应设
5			大堂、电梯等候区	应设
6			电梯轿厢、自动扶梯口	应设
7			各层楼梯口、通道	应设
8			新风入口、新风机房、生活水池、消防水池、高低压变压器房、燃气调压柜、发电机房、发电机油库、网络机房、公共广播系统控制室、直升机停机坪、室外宣传屏幕及控制端	应设
9			停车场（库）及其主要通道和出入口	应设
10			安防监控中心	应设
11			重要通道	应设
12		声音复核装置	主要出入口	宜设
13			安防监控中心	应设
14		视频智能分析系统	安防监控中心、图像采集前端	宜设
15		人脸图像识别系统	安防监控中心、主要出入口	应设
16		机动车号牌自动识别系统	停车库（场）、主要出入口	应设
17		控制、记录、显示装置	安防监控中心	应设
18	入侵和紧急报警系统	入侵探测（报警）器	新风入口、新风机房、生活水池、消防水池、高低压变压器房、燃气调压房、发电机房、发电机油库、网络机房	应设
19				应设
20		紧急报警装置（一键报警）	重要办公区域、执勤岗位、大堂前台等	应设
21			安防监控中心	应设
22		报警控制器	安防监控中心及相关的独立设防区域	应设
23		终端图形显示装置	安防监控中心	宜设

续表

序号	项目		安装区域或覆盖范围	设置标准
24	出入口控制系统	门禁系统	新风机房、生活水池、消防水池、高低压变压器房、发电机房、发电机油库	应设
25			网络机房、室外宣传屏幕控制端	应设
26			重要办公区域、安防监控中心	应设
27		身份证验证系统	主要出入口	应设
28	电子巡查系统（巡更系统）		建筑内通道、出入口、周界	应设
29			重要部位	应设
30	公共广播系统		区域全覆盖	应设
31	无线通信对讲指挥调度系统		区域全覆盖、安防监控中心	应设
32	安全检查及探测系统	微剂量X射线安全检查装置	主要出入口、停车库（场）	宜设
33		通过式金属探测门	主要出入口、停车库（场）	宜设
34		手持式金属探测器	主要出入口、停车库（场）	应设
35		智能图像识别服务器	主要出入口	宜设
36		生物/化学毒剂探测器	新风机房	宜设
37		爆炸物探测器	主要出入口	宜设
38	通讯显示记录系统		服务、咨询电话、总机	应设
39	无人机监控系统		区域全覆盖	宜设
40	信息隔离控制系统（防火墙）		网络通信控制区域、室外宣传屏幕及控制端	应设
41	建筑结构监测系统		建筑结构关键构件及节点	应设

8.3.3 人防

1. 设置原则

人防设置应符合国家、省、市的相关法律法规、规章及有关标准对安保力量的要求。高层建筑运营管理单位应根据有关规定，结合地理环境、承载结构、重要部位等应急防范工作实际需要，配备足够的安保力量，明确常态安保力量人数。高层建筑的安保力量包括保安员、安保人员、安检员、经过反恐专项培训的物业管理人员等。

2. 人防组织

高层建筑运营管理单位应设置或确定承担与应急防范任务相适应的应急防范工作职责的机构，明确责任部门和第一责任人，指定专职联络员，配备专（兼）职工作人员，负责应急防范的具体工作。若高层建筑非整体运营管理，由高层建筑各部分运营管理单位共同组成应急防范工作机构，协调相关工作。高层建筑内部存在具体业态的应急防范重点目标时，该应急防范重点目标应参与所在建筑的应急防范工作机构，协调相关工作。高层建筑运营管理单位应明确高层建筑应急防范重要岗位，重要岗位包括：应急防范工作负责人岗、联络人员岗位、门岗、安检岗位、监控岗位、巡逻岗位、室外宣传广告审核岗位和公共广播系统管理岗位。

3. 人防配置

高层建筑应急防范的人防配置应符合表8.3要求。

表8.3 人防配置表

<table>
<tr><th>序号</th><th colspan="2">项目</th><th>配设要求</th><th>设置标准</th></tr>
<tr><td>1</td><td colspan="2">工作机构</td><td>健全组织、明确分工、落实责任</td><td>应设</td></tr>
<tr><td>2</td><td colspan="2">责任领导</td><td>主要负责人为第一责任人</td><td>应设</td></tr>
<tr><td>3</td><td colspan="2">责任部门</td><td>高层建筑运营管理单位保卫部门</td><td>应设</td></tr>
<tr><td>4</td><td colspan="2">专职联络员</td><td>指定联络员1名</td><td>应设</td></tr>
<tr><td>5</td><td rowspan="4">安保力量</td><td>技防岗位</td><td>重要技防设施</td><td>应设</td></tr>
<tr><td>6</td><td>固定岗位</td><td>安防监控中心、主要出入口、停车场（库）、观光层</td><td>应设</td></tr>
<tr><td>7</td><td>巡查岗位</td><td>主要出入口、建筑结构关键构件及节点、停车场（库）、新风入口、新风机房、生活水箱、消防水池、高低压变压器房、燃气调压柜、发电机房、锅炉房、油库、信息中心机房、避难层、屋面层、直升机停机坪、垂直运输系统（消防电梯）、观光层、观光电梯、候梯厅、室外宣传屏幕及控制端、安防监控中心和公共广播系统控制室</td><td>应设</td></tr>
<tr><td>8</td><td>机动岗位</td><td>备勤</td><td>应设</td></tr>
</table>

高层建筑应急防范常态安保力量配备原则如下：高层建筑停车场（库）配置的安全检查安保力量人数应不少于1人；高层建筑主要出入口配置的安保力量人数不少于1人，高峰期安保力量人数不少于2人；安防监控中心应不少于2人值守。

4. 人防管理

高层建筑运营管理单位应建立与应急工作领导机构、公安机关及行业主管部门的工作联系，定期报告应急防范措施落实情况，互通信息，完善措施。发现可疑人员、违禁和管制物品应立即向公安机关报告，发现其他违法犯罪行为，应当及时制止，并报告公安机关，同时采取措施保护现场。

高层建筑运营管理单位应加强人防管理：重要部位每天巡查次数不少于两次，人员密集场所每两小时巡查一次；设立室外宣传、广告审核人员，负责室外宣传、广告投放前审核工作。高层建筑运营管理单位应指定专职联络员，联络员应确保24小时通信畅通。联络员的配置和变更，应及时向行业主管部门、管辖地公安机关和应急工作领导机构的办事机构备案。

5. 安保力量要求

应急安保力量应符合以下要求：熟悉周边地理环境和主要设施布局，熟悉消防通道和各类疏散路线、场所与途径；积极应对高层建筑相关涉恐突发事件，协助、配合应急工作领导机构、公安机关和行业主管部门开展应急处置工作；安保负责人应熟悉应急防范工作情况及相关规章制度、职责及分工、涉及的应急预案等。

8.4 基于关键环节的管控思路

8.4.1 加强风险评估工作

在2020年2月24日统筹推进全国公安机关新冠肺炎疫情防控和维护国家政治安全社会稳定工作部署会议上，国务委员、公安部党委书记、部长赵克志指出，要加强风险评估和分析研判，提高预测预警预防能力，做实做细工作预案方案，严防各类矛盾交织叠加，严防发生个人极端事件。风险评估是一种对工作过程中的威胁进行仔细排查的行为，其目的在于对现有状态下可能对人员造成的伤害进行分析，以便为组织建立更为安全的预警机制，从而确保全体人员的人身和财产安全。高层建筑作为标志性建筑和功能中心，具有负载城市形象、宣扬社会信念等多重功能，其所面临的安全形势异常严峻。针对高层建筑的恐怖袭击和个人极端等突发事件，不但会给人民群众带来心理上的恐慌，也会对政治生态、社会稳定造成极大的负面影响。进行高层建筑的风险评估，不仅有助于落实具体安全责任，提升高层建筑运营单位应对突发事件的应变能力，还有助于促进应急防范管理制度和应急防范标准化管理体系的建立完善，使得高层建筑应急防范工作和管理水平大幅提升。

风险评估通常包括五个步骤[1]，具体如下：

一是寻找危险源。在这个步骤里，安全人员应该对整个工作区域进行仔细检查，特别要注意高度危险的部位和环节。全部排查完毕之后，相关人员应该对调查出来的不同危险进行等级划分，列出不同的优先等级，便于后期采取针对性措施。

二是确定可能受到伤害的对象和受到伤害的方式。特别需要注意以下三个类型的人群：（1）刚入职的新员工、正在培训的新员工以及怀孕的员工等；（2）清洁工人、参观者、承包商等不经常到工作场所、对建筑内环境尚不熟悉的人；（3）公共场所的人员或者一起工作的其他同事。

三是对相关风险进行评估，确定现有的预警方式是否有效，是否需要采取更进一步的措施。针对上面几个步骤中发现的问题，有关组织中的管理人员要对其产生危险的可能性作出评估，从而为是否采取进一步的防护措施提供依据。在实践中，消除安全风险是一个渐进的过程，所谓的一步到位的风险预防解决方案不仅成本高昂，且不一定能得偿所愿。在风险评估中发现了隐藏的风险隐患后，就要针对这个项目制订详细的行动计划，并且要根据受影响人员的范围来确定危险的优先等级。在开始行动计划之前，管理者或相关人员应该考虑下面两个问题：（1）是否能将所有的危险源消除掉？（2）如果不能的话，如何才能对危险源的风险进行控制，使之不可能再对员工、公司或有关人员产生伤害？在对风险进行控制的时候，通常有以下措施可供采用：（1）选择风险较低的其他替代方案；（2）通过门卫来控制进入危险源的人数；（3）对员工的工作程序重新布置、优化；（4）为相关人员配备个人防护装备或设置其他防护设施。

四是对发现的问题进行存档记录。为了使组织中的安全风险得到有效的管理，有关人员应该做好这方面的存档工作。在进行存档记录的时候要将评估过程中发现的重大问题毫无遗漏地记下来，同时要将处理结果通报给所有

---

〔1〕 曹立斌．风险评估的五个步骤[J]．安防科技，2004（8）：11-12.

的员工。进行存档的风险评估过程应该把握一定的分寸，其内容通常应满足如下要求：（1）记录的内容受到严格的检查；（2）受到影响的有关个人的情况被如实记录；（3）所有重大的危险源都应记录在案；（4）相关风险的解决办法以及完成情况等。对发现的问题进行存档可以为将来可能发生的情况起到一定的参考作用，比如上级部门的视察、政府有关机构的核查等。除了这些因素，存档工作还能对有关的安全人员形成明显的督促作用，使他们随时都绷紧安全的神经。

五是重新查看整个评估过程，必要时可以对其进行修订。每个组织在发展的过程中都需要对其生产设备进行适度的调整，这种情况就会为原先的安全体系带来新的问题。为了应对新设备以及新工艺给工作场所带来的新威胁，安全评估过程也要作出相应的改变。在实际操作的过程中要按照威胁的级别来进行改变，像一些非常微小的设备更换对整个安全体系造成的影响很小，则不必对评估过程进行改动。同样，由于设备或者工艺变化而产生的一些新职位也会面临相似的问题，安全经理需要对其安全性进行重新查看，在有必要的时候才将新威胁加入原先的评估当中。

8.4.2 构建应急预案体系

我国预案纵向分为国家级、省级、市级、县级和街道级，横向分各部门、各类突发事件的预案，处于该体系中的任何一件预案都可能与其他预案有着横向或纵向的关系，这些关系构成了预案体系。构建有效的预案体系，既要考虑单个预案的有效性，也要考虑多个预案构成的体系的有效性。单个预案有效不能保证预案体系的有效，预案体系的有效性，还体现在预案之间衔接的有效。要解决关于预案衔接的各种问题，同样应该从预案使用的角度进行考虑。同时使用的预案才需要衔接，这意味着针对突发事件同时或相继启动的预案在应急过程中发挥整体作用，这正是预案之间需要衔接的原因所在。[1]

预案体系的有效性包括单个预案的有效性及预案之间衔接的有效性。单个预案的有效性通过预案的编制和使用两个方面进行提升。其中，风险评估可以保证预案的针对性，而针对“做什么”构建应急响应流程的“谁来做、

〔1〕 荣莉莉．应急预案体系的科学构建方法研究[J]．中国应急管理，2014（8）：7.

做什么、怎么做、用什么做”，则可以保证预案的有效性。因此，以某种方式将“谁来做、做什么、怎么做、用什么做”组成应急响应流程，就是确定有效的高层建筑应急疏散预案内容。其中包括：主题，指应急主题，与高层建筑应急疏散主题相对应；主体，每个应急主题都应该有一个或多个对应的责任部门，这里称为主体部门；任务，指应急主题对应的应急流程中的具体任务；资源，在执行任务过程中，所需要的人力、财力、物力及技术方案等，都属于资源。当某区域发生了突发事件，所启动的预案应该包含上述流程：灾害主题→应急主题→主体→工作流程（任务、资源），以及它们之间的关联。当这些内容都具备时，它们既可以都写在一个预案中，也可以分布在不同的预案中。反过来，对于任何一个应急预案，都可以按照主题、主体、任务、资源构建相应的响应流程。

构建有效的预案体系具体流程〔1〕：（1）确定突发事件类型，如爆炸、枪击、刀斧砍杀、驾车冲撞、核生化等。（2）确定该事件可能发生的所有主要灾害后果，包括次生事件。（3）对这些灾害后果进行归纳、合并，得到该事件的灾害主题。（4）确定灾害主题对应的应急主题，以及这些应急主题对应的国家级部门，即主体。（5）确定应急主题对应的工作流程，以得到每个主题下的任务集合，并确定完成各任务需要的各类资源。（6）将上述内容按照它们之间的关联集成到预案体系模型中。（7）将体现该模型中的节点及其关系的内容，编制在预案中。其中，顶层预案必须包含主体和主题，底层预案必须包括任务和资源。

8.4.3 强化安保人员管理

安保工作是高层建筑管理工作的重中之重，安保服务的好坏直接影响高层建筑管理水平的高低。其中，安保人员的素质直接影响其工作的质量，直接影响高层建筑的安全。通常而言，安保人员一部分源于警校和武校，一部分来自转业军人，还有一部分来源于社会和农村的闲杂人员。因此，为了强化安保人员的管理，通常可以从以下几个方面着手〔2〕：

（1）做好人员引进工作。针对安保人员整体学历低、素质低的情况，应

〔1〕 荣莉莉．应急预案体系的科学构建方法研究[J]．中国应急管理，2014（8）：7.

〔2〕 武宇琼，赵媛，张志红．北京市写字楼物业安保问题研究[J]．科技和产业，2013，13（5）：91-93.

该严把招聘关，拓宽招聘渠道，招揽满意人才，并且应该激励安保人员自我学习或再教育。引进人才时不应草率从事，招聘退伍军人也要对其进行考核。引进渠道方面，可通过公安院校等毕业生洽谈会、人才市场、专业招聘会等方式拓宽招聘和选择范围。招聘条件方面，不能盲目限制身高和视力，要全面考核各方面素质。招聘过程中，要坚持公开、公正、择优的原则，对应聘人员的学历、专业技能、工作实际能力等进行考察评价，然后根据实际需要择优录取。

（2）做好员工培训工作。做好招聘工作的同时，必须鼓励现有员工不断学习，提高自身的学历水平及知识、技能等。可以通过与相关院校合作开展再教育，培养安保人员，提升其个人素质和专业技能水平。具体实施中要加大对普通安保人员的专业培训投入。培训内容应考虑岗位需要及特点，注重资质、潜质，挖掘其才能，并合理编排培训计划，包括认知培训和技能培训。认知培训主要包括公司概况、岗位制度、员工守则、企业文化等内容，帮助新员工更快更好地适应岗位。技能培训包括消防安全技能、监控室操纵技能、交通指挥技能、岗位实际工作技能、应急处理技能等。

（3）建立合理的薪酬机制。满意的薪酬，不仅关系到安保人员的切身利益，也影响企业安保工作的正常运转。企业应为安保人员调整基本工资，普通安保人员工资应不低于社会平均水平。此外，还需进一步完善福利、奖金制度，与个人贡献相结合，并以制度条文的形式加以规范。严格执行法定节假日加班的工资补偿，避免因为工资福利不公平、加班不公平而产生人员流失。

（4）严格规范管理。安保队伍管理应支持安保人员队伍建设，严格军事化管理，提高人员身体素质。应该加强作息管理，保证内务质量，严格训练制度，通过强化训练，培养一支一流的安保队伍。人员管理方面应从安保人员的切身利益出发，依靠基层队员进行民主管理。要改善请假制度，实施人性化管理，让安保人员感受到集团的温暖，从而安心做好安保工作。

（5）建立健全激励机制。安保部门应建立健全激励机制，对于优秀员工应及时给予鼓励，对于犯错误的人员应及时给予批评教育，对于有突出贡献的安保人员应该给予现金或物质奖励。应将日常综合表现与晋升机制相结合，以激励安保人员更好地做好日常安保工作。此外，防止不透明操作，对人员调整应该予以公布，以更好地激励安保人员。

8.4.4 开展实战应急演练

应急演练是检验应急预案、完善应急准备、锻炼专业应急队伍、磨合应急机制以及开展科普宣教的主要手段，是提高应急准备能力的重要环节。目前，国家和地方各级政府的相关法律法规、部门规章和预案都对应急演练的频次、内容等提出了多方面的要求。在应急管理工作中，政府和企事业单位对应急演练工作都十分重视。以北京市为例，据不完全统计，每年开展的各级各类应急演练活动至少有数千次。进一步规范应急演练活动，提高演练的真实性，最大限度地发挥演练的作用，已经成为各级应急管理部门普遍关心的重要问题。[1]

---

〔1〕 武宇琼，赵媛，张志红．北京市写字楼物业安保问题研究[J]．科技和产业，2013，13（5）：91-93.

后 记

读书20余载，执教15年，读过很多书，也参与编写过很多教材，但是对于个人出书这件事，内心还是很惶恐和敬畏的，觉得这应该是一件非常非常慎重的事情。2020年，我承担了一项与自己博士毕业论文相关领域的科研项目，遂决定把2016年的毕业论文重新梳理、整合，并就部分热点问题进行补充、完善，用著作的形式呈现出来，当作是对自己留恋万分的博士生活的一种记录。

特别感谢我的博士生导师——清华大学公共安全研究院副院长张辉教授，是他把我带到了（超）高层建筑应急与疏散这个专业性很强的研究领域。在读博期间，我参与了一系列高层建筑相关项目的研究，第一次明白了科研是什么，第一次独立“提出问题、分析问题并解决问题”。在完成了数十次高层建筑疏散实验与数据分析的基础上，围绕着疏散实验中的个体与群体行为、追随与领导者行为、决策选择行为等内容，完成了3篇相关学术论文的撰写，其中一篇发表在《清华大学学报（自然科学版）》，一篇发表在*Physica A*，一篇在国际会议上作了主旨发言。那是我第一次出国参加国际会议，至今还记得自己的紧张，也清晰地记得汇报疏散实验中的“孤立者”和“领导者”现象，以及汇报这些特殊人员有趣的脑图与智商测试等实验结果时，现场专家和听众们的笑声。

高层建筑是19世纪末各国工业化和城市化进程的产物。近年来，高层建筑在发展过程中，呈现出高度不断攀升、密度不断提高、一体化和集群化共同发展的趋势。一旦发生紧急情况，高层建筑本身的封闭性和垂直性等特性决定了疏散与应急难度非常大。一方面，作为风险受灾体，大城市中的高层建筑火灾应对仍然是世界难题，“9·11”事件之后，高层建筑作为恐怖袭击对象的风险也进一步提升。另一方面，作为风险助灾体，高层建筑被选作袭击狙击点的事件偶发对管理者提出了更高的防范要求。2017年，在美国拉斯维加斯，一名嫌犯在高层酒店对楼下参与音乐节的群众进行扫射，造成大量人员伤亡，这一案例值得关注。在此背景下，笔者曾受邀在中国中信集团总部大楼（“中国尊”）做过相关讲座与交流，并且受北京市相关单位委托对辖区内部分超高层建筑风险隐患进行排查。

经过对之前研究成果进行整合，形成这部书稿。本书面对国家安全重大需求，系统地梳理了我国高层建筑风险类型与应急管理研究趋势，深入研究了高层建筑内人员应急疏散中的典型个体行为特征和群体行为特征，包括追随行为、领导行为、群组行为、多模式疏散行为等，揭示了高层建筑内人员疏散动力学演化机理，最后“以点及面”，耦合多视角提出了高层建筑应急管理完善路径，以期为提高高层建筑应急管理水平和应急处置能力提供理论和技术支撑。

感谢武汉理工大学马亚萍讲师撰写第四、第七章内容以及第三、第六章部分内容，马老师是笔者的师妹，在书稿的撰写中，她提供了自己博士毕业论文中的部分研究内容。感谢中国人民公安大学王诺亚博士补充高层建筑应急管理研究背景与风险防控等内容，感谢中国人民公安大学丁宁副教授对第五章和第六章提出补充和修改，感谢中国人民公安大学刘怡然博士协助整理书稿并完成初步编辑工作。感谢中国人民公安大学国家安全学高精尖学科成果出版专项的资助，感谢北京市社会科学基金——首都安全基地重点项目（19JDLA011）的资助！

由于高层建筑疏散研究涉及范围广、内容繁杂，笔者受学时、水平和编写时间所限，尤其是工作原因，高层建筑风险与应急已经不是笔者近年来的主要研究领域，文中出现疏漏、不妥之处在所难免，恳请专家学者和广大读者批评指正！

2022 年 1 月 22 日

其他作者简介

王诺亚

男，中国人民公安大学侦查学（刑事侦查方向）在读博士研究生。先后就读于甘肃政法大学和中国政法大学。曾在京津高村科技创新园任法务专员。在国内期刊发表学术论文 5 篇。

撰写了本书第一章、第八章部分内容。

丁　宁

男，工学博士，中国人民公安大学公共安全行为实验室副教授、博士生导师。先后就读于哈尔滨工业大学和清华大学。主持国家自然科学基金青年科学基金项目、国家重点研发计划项目子课题及省部级项目多项，在国内期刊发表学术论文多篇。

撰写了本书第五章、第六章部分内容。

刘怡然

女，中国人民公安大学公安学（公安管理方向）在读博士研究生。

协助整个书稿的整理、文字编辑与修改工作。